自衛隊
知られざる変容

朝日新聞「自衛隊50年」取材班

朝日新聞社

スクランブルに備えて待機するＦ15戦闘機（北海道空自千歳基地で）

環太平洋合同演習「リムパック」のミサイル発射訓練で、対空ミサイル「ＳＭ１」を発射する海自護衛艦「あさかぜ」（米ハワイ沖で）

富士総合火力演習で発射発煙弾による煙幕を展開する90式戦車や89式装甲戦闘車（静岡県御殿場市で）

雪上車に引かれ、雪道を行進する陸自第10普通科連隊の隊員たち（北海道大演習場で）

はじめに

朝日新聞東京本社編集局長補佐（前政治部長）
木村　伊量

朝日新聞社が自衛隊と初めて正面から向き合った連載記事「自衛隊」を掲載したのは、自衛隊創設から13年を数えた１９６７年のことだった。

60年の日米安保条約改定をめぐって国論を二分した騒動の余韻が残り、70年安保改定にどう備えるかが、国民や政治家の大きな関心事であったさなかのことである。まだまだ日陰者呼ばわりされがちだった自衛隊13歳の実像に丹念な取材で迫ったシリーズは大きな反響を呼んだ。

それから40年近い時が流れた。

東西冷戦は終わり、かつて日米同盟にとって最大の仮想敵国であった旧ソ連はすでに消滅して久しい。１９９０年の湾岸危機をきっかけに、日本はポスト冷戦世界の中で新たな役割を模索し始め、その担い手として自衛隊は海外に活動の舞台を広げることになる。国連平和維持活動（ＰＫＯ）協力法のもとでのカンボジアや東ティモールへの部隊や要員の派遣はその代表例だ。そして今、イラクに展開する米軍主導の多国籍軍の一翼を担う形で、人道復興支援活動を目的にした陸上自衛隊の部隊が同国南部のサマワに駐留を続けている。

陸海空の隊員24万人、年間予算総額は５兆円規模。イージス艦や90式戦車、空中警戒管制機（ＡＷ

ACS）など最新の先端兵器や装備で身を固め、いまや世界でも指折りの戦闘力を持つとされる軍事組織でもある。これほどの変貌をだれが予測できただろう。

国民の自衛隊観も大きく変わった。戦前の旧軍部に対する反感や苦い記憶とも重なって再軍備反対論や自衛隊違憲論が広く支持を得ていた頃とは異なり、各種の世論調査でも自衛隊合憲論は多数派だ。地震や火山噴火、台風などの災害救助では自衛隊は被災民に頼りにされる存在であり、海外でのPKO活動などの国際貢献も評価されている。

その一方で、２００1年9月11日の米同時多発テロを機に、大量破壊兵器の拡散や国際テロリズムという「新たな脅威」との戦いになりふり構わず突き進む米ブッシュ政権のもとで、日米同盟協力の領域は日本周辺や極東地域にとどまらず、中東やインド洋へと広がってきた。それにつれて、敵の侵攻を食い止める本土防衛が本来の仕事であるはずの自衛隊の任務も変容を遂げつつある。いわゆる「日米安保のグローバル化」にほかならない。海上輸送路1千海里のシーレーン防衛をめぐって連日のように国会が紛糾した80年代のことなどが、遥か記憶の彼方の出来事のように思えてくるほどだ。

比類のない軍事力を誇る米国に寄り添って、この先、自衛隊はどこへ行こうとしているのか。自衛隊員が自分自身や同僚、部隊を守るため、外国の地でやむなく「人を殺す」ことが明日、起きるかもしれない。そうした事態は非戦を誓って再出発した戦後日本がついぞ想定してこなかったことである。永田町では与党ばかりか野党の一部からも、集団的自衛権の行使を認めて海外での武力行使に道を開くべきだとの改憲論が声高に叫ばれる。自衛隊はまさに憲法9条の縁をさまよっている、と言わざるをえない。それだけに、自衛隊の位置づけや運用の明確化、文民統制の機能強化が、この国の針路と運命を左右するひときわ重大なテーマとなってきたことも論をまたないだろう。

本書は、そうした問題意識に立って、誕生から半世紀を迎えた自衛隊の姿を２００４年1月から1年間にわたって朝日新聞の取材班がリポートした連載記事「自衛隊50年」や関連記事を下敷きに、大幅加筆したものである。

秘密の厚いベールに包まれた自衛隊の取材は決して生易しいものではなかったが、幸い防衛庁や自衛隊関係者の皆さんの理解と協力が得られたことで、護衛艦の同乗ルポや、自衛隊の各種部隊を指揮する幹部自衛官教育のルポ、幹部座談会などが実現し、自衛隊の最前線の姿にこれまでにない豊富なデータで肉薄することができた。また、米政府高官、国防関係者らへの徹底した取材、歴代防衛庁・自衛隊幹部へのインタビューなどによって、いちだんと緊密化し、変転を遂げつつある日米同盟協力の内実も浮き彫りにした。

自衛隊誕生から50年の節目とあって、２００４年は新聞各紙をはじめさまざまなメディアが関連企画を展開した。しかし、粘り強い取材の積み重ねで得た膨大なデータの蓄積と、秘められた新事実を発掘した数々のスクープ記事によって岐路に立つ自衛隊の実像を活写した朝日新聞は、質量ともに他を圧倒し、読者や関係者から高い評価を頂戴した。私どもの取材に応じて貴重な証言や資料を提供していただいたすべての皆さんに改めて感謝申し上げたい。

本書が21世紀の自衛隊と日本の安全保障を考え、議論するために欠かせないデータブックとして広く活用され、読み継がれることを願ってやまない。

目次

はじめに　3

I　海外派遣　11

第1章　有志連合（アフガニスタン）　13

9・11の波紋／タンパの有志連合村／支援リスト／米艦護衛／官邸主導／ショー・ザ・フラッグ／地雷除去／東ティモールPKO浮上／護衛艦アラビア海へ／「1対65」の世界

【インタビュー】　マイケル・P・デロング（前・米中央軍副司令官）

【インタビュー】　香田洋二（統幕事務局長）

第2章　有志連合（イラク）　68

ブーツ・オン・ザ・グラウンド／衝撃と恐怖／イラクPJ／「砂漠に水」／「やる気が見えない」／「非戦闘地域」／「ブーツ・オン・ジ・エア」／「迷ったら撃て」／「死」への備え／グリーン・ベレー／2人の指揮官／意識の変化／日の丸の重み

【インタビュー】　先崎一（統幕議長）

【インタビュー】　番匠幸一郎（陸幕広報室長）

第3章　湾岸戦争からの15年　130
掃海部隊派遣／「初めて」のPKO／新たな任務／NGOへの転身／ゴラン高原／憲法9条の縁
【インタビュー】　佐久間一（元統幕議長）

Ⅱ　変わる国防　161

第4章　パワーシフト　163
海の情報戦／対潜戦／五星紅旗／尖閣防衛作戦／「台湾駐在武官」／新シナリオ
【インタビュー】　江畑謙介（拓殖大学海外事情研究所客員教授）

第5章　進む「改革」　192
コード「5055」／ゲリコマ／特警隊／統合運用／米軍再編／一体化／文民統制／ゴジラ／オーストラリアの軍改革／ドイツの軍改革
【インタビュー】　石破茂（前防衛庁長官）

第6章　ミサイル防衛　240
MDの衝撃／最前線の基地／長官の信念／専門家の論争／割れる意見／費用対効果／武器輸出三原則／「最後の保護産業」
【インタビュー】　守屋武昌（防衛事務次官）
【インタビュー】　ヘンリー・A・トレイ・オベリング三世（米ミサイル防衛局長）

Ⅲ　秘められた歴史　281
第7章　機密の「日米共同統合作戦計画」　283
極秘作戦の特ダネ／旧ガイドラインの謎／「三矢研究」の深層／シビリアンコントロール
【インタビュー】　中村龍平（元・統合幕僚会議議長）
【インタビュー】　源川幸夫（元・東部方面総監）
【インタビュー】　我部政明（琉球大学教授）
資料　米太平洋軍司令部年次報告書　1973年版（要旨）
第8章　インテリジェンス　327
「任務艦」／偵察衛星／情報本部／影の組織／国連での盗聴／日米の情報機関／都心の闇機関／イラク部隊／大量破壊兵器
【インタビュー】　後藤田正晴（元副総理）
第9章　舞台裏の「証言」　366
組織誕生／治安出動／基盤的防衛力構想／シーレーン防衛／阪神淡路大震災
Ⅳ　素顔の自衛官　381
第10章　人づくりの現場　383

海——一蓮托生／海——赤鬼・青鬼／陸——図上演習／空——徒弟関係
【インタビュー】 西原正（防衛大学校長） 401

第11章　制服が語る

国際安全保障への取り組み／新たな脅威／日米同盟／自衛隊のアイデンティティー
座談会を終えて

おわりに 447

資料編 451
自衛隊法（公布・昭和29年6月9日法律第165号）／国防の基本方針（昭和32年5月20日国防会議及び閣議決定）／平成17年度以降に係る防衛計画の大綱について（平成16年12月10日閣議決定）

装丁　神田昇和

カバー写真
表　海自潜水艦「なるしお」の艦内
裏　ミサイル防衛用の新型警戒管制レーダー「ＦＰＳ－ＸＸ」の試験機
表紙写真　空自Ｆ15戦闘機

I

海外派遣

第1章　有志連合（アフガニスタン）

9・11の波紋

２００1年9月11日午前8時46分。

秋の青空が広がるニューヨーク市マンハッタン南端に二つ並び建つ世界貿易センタービルの北棟に、ボストン発のアメリカン航空０１１便が激突した。その17分後、今度はボストン発のユナイテッド航空１７５便が同センタービルの南棟を直撃した。驚愕する市民の目の前で、二つのビルは崩れ落ちた。さらに34分後、ワシントンを飛び立ったばかりのアメリカン航空０７７便が米国の軍事力の象徴である国防総省に突っ込んだ。そして午前10時3分、ニューアーク発のユナイテッド航空０９３便がワシントンから約80キロ離れたペンシルバニア州の空き地に墜落した。

後に判明した死者・不明者の数３０６３人。

「これはテロ行為を超えた戦争行為だ」

ジョージ・W・ブッシュ米大統領はそう宣告した。

9・11同時多発テロ――。

それは米国を変え、世界の安全保障地図を塗り替え、アフガン戦争、イラク戦争へと波紋を広げていった。発足50年を目前にしていた自衛隊もまた、歴史の流れを変える大波に洗われることになった。

◇

その日、竹河内捷次・統幕議長*はオーストラリア大使館での夕食会に出席していた。帰宅してテレビをつけたとたん、飛び込んできた映像に釘付けになった。

「たいへんなことが起きた。我々にも何か影響が出そうだ」

公用車を呼び戻し、防衛庁に急いだ。在日米軍司令部に連絡を取りたかったが、「今日は情報収集に追われているだろう」と思い直した。

翌日、ポール・V・ヘスター在日米軍司令官に電話し、弔意を伝えた。だが、米政府や米軍の動きはよくつかめない。情報交換を密にすることを確認し合って、電話を切った。

遠竹郁夫・空幕長*（航空幕僚監部幕僚長）は自宅のテレビで、2機目の突入を見て「ただごとじゃない」と身震いした。その途端、官舎を飛び出しタクシーに飛び乗っていた。

防衛庁に向かうまでの車中、携帯電話で佐藤謙・防衛事務次官と連絡を取った。邦人救出の必要が出てきたときに備え、北海道・千歳基地で待機している2機の政府専用機を羽田空港に移すための手続きだった。

統幕議長　正式には統合幕僚会議議長。自衛官の最高ポスト。防衛庁設置法には「統合幕僚会議の会務を総理する」と定められているが、陸海空自衛隊の活動の調整役であり、直接の強い権限はない。ただ、統合部隊が編成された際には、防衛庁長官の指揮は、統幕議長を通じて行われ、長官の命令は議長によって執行される。2005年度中に統幕議長に代わり、文字通り3自衛隊制服組の最高指揮官となる統合幕僚長が誕生し、防衛庁長官の命令を一元的に受けて実行する。

防衛庁に入ってからは、航空自衛隊基地の警備強化を指示する一方、米軍とも情報交換など緊密な連携をとるよう命じた。同じようなハイジャックによるテロが国内で発生したときに備え、航空総隊司令官と空の警戒監視態勢についても協議した。

◇

マレーシアの首都クアラルンプール。

中谷正寛・陸幕長*（陸上幕僚監部幕僚長）は米陸軍のトップ、エリック・シンセキ参謀総長の主催する太平洋地域の陸軍参謀長会議に出席していた。20数カ国の陸軍幹部が集まっていた。

第一報は、ホテルのパーティー会場で、シンセキ本人からもたらされた。

中谷はすぐに部屋に引き上げ、防衛庁に電話を入れた。米国防総省へのテロで、米陸軍高官が死亡したことを知った。

直ちに帰国しなければならない。弔意を伝えるためシンセキの部屋を訪ね、そのまま30分ほど話し込んだ。

シンセキは落ち着いていた。

「アルカイダの仕業だ」

そう断定して、静かな口調で言った。

「これから長い戦いになる」

◇

陸上、海上、航空幕僚監部

防衛庁設置法で防衛庁本庁に設置が定められた特別の機関。陸上幕僚監部は陸上自衛隊の、海上幕僚監部は海上自衛隊の、航空幕僚監部は航空自衛隊のそれぞれの隊務に関して、防衛庁長官を補佐する幕僚機関。幕僚監部の長としてそれぞれに幕僚長が置かれ、最高の専門的助言者として長官を補佐するとともに、それぞれの部隊に対する長官の命令を執行する。また、それぞれの幕僚監部が陸海空自衛隊の防衛・警備計画の立案や教育訓練、編成・装備、情報、調達などの計画を立案する。

ハワイのパールハーバー。

香田洋二・海幕（海上幕僚監部）防衛部長は米太平洋艦隊司令部との定期的な会議に出席していた。１日目の会議が終わり、ホテルで眠り込んだころ、東京の海上幕僚監部からの電話にたたき起こされた。２日目の会議は中止になった。

「便があり次第、速やかに帰ってほしい」

海幕からそう言われたが、全米の民間機は運航を停止されていた。米海軍に相談すると、ちょうどハワイを訪れていた在韓米軍のチームが軍用機で韓国の烏山《オサン》まで飛ぶことになり、それに便乗できることになった。

基地のゲートがすべて閉鎖され、ピリピリした緊張感に包まれるなか、空中給油機と兼用の輸送機ＫＣ１３５に乗った。輸送機は民間機と違って、座席が地下鉄車両のように壁際に横一列になっている。乗り合わせた約30人の在韓米軍幹部らは、口を真一文字に結んで、押し黙っている。

「やられたというショックなのか、この敵は必ず討つぞということなのか。だが、とてもそれを聞けるような雰囲気ではなかった」

烏山経由で横田の米空軍基地に降り立ったのは、12日の夜だった。

◇

ワシントンの日本大使館。テロ発生の約2日後に、米統合参謀本部の北東アジア担当、ケネス・Ｄ・ウォーカー大佐が伊藤俊幸・防衛駐在官*を訪ねてきた。

ウォーカー「日本は24人の犠牲者を出した。このテロに対して、日本はどう主

防衛駐在官　軍事情報の収集などのため、陸海空の幹部自衛官が防衛庁から外務省に出向する。２００４年6月末時点、47人が36カ所の在外公館に所属する。外国の軍隊では通常、「駐在武官」と呼ばれる。02年11月には、北京の日本大使館に駐在する防衛駐在官が、中国政府の定める軍事立ち入り禁止区域内に許可なく入り、当局に身柄を拘束されて事情聴取を受けたという事案が発生。中国当局が防衛駐在官の動向を注視していたことを物語っている。

体的に戦うのですか」

伊藤「米国の支援をしろ、ということですか」

ウォーカー「ノー。日本が主体的にどう戦うのかを聞きたい」

伊藤は戸惑った。「何かニュアンスが違う」と感じた。

10年前の湾岸戦争では、米国はコスト分担の支援から自衛隊派遣までさまざまな要求を突きつけ、それに迅速に応じられない日本をさんざんバッシングした。その3年後の朝鮮半島核危機のときにも、米国は空港や港湾の使用から遭難米兵の捜索まで、日本に山のような支援を打診してきた。

だが、今回は要求がない。それは防衛駐在官だけでなく、米国との接点にいたさまざまな日本側関係者が等しく感じた点だった。

「要求をしない米国」――。それを解くカギの一つが「有志連合*」（coalition of the willing）にあると日本側が気づくのは、ずっと後のことだった。

（谷田邦一、本田優）

有志連合　単に coalition ということもある。

タンパの有志連合村

米国フロリダ州の西岸にあり、夕日の美しいメキシコ湾沿いのリゾートを近くに持つタンパ――。

ここに*米中央軍司令部がある。アフリカ北西部からアフガニスタンまでの中東や中央アジアを責任区域とし、アフガニスタン戦争、そしてイラク戦争を実際に指揮することになる司令部だ。

同時多発テロが発生した翌日の9月12日。

中央軍司令部のトミー・フランクス司令官とマイケル・P・デロング副司令官は、テレビ電話を通じて、ホワイトハウスの閣議室に集まったブッシュ大統領や閣僚たちとの国家安全保障会議に臨んでいた。

デロングの著書*『中央軍司令部の内部で』に、その模様が詳しく書かれている。

《ジョージ・テネットＣＩＡ長官が言った。

「アルカイダの仕業であるということに、私は疑いを持たない」

ドナルド・ラムズフェルド国防長官が、テネットの説明に割り込んだ。

「軍事作戦が必要だ。軍事作戦は、ＣＩＡではなく、軍によって運用されなければならない。私はアフガニスタンから始めるのが正しいかどうかも確信していない。イラクが関係していたらどうする？」

コリン・パウエル国務長官が反論した。

「何を言っている。アルカイダが我々の相手だ。もしもイラクが関与していたら、そしてイラクが関与していると我々が知ったら、イラクもこの戦争の一部になる。現在のところ、我々が知っているのは、アルカイダの仕業だということであり、

米中央軍　米軍の戦闘統合軍の一つ。２００２年10月、米軍は戦域統合軍の大幅な変更を行い、10の戦域統合軍に再編された。地理的な統合軍は、在日米軍が所属する太平洋軍のほか、欧州軍、中央軍、北方軍、南方軍の５つ。このほか、宇宙軍、特殊作戦軍、輸送軍、戦略軍、統合部隊軍がある。中央軍の責任分担エリアは「アフリカの角」から中央アジアまで。

『中央軍司令部の内部で』　原題 "Inside CentCom" DeLong, Michael 著　Regnery Publishing 刊。

彼らはアフガニスタンにいるのだ」

ブッシュ大統領が言った。

「一時期に一つのことをすることにしよう。われわれが知っている相手とやる。アルカイダのせいだということは分かっている。アルカイダに焦点を当てよう」

会議の後、ラムズフェルド国防長官とヒュー・シェルトン統合参謀本部議長が中央軍司令部に電話をかけてきて、手始めにアフガニスタン戦争の計画を作るように指示した。フランクス司令官らは3案からなる計画を提案した。

第1案は、アルカイダの訓練キャンプに対する巡航ミサイルだけの攻撃。第2案は、タリバーンの軍事基地も対象に含めて巡航ミサイルと爆撃機で空爆する戦争。第3案は、巡航ミサイル、爆撃機の空爆と陸軍特殊部隊や海兵隊による地上軍を組み合わせた戦争だ。国防長官らは第3案を望んだ。》

◇

アフガニスタン戦争はこうしてテロの発生直後に意思決定されたのであった。同時に、その後に続くことになるイラク戦争の芽も最初から顔をのぞかせていたのだ。デロングの著書は、この戦争の特徴である「有志連合」の誕生の起源にも触れている。

《米国務省は友好国からの支援申し出の電話の殺到に閉口し、我々にボールを投げてきた。

「国務省への電話が多すぎる。これからどう対応したらいいんだ」

フランクス司令官は躊躇しなかった。

「彼らを中央軍司令部に送れ。官僚主義をすべて捨てろ。我々が面倒を見る」

そう答えると、彼は私の方を向いた。

「お前がやれ」

こうして有志連合が生まれた。》

デロングは朝日新聞自衛隊企画班の取材に対して、こう答えている。

「フランクス司令官と有志連合について話したのは、9月13日か14日だった。すぐに、英国、カナダ、フランスの将軍たちがやってきた。だが、中央軍司令部に余分なスペースがない。司令部前の駐車場をフェンスで囲み、そこにトレーラーハウスを持ち込んで、彼らの事務所にした」

彼らはその一画を「村」と呼んだ。そこが各国にとって、米軍の作戦やアフガニスタンの状況に関する軍事情報を得られる拠点になった。

◇

自衛隊が「有志連合」という米国の新しい戦争戦略に初めて出会ったのは、クリントン政権時代の1999年11月だった。

ロードアイランド州のニューポートで、米海軍が主催する国際シーパワー・シンポジウムが開かれた。世界の73カ国の海軍幹部に混じって海上自衛隊の幹部数人も参加していた。米海軍のトップ、ジェイ・L・ジョンソン海軍作戦部長がこう語った。

「来るべき世紀は、コアリション（coalition）作戦の必要性を現実のものとするだろう。現在、発生し続ける不測事態の件数は、一カ国のみで適切に対応するには多すぎる。……我々は、多様なコアリション構成国が提供する知的な強さと地理的な専門的知識を必要としている」

海上自衛隊の幹部らは首をかしげた。

「コアリションって、何だ？」

直訳なら「連合」だが、それではピンと来ない。

「この指止まれということではないか」

一人がそう言った。どうもそういうことらしかったが、本国への報告書には「コアリション」と、そのままの言葉で記された。

「この指止まれ」という解釈を思いついた幹部は、いまこう振り返る。

「米国にとって、イラク、イラン、北朝鮮などで何か起きたときに、中国やロシアを引っ張り込もうと思っても、同盟が前提になれば引っ張り込めない。有志連合ならば、各国の国益を軸に連合を組める。同盟は同盟で残しておきながら、実際の戦略は有志連合で進めるんだなという認識を持った」

それが、９・11テロで、現実のものとなったのだ。

◇

有志連合とは何か――。

　ラムズフェルド国防長官が、その本質を短い言葉で言い表している。

「使命が有志連合を決める。有志連合が使命を決めることを、我々は認めない」

「使命」とは、戦争の目的だ。戦争という手段に訴えるかどうかも含む。それは米国が決める。それに賛同する国は、有志連合に集まれ。戦争ごとに、有志連合のメンバーも変わる。

　そういう意味なのだ。世界の軍事予算の半分を占める米国の「一極主義」の反映であった。

　他の国々は、その米国と向き合わざるを得ない。

　冷戦時代から日米同盟の殻にこもりがちだった日本にとっては、容易に適応できない新たな安全保障の局面だった。

　日米同盟は「1対1」の世界だ。そこでは兄貴分の米国が弟分の日本に、手取り足取り教えたり、細かい要求をしたりする。だが、有志連合は「1対多数」の世界。有志連合に入る国は、米国の主導する戦争やその戦後復興で、自分の役割を自ら決めて手を上げ、同じような役割を申し出ている国と調整しなければならない。米国がそれぞれの国の役割を決めるわけではないし、調整をするわけでもない。

「要求しない米国」とは、そういう意味だったのである。

◇

だが、日本政府や自衛隊の中枢は、「有志連合」の意味を実感としてつかめていなかった。有志連合村に参加する国は次第に増えていった。テロの約2カ月後には、20カ国に達した。だが、日本の姿はそこになかった。

テロ直後に国防総省から「連絡官を派遣しないか」と打診されたのだが、日本は断ったのであった。自衛隊がふだんから同盟のパートナーとして緊密な関係を構築している在日米軍司令部に打診したら、「必要ない」と言われたのだという。

在日米軍はハワイに司令部を置く太平洋軍の傘下にある。太平洋軍と中央軍とは基本的に独立して動いているから、中央軍の仕切る戦争について太平洋軍や在日米軍の判断に頼るのは筋違いだったのだが、当初はそれが分からなかった。だが、いつまでたっても、通常の太平洋軍ルートでは、アフガニスタン戦争の情報が思うように得られない。

日本政府と自衛隊が情報拠点としての「有志連合」の意味に気づいて、自衛隊の連絡官をタンパに派遣したのは、テロ後1年近くたってからのことだった。

その間、日本はどうしていたのか――。ひたすら日米同盟の殻のなかで、米国の要望を探って可能な対米支援を検討する、という作業を繰り返していた。

（本田優）

「先入観抜きで、やれることは全部リストアップしろ。法律にかすっても、何とか解釈で出来るものを挙げろ。あとは政治が判断する」

　9・11テロの翌日、海上幕僚監部の河野克俊・防衛課長は首脳部との打ち合わせの後、部下にこう命じた。

　米軍人の気質を知る河野には、米国の怒りが肌で感じられた。

「湾岸戦争では、米国は西部劇の保安官だった。悪いイラクに侵略されたクウェートを助ける正義の味方だった。だが、9・11では自分がやられた。その怒りは、湾岸戦争の比ではない。これは戦争だ」

　だが、日米同盟で海幕のカウンターパートとなる米太平洋艦隊*司令部は何も求めてこなかった。横須賀を事実上の母港とする米第7艦隊*からの要求もなかった。沈黙する米軍の姿勢をこう受け止めていた。

「アメリカ人がしゃべらなくなったときほど怖いものはない。『やれることがあるなら、自分で決めてやれ。やれないなら、邪魔するな』ということか」

　陸海空の3自衛隊の中で、海上自衛隊は最も米軍との関係が深い。戦後に米海軍の支援を受けて生まれ、冷戦時代には米海軍と対ソ連戦を想定した共同訓練を重ねて育ってきた。

「同盟を支えているのは自分たちだ」という強烈な自意識を持っている。

米太平洋艦隊　米太平洋軍に所属する世界最大の海軍部隊。司令部はハワイ・パールハーバーにある。主要部隊は太平洋艦隊航空部隊などの5つの機能ごとの部隊と、2つの番号艦隊（第3艦隊、第7艦隊）。

米第7艦隊　米太平洋艦隊のうち第3艦隊は、日付変更線から東の海域を任務区域とし、第7艦隊は日付変更線から西の太平洋、インド洋、アラビア海の一部が任務区域。第3艦隊の任務は訓練を含む兵力の供給部隊としての性格が濃いが、第7艦隊は戦闘区域に近い前進配備の艦隊と言える。

このときも河野を含め、海幕幹部は一様に危機感を抱いていた。

「ひとつ対応を間違えれば、日米同盟は崩壊だ」

海幕は米軍の要求案なしに自ら対米支援のリストを作り始めた。

「これまでのオペレーションでは、米国の作る全体的な計画があり、日本はそのなかで『これは出来る』『これは出来ない』の選択をすればよかった。だが、今回は自分で考えなければいけない。初めての挑戦だった」

海幕幹部はそう振り返る。

◇

それが5項目からなるＡ４判1ページの文書としてまとめられた。

「テロ攻撃及び米軍支援に関する海上自衛隊の対応案」（27ページの表1参照）

香田洋二・防衛部長と河野が子細にチェックして完成した。

後に実現するインド洋上での補給だけでなく、インド洋での船舶検査からその海域に向かう米空母機動部隊を海自の護衛艦や潜水艦、哨戒機などが護衛する項目まである。

政治判断で削られることも計算した目いっぱいの案とは言え、歴代内閣が憲法違反としてきた集団的自衛権行使に踏み込みかねないような内容だ。

リストを渡された防衛庁内局*の幹部は苦々しげな表情を浮かべた。

「面倒なものを持ってきて」

そういう反応だった。少なくとも海幕側はそう感じた。

防衛庁内局　他省庁で言えば本省の官房、局に該当する。3自衛隊間の総合調整、人事、予算、運用の基本に関する事務を扱う。内局の職員には、「背広組」と呼ばれる文官があてられるが、必要があれば「制服組」の自衛官をあてることもある。

海幕幹部たちは制服を背広に着替え、リストを携えて国会議員に説明して回った。戦争が迫っていることを理解してもらいたかった。

「海がしゃしゃり出ている」

内局幹部は反発した。

だが、やはり同盟の危機を感じていた外務省が海幕と非公式に調整を始めた。

「海幕と外務省北米局は、昔から防衛庁内局をとび越えた関係を持っていた」

内局ＯＢがそう認める。自衛隊から外務省への出向、防衛駐在官への出向、米海軍との緊密な関係などを通じて、人脈ができているのだという。

この結果、米軍施設警備や情報収集の護衛艦派遣などが、９・11テロへの日本政府の対応を示す「外務省案」に織り込まれた。

（本田優、横山蔵利）

米艦護衛

「キティが出る！」

テロ発生から３日後の９月14日。横須賀の米海軍基地を訪れた海上自衛隊幹部が興奮した声で、帰りの横須賀線のトイレ室から携帯電話で海幕に知らせてきた。

米第７艦隊の空母キティホーク*が修理を終え、近く横須賀のドッグを出るとい

空母キティホーク　神奈川・横須賀を事実上の母港としている。満載排水量は８万1123トン。退役した空母インディペンデンスに代わり、1998年８月に配備された。横須賀に配備された空母としてはミッドウェー、インディペンデンスに続き３代目で、いずれも通常型。61年に就役し、全長は約324メートル。乗組員は５千人を超す。08年に退役する予定で、後継艦が原子力空母になるかどうかが注目されている。

The Asahi Shimbun

テロ攻撃及び米軍支援に関する海上自衛隊の対応案

実施項目	根拠	派遣部隊	行動範囲
基地警備	●防衛庁設置法5条18項（所管事務遂行に必要な調査研究） ●日米共同使用化により、同法5条12項（施設管理関連） ●治安出動	護衛艦、潜水艦、回転翼哨戒機、哨戒機	横須賀、佐世保、厚木、岩国、沖縄基地周辺
機動部隊進出時の護衛	●共同訓練 ●治安出動	護衛艦、潜水艦、回転翼哨戒機、哨戒機、補給艦	日本周辺からインド洋に至る海域
情報収集及び提供	●防衛庁設置法5条18項	哨戒機（EP-3、OP-3を含む）	日本周辺海域（沖縄からのEP-3の行動範囲）
米軍派遣海上ルート上での支援、シージャック防止（洋上補給、後方地域捜索救助活動、船舶検査活動）	●周辺事態安全確保法 ●船舶検査活動法	護衛艦、補給艦、輸送艦	インド洋
在外邦人等の輸送	自衛隊法100条の8	護衛艦、輸送艦	インド洋

表1

自衛隊派遣を含む7項目の対応策

（1）米軍等に医療、輸送・補給等の支援をする目的で、自衛隊を派遣するため所要の措置を早急に講ずる
（2）在日米軍施設と国内重要施設の警備を更に強化するため、所要の措置を早急に講ずる
（3）情報収集のための自衛隊艦艇を速やかに派遣する
（4）出入国管理等に関し情報交換等の国際的協力を更に強化する
（5）周辺、関係諸国に人道的、経済的その他必要な支援を行う。その一環でパキスタンとインドに緊急の経済支援を行う
（6）避難民支援を行う。自衛隊による人道支援の可能性を含む
（7）経済システムに混乱が生じないよう各国と協調して対応する

表2

う情報をキャッチしたのだ。

米軍は異様におびえていた。

「こんな物騒な横須賀にはいられない。羽田に向かう旅客機が基地の上をばんばん飛んでいる。貴重な空母をやられたらたまらない」

ニューヨークでは米国の経済力の象徴である貿易センタービルに民間機が突っ込んだ。世界最強の米軍を象徴するのが12隻の空母だった。キティホークはその一つだった。米軍はテロリストにハイジャックされた民間機が空母に突っ込んでくることを本当に恐れていたのだった。

空母は十数隻の駆逐艦*などに囲まれて空母機動部隊として外洋を走るときは、大変な攻撃力を持つ。だが、狭くて混雑している東京湾を単独でゆっくり走るときや、ドックに係留されているときは、弱点をさらす。民間機の自爆テロに狙われたらひとたまりもない。偶然とはいえ、空母の大きさは世界貿易センタービルをそのまま横にして水面に浮かべたものに近かった。

在日米海軍司令部はキティホークがゆっくりと走らざるを得ない東京湾での護衛を海上自衛隊に打診してきたのだ。

◇

海幕はこの空母護衛をしたかった。戦後の歴史で、海上自衛隊の艦艇が公然と米空母を護衛した例はなかった。

対米支援リストを外務省などに渡していたが、日本政府としては新法を作って

駆逐艦　かつては比較的小型で、魚雷によって敵の大型艦を攻撃することを任務とする軍艦のことをさしていたが、第二次大戦後は、艦隊に随伴し、空からや潜水艦からの攻撃を守るのが主要な任務となった。

対応するとの方針が次第に明確になってきていた。そうなると、法律が成立するまで時間がかかる。米国に対する「我々は味方だ」とのメッセージを出来るだけ早く出すことが重要だと考えたのだ。米海軍の打診は、その絶好の機会だった。同時に海上自衛隊の存在をプレイアップ*することも出来る。

しかし、平時の日本領海の警備は、海上自衛隊ではなくて海上保安庁の仕事だった。

9月18日。在日米海軍司令部は正式に海上保安庁に対して要請をした。「横須賀基地から三浦半島剣崎沖まで、浦賀水道30キロを警備してほしい」司令部は同時に、防衛庁にも海上自衛隊による警備を要請した。防衛庁で激論になった。

海幕「同盟国の空母を警備するのは当たり前ではないか」

内局「平時に米軍を守るのは、海上保安庁や警察だ。日本有事でもないのに、そんなことは出来ない。国会で説明のつく理論構成が必要だ」

結局、防衛庁設置法第5条18項*「所掌事務の遂行に必要な調査及び研究を行うこと」を援用することになった。

「キティホークの出航で混乱が起きたら、海上自衛隊も港湾を使えなくなる。海自がこの港湾を安定的に使うために、自らの任務遂行のために行う警戒・監視行動である」という理屈だった。

◇

プレイアップ　「強調する」「広く知らしめる」といった意味。外交官らがよく用いる。

防衛庁設置法5条18項　防衛庁設置法5条は「防衛庁の所掌事務」を定めており、18項には「所掌事務の遂行に必要な調査及び研究を行うこと」とある。2001年11月の自衛艦3隻をインド洋に派遣するための名目として使われたほか、04年10月に日本が主催したPSI（拡散防止構想）の合同訓練の際に実施された乗船検査訓練の参加根拠とされるなど、自衛隊の行動に関して便宜的に使われることが多い。

9月21日早朝、小雨の降る米海軍横須賀基地をキティホークが出港した。第3管区海上保安部の巡視船艇26隻が取り囲む。浦賀水道に入ると、待ち構えていた海自の護衛艦*「しらね」と「あまぎり」がキティホークの前後について伴走した。

その姿が米国でもCNNテレビで繰り返し放映された。事前に、外務省北米局が米国のメディアに片端から電話して、宣伝していたのだ。

米国家安全保障会議の幹部が日本の外交官に言った。

「この日を境に、日本の評価はぐんと上がった」

◇

だが、この空母護衛問題には余波があった。

約1週間後の首相官邸での記者会見で、福田康夫*・官房長官が「少なくとも私の耳には入っていなかった」と、不快感を表明したのだ。

9月20日に防衛庁内局から官房長官秘書官に連絡が届いていたはずだが、なぜか本人にはこの情報が届いていなかったらしい。

国内では海上自衛隊が先走っているという印象が広がり、野党だけでなく自民党の有力議員からも批判的な声が出ていた。

「これはただではすまないと、腹をくくった。だが、米国の評価が助けてくれた」

当時の海幕幹部はそう明かした。

護衛艦　各国で巡洋艦、駆逐艦、フリゲートに分類される海上戦闘用艦艇の自衛隊での呼称。海上自衛隊の前身である海上警備隊時代には警備艦と呼ばれていた。国産初の護衛艦は1956年に就役した「はるかぜ」。

福田康夫　1936年7月生まれ。59年早大卒後、石油会社に入り、62年から2年間、米に駐在。76年に退社、父の福田赳夫氏の秘書になる。福田首相秘書官を経て90年、衆院議員に当選。湾岸戦争では日本が人的貢献をしなかったとの批判を和らげるため、米国を行脚した経験もある。自民党森派に所属。外務政務次官、党外交部会長などを経て00年10月から04年5月まで官房長官。在任期間は歴代最長。

空母キティホークは日本近海で艦載機の着艦訓練などをした後、9月30日にいったん横須賀基地に戻り、翌10月1日にインド洋での作戦支援のために出港した。このときも、海上保安庁の巡視船艇24隻が護衛したが、海上自衛隊の艦艇は出なかった。

（本田優、横山蔵利）

官邸主導

「この会議のことは極秘に。外相、防衛庁長官には、内容を報告しないでほしい。これは官邸としての厳命だ」

9月13日、首相官邸。

古川貞二郎*・官房副長官がこうクギを刺した。その場にいた谷内正太郎・外務省総合政策局長、佐藤謙・防衛事務次官、秋山收・内閣法制局次長、大森敬治・官房副長官補ら少数の出席者の表情が一瞬こわ張った。

極秘の会議は「古川勉強会」と呼ばれた。それからほぼ連日、米国主導の「対テロ戦争」をめぐる日本の対応策が検討された。

それにしても、外務省と防衛庁のトップに情報を渡すなというのは、異常な事態である。当時、外務省は田中真紀子・外相と官僚が対立した「伏魔殿」騒動で、

古川貞二郎　1934年9月生まれ。「官僚のトップ」とされる官房副長官ポストを歴代最長の8年7カ月、5人の首相の下で務め、「政府内の物事の進め方を熟知している」（政府高官）との評価が高い。内閣首席参事官だった89年には昭和天皇の「大喪の礼」運営を担った。60年1月に厚生省に入省し、93年6月に厚生事務次官。

情報漏洩《ろうえい》事件が相次いでいた。中谷元・防衛庁長官にまで責任はないはずだが、横並びの扱いとなり、事件のあおりを受けた形だった。

テロ対策は官邸が取り仕切る――。古川の「厳命」はそんな危機管理の宣言を意味していた。

◇

官邸主導の枠組みのなかで、実際に対応策の原案を書いたのは外務省だった。

「湾岸戦争を忘れるな」

外務官僚たちはそれを合言葉にしていた。

10年前の湾岸戦争では、日本は130億ドルを拠出したが、自衛隊派遣でつまずき、米国にバッシングされた。湾岸戦争への対応は同盟の「1次テスト」、今回は「最終テスト」(谷内)という危機感を抱いていた。

外務省の担当者が陸海空幕それぞれの防衛課に直接電話し、対応策を探った。3自衛隊の姿勢の温度差を、この担当者はこう感じた。

「海は積極的、陸は慎重、空は中間だ」

東京の米大使館にも打診した。

「米軍がほしいのは、給油と輸送ぐらいだろう」

そんな言葉が戻ってきた。給油は海上自衛隊の補給艦、輸送は航空自衛隊の輸送機を意味した。自衛隊の姿勢と重ね合わせて、これならいけると思った。

◇

9月15日の土曜日。夕方になって、古川と大森が向かった先は、福田官房長官の私邸だった。

「自衛隊派遣のために、特措法を作る必要があります」

こう報告すると、福田は即座に賛成した。

実は、新法を作るか、周辺事態法を援用するか、という綱引きが政府内であったのだ。

周辺事態法とは「日本の安全に重要な影響を与える事態」が周辺地域で起きたときに、米軍に対して輸送や補給などの「後方地域支援」を行うことを可能にした法律だ。1994年の朝鮮半島核危機がこの法律を作るきっかけで、基本的には朝鮮半島危機の再来に備えた内容になっている。

この法律作成の過程の1998年に、政府内で「周辺事態」の定義をめぐって論争があった。

外務省条約局は「周辺」を日米安保条約の「極東」と一致させようとし、外務省北米局と防衛庁は「周辺」に地理的な枠をかぶせることに反対した。外務省北米局と防衛庁には、この周辺事態法を日本周辺だけでなくグローバルに適用できるようにしたいとの思惑があったのだが、最終的に敗北した。「周辺」は「極東とその周辺の域を超えない」との国会答弁が定着した。

その消えたはずの火が再び燃え出したのだ。

「インド洋での自衛隊による後方支援にも適用したらいいのではないか」

そう主張する声が、防衛庁から出てきた。海幕にも同じような考えがあった。その裏には、新法を作っていたら時間がかかりすぎるという懸念があった。

一方、外務省は条約局も北米局も「新法でなければ無理」という考えだった。国会答弁の一貫性を重視したのである。

福田邸での会合は、この綱引きにけりをつけるものだった。

◇

外務省は防衛庁や海幕の懸念も考慮して6項目からなる対策案を作った。大まかに言えば、「2段構え」の内容だった。

(1) 対テロ特措法により、輸送、補給などの対米支援を行う。

(2) 法成立までの間に日本の存在を示すため、「情報収集」目的で護衛艦を派遣する。

同省は同時に、対テロ特措法の原案もまとめて、官邸に提出した。

9月19日、小泉純一郎首相は記者会見を開いた。

「テロ根絶に向け、日本としても米国始め関係諸国と協力しながら、主体的な取り組みをしたい」

そして、「自衛隊を派遣するための所要の措置」や、「国内の米軍施設警備強化のための所要の措置」など、7項目にわたる具体的措置（27ページの表2参照）を発表した。

それは外務省案の6項目に、出入国管理の国際的情報交換強化という法務省が希望した1項目を足したものだった。

（本田優）

ショー・ザ・フラッグ

9月15日の土曜日には、ワシントンでも重要な動きがあった。

その日の朝、柳井俊二・駐米大使が、国務省7階にオフィスを持つリチャード・アーミテージ*国務副長官を訪ねた。

テロ発生後、すでに4日間たっていたが、東京から何も指示が来なかった。実際は首相官邸を中心に対策が練られていたのだが、大使館にはそうした動きの詳細が伝えられていなかったのだ。

米国の政府機関も土曜日は休日だが、高官は案外出てきて仕事をしていることが多い。平日よりも静かで雑用に煩わされないからだ。

大使が電話したら、アーミテージは部屋にいた。早速、会うことになった。

◇

まずは湾岸戦争の思い出が話題になった。

大使「私は東京にいたが、国連平和協力法案が大騒ぎの末に廃案になり、増税までして130億ドルを出したが、米国からボロクソに言われた。“too little, too

リチャード・アーミテージ 対アジア安保政策では大きな影響力を持つ重鎮的存在だ。ブッシュ政権発足時は、国防副長官として古巣の国防総省に戻ることが確実視されていたが、長官に就任したラムズフェルドとソリが合わず、「盟友」のパウエル国務長官の求めに応じて、国務省ナンバー2のポストについた。海軍士官学校出身の元海軍士官。ベトナム戦争にも3回参戦した。レーガン政権時代に国防次官補代理、同次官補を歴任。

late"（少なすぎるし、遅すぎる）と言われた。今度のテロは米国で起きたが、日本でもいつ起きるか分からない。グローバルな問題だと思う。東京から訓令は何もないが、今度はテロ対策について、日本の顔、プレゼンス（存在）がよく分かるような貢献をすべきだと、個人的に思う」

副長官「自分もあのときは知日派の米国人として苦い経験だった。今度もしも日本のプレゼンスを示す対応をしてくれれば、米国はもちろん世界も高く評価するだろう」

そして、より具体的な情報交換、意見交換を行った。30分から40分で会合は終わった。この詳細な内容は、もちろん「秘」扱いで、東京に公電*として送られた。だが、柳井大使は週が明けて、日本の新聞を読んで仰天する。

◇

"Show the flag"（日本の旗を見せよ）

アーミテージ副長官が柳井大使にそう言った、と報道されている。だが、2人の会話でそんな言葉はまったく使われていなかったのだ。公電を見た別の関係者も、なかったことを確認している。

もっとも、外務省幹部によると、国防総省の一人の官僚が、この言葉を日本側に対して使っていたという。どうやら、その情報が大使の公電と錯綜してしまったらしい。

だが、言葉は独り歩きを始める。

クリントン前政権の対アジア政策を非難。クリントンが1998年の訪中の際、日本を「素通り」したことについては「愚かな旅行者」と厳しく批判した。00年10月には、超党派の日本専門家を集めて新たな対日戦略（通称「アーミテージ・ナイ・リポート」）も発表した。日米同盟強化路線の強力な推進者。

公電　外務省などが在外の大使館、総領事館とのやりとりで使用する公務用の電報のこと。公電は暗号をかけられて、国際専用回線で届き、それぞれの通信セクションで書類に変わる。

「アーミテージが言った『ショー・ザ・フラッグ』アフガン戦争に自衛隊派遣を促す側も、それを批判する側も、キーワードとして引用した。この年の暮れに発表された自由国民社主催の「日本新語・流行語大賞」で、トップテンの一つにまで選ばれた。

分かりやすいし、湾岸戦争以来の「圧力をかける米国」という日本側の対米イメージにぴったりだった。それが事実でなかったにもかかわらず、である。

◇

余談になるが、柳井大使はこの言葉のせいで、あらぬ嫌疑をかけられることになった。

「柳井大使は英語が分かっていない。"Show the flag" を〝日の丸を見せろ〟というのは間違いだ。『旗幟《きし》鮮明にせよ』『敵か味方かはっきり示せ』という意味だ」と、ある日本人から批判されたのだ。

そこまで言われると、気分が悪い。それで20人ぐらいの米国人や英国人に聞いてみた。すると、「文脈によって、日の丸を見せろという意味にもなる。この場合はそういう意味だ」と、全員が答えたという。

この大使の体験談には、落ちもついている。

「もともとなかった言葉なのだから、ハタ迷惑な話です」

（本田優）

地雷除去

9月25日、ワシントン――。

ラムズフェルド米国防長官は、米軍が進める軍事作戦の名称を「不朽の自由」*(Enduring freedom)と発表した。

小泉純一郎首相は、とりまとめた7項目の措置をもって、ホワイトハウスを訪れ、ブッシュ大統領と会談した。共同記者会見が続いた。

大統領「首相は米国民との連携を示し、テロリズムとの戦いに加わるため、日本からわざわざ来てくれた」

首相「(テロとの戦いという)地球大の目標のため、我々は忍耐と決意を持って戦わなければならない」

首脳会談の成功を受けて、政府は自衛隊の派遣を可能にするための新法を作り、具体的な派遣計画を練る作業を本格化させた。

◇

「あまりにも危険すぎる。派遣は無理だ。つぶしてしまおう」

10月初め。陸上幕僚監部の中枢でこんな会話が交わされていた。

「陸上自衛隊をパキスタンに派遣する」という案が、政府・与党内で浮上しつつあった。それに対する陸幕の反応だった。

戦場となるアフガニスタンへの派遣は無理だという点では、政府も陸自も一致

不朽の自由作戦　米軍などによる対アフガニスタン軍事作戦。2001年10月7日に開始され、約2カ月でタリバーンを崩壊させた。その後はパキスタン・アフガニスタン国境地帯の洞窟などに隠れるアルカイダの掃討作戦に変わった。

していた。それならばアフガニスタンと国境を接するパキスタンに医療部隊を送り、野戦病院を作って傷病兵を手当てしたり、避難民キャンプで医療・防疫などを行えないか――。そんな計画が政治レベルで協議されていたのだ。

陸幕防衛部は、１９９４年に派遣したルワンダ難民救援隊の経験をもとに、情報収集や部隊編成の検討に着手した。関心は、隊員の安全を確保できるかどうかにあった。

避難民キャンプには、タリバーン政権から逃れてきたムジャヒディン（イスラム戦士）が銃器を隠し持って紛れ込み、テロが起きる危険性が高いからだ。

武器使用基準の緩和や重火器の携行に加え、パキスタン軍による警護を求める必要があった。が、パキスタン軍の警護が保証される見通しは立たなかった。

「宿営地だけでなく、物資の陸揚げ港と宿営地を結ぶ数百キロの補給路のことを考えると、とても自前で安全確保できる任務ではない」

陸上自衛隊は組織を挙げて、慎重に「任務回避」に動き出した。

そのうち、パキスタンからも「外国の野戦病院建設」を快く受け入れるつもりがないとの意向が伝わってきた。

「パキスタン軍は米軍とは親密だが、それ以外の国の軍隊を受け入れないことが分かった」

当時の陸幕幹部はそう振り返る。

結局、この医療支援の案は、ニーズ自体がないという結論になって消えた。

だが、陸幕にとって、もう一つの問題が持ち上がった。

◇

米軍がアフガニスタンの空爆を開始した直後の10月9日。山崎拓・自民党幹事長が記者会見で、戦後復興の日本の対応策として「地雷*除去がある」と発言したからだ。

確かに復興支援策として地雷除去のニーズは現地にある。だが、陸幕は受けなかった。

「自衛隊の地雷処理能力は、戦車などで地雷原を突破できるよう部分的に除去するためのもの。住民が安全に生活できるよう完全に取り除く能力はない」

それが反対の理由だった。

「火は早いうちに消せ」

陸幕首脳部はそう命じた。

当時、陸幕防衛課で若手エリートたちを率いていたのは、後にイラクで陸自派遣部隊の指揮官を務めることになるやり手の防衛班長だった。防衛班は、陸幕の対外窓口として、日頃から国会議員や自治体幹部とつきあうのが重要な仕事の一つになっている。

親しい議員のつてで衆院議員会館の一室を借り、そこを拠点に部下らと手分けして、背広姿で与野党議員の部屋を訪ねて「火消し」に回った。

陸幕長ら幹部も、中谷元・防衛庁長官や内局に掛け合い、「安全確保が難し

地雷　爆薬などを容器に入れて、地上や地表近くの浅い所に埋め込み、人や戦車などの車両を殺傷・破壊することを目的にした武器。

い」と与野党への説得を頼み込んだ。こうして地雷処理の案も消えていった。

（谷田邦一）

東ティモールPKO浮上

もっとも、陸幕は派遣回避に専念していたわけではない。9月19日に政府の7項目の具体的措置が決まる数日前。防衛庁の内局、統合幕僚会議、陸海空の各幕僚監部の主要幹部が集まって、対米支援をめぐる意見交換をしていた。ここで、陸幕幹部は意表を突く提案をした。

陸幕「対米支援は地球規模で考えて、東ティモール*のPKOに部隊を出したい」

内局「アフガンでやっているときに、東ティモールどころじゃないでしょう」

陸幕「米太平洋軍は北東アジアをにらんでちゃんとやっている。米海兵隊も東ティモールに物資支援をしている。陸自がアフガンがらみで支援するとしても大部隊は考えにくい。東ティモールをちゃんとやったらどうか」

このやりとりを聞いていた海幕、空幕の幹部も陸幕の提案に賛同した。

防衛庁内局は、以前から東ティモール派遣を検討していたのだが、9・11テロが発生したため保留状態にしていた。陸幕の提案を受けて、内局は再び東ティモ

東ティモールPKO　国連平和維持活動（PKO）の一つである国連東ティモール暫定行政機構（UNTAET）。1999年に設立され、東ティモールの正式独立までの間、立法、行政、司法のすべての分野での暫定統治に当たった。日本は02年2月から自衛隊の部隊などを派遣した。陸自で編成された680人の施設群が道路・橋などの維持補修など後方支援分野の業務を実施した。自衛隊の行った国際平和協力業務としては、過去最大規模の派遣。また、初めて女性自衛官が派遣された。活動は、04年6月まで続いた。

ール派遣に向けて動き出した。

◇

陸幕幹部が東ティモール派遣を提案したのは、対米支援を嫌ったからではない。海幕ほどではないにしても、米軍との関係を緊密化しようとしていた。

同時多発テロが発生したころ、陸幕は座間の在日米陸軍や沖縄の米海兵隊との将官クラスの交流を行う「シニア・レベル・セミナー（ＳＬＳ）」という枠組み作りの真最中だった。数年越しの作業だった。実際、この年の12月にＳＬＳの初会合を開くことになる。

東ティモールを考えたのは、陸自としてはアフガニスタンやその周辺での対米支援が難しい以上、間接的であっても、世界規模で展開する米軍の国際安全保障の努力を補完するしかないという苦心の作だった。

陸幕にとって、もう一つの対米支援は、政府の7項目の措置にも入った「在日米軍の基地警備」であった。これは自衛隊法の改正によって初めて可能になるものだった。

◇

10月5日、政府は新法案と自衛隊法改正案を閣議決定した。

「平成十三年九月十一日のアメリカ合衆国において発生したテロリストによる攻撃等に対応して行われる国際連合憲章の目的達成のための諸外国の活動に対して我が国が実施する措置及び関連する国際連合決議等に基づく人道的措置に関する

特別措置法」（テロ特措法[*]）

それが新法案の名称であった。１１２字という異様な長さは、自衛隊派遣の根拠作りの苦労を物語っていた。アフガニスタン戦争を行う米軍などへの支援を可能にするために、９・11テロに対する時限立法であることを明確にし、「国連決議等」を法的根拠としたのだ。

法案に記された自衛隊の役割は次の３点だった。

①諸外国の軍隊などに対する物品・役務・便宜の供与

②戦闘参加者の捜索・救助

③被災民への食料・医薬品などの輸送と医療など人道支援

こうして、政府は、日本防衛ではなく、国連平和維持活動（ＰＫＯ）や災害救助でもない、国際的な有事への自衛隊派遣に道を開く意思決定をしたのである。同時に、自衛隊による在日米軍基地警備という新たな任務を明記した自衛隊法改正案も閣議決定した。

◇

テロ特措法案には、もう一つ重要な要素が盛り込まれていた。

武器使用基準の緩和だ。

これまでは、ＰＫＯなどの海外任務につく自衛隊員に許される武器使用は、自分や同じ現場にいる同僚を正当防衛で守る場合に限られていた。だが、特措法案では「職務を行うに伴い自己の管理の下に入った者」も正当防衛で守ることが出

テロ特措法　２００1年11月2日に施行。アルカイダ掃討のための対テロ作戦にあたる米英などの艦艇に対し、自衛隊がインド洋、アラビア海で補給活動を行うのが目的。２年間の時限立法だったが、03年11月にさらに2年延長された。

来るようにした。これで、被災民や米軍などの傷病兵を守ることが出来る。

この政策変更の裏には、一人の陸幕幹部の存在があった。

地雷除去の「火消し」に中心的な役割を果たした防衛班長だ。

彼は法案を作るための各省庁担当者と内閣法制局の協議に何度も同席した。危険な地域での活動になるため、武器の取り扱いについての詳細な知識が不可欠だったからだ。自衛隊が派遣される現場で、どのような状況が想定されるのか、武器の性能はどの程度か、どのように使用されるのかを、詳しく説明した。

「官僚は武器を使わざるを得なくなる場合の状況がよく分からない。後方支援で派遣するのだから、銃を積極的に使うことはない。正当防衛で銃を使う状況には、こういうケースがある、こういうケースもあり得る、ということを具体的に説明し、資料も作り、理解してもらった」(防衛班長の上司)

陸幕の基本的な希望は、「正当防衛による武器使用」だけではなく、「任務遂行のための武器使用」だ。そこまでは認められなかったが、「自己の管理下に入った者」を守るために武器を使えるようになるのは、「画期的なこと」(同)だった。

◇

この問題は、東ティモールへのPKO派遣とも関連していた。

防衛庁は9・11テロの前からこのPKO派遣を検討していた際に、1992年のPKO法成立以来9年間凍結されていた国連平和維持軍(PKF)本隊業務への参加を可能にすることと、武器使用基準を緩和することを併せて実現したいと考えていた。

９・11テロとアフガニスタン戦争で騒然とするなかで、テロ特措法案に武器使用基準緩和が盛られたことは、大きな追い風になった。

政府は20日間のスピード審議で10月29日にテロ特措法を成立させると、今度はＰＫＦ本隊業務の凍結解除と武器使用基準緩和からなるＰＫＯ法改正案の審議に入り、16日間の審議で12月７日に成立させた。

◇

２００２年２月24日、北海道の東千歳駐屯地。

東ティモールに派遣される陸上自衛隊北部方面総監部の施設部隊に、中谷元・防衛庁長官が隊旗を授与した。部隊はＰＫＯで過去最大規模の６８０人。初めて女性隊員７人も含まれることになった。

小川祥一隊長が記者会見で語った。

「我々の管理下に入った住民を守るために武器を使用できる。任務を達成しやすくなった」

（谷田邦一）

護衛艦アラビア海へ

2001年10月7日午後1時（米東部時間）、ブッシュ大統領が緊張した表情でホワイトハウスから全米にテレビ演説した。

「グッド・アフタヌーン。私の命令で、合衆国軍はアフガニスタンのアルカイダ・テロリスト訓練キャンプとタリバーン政権の軍事施設に攻撃を始めた」

アフガニスタンで空爆が始まったのは、同日の午後9時（現地時間）だった。

米中央軍が最終的に選んだ作戦計画は、デロング副司令官が著書で明らかにしたところによると、次の通りだった。

①あらかじめアフガニスタンの軍閥からなる北部同盟と手を結び、金と武器を渡す。

②北部同盟軍の各部隊に、米陸軍特殊部隊とCIA諜報員らを潜らせる。

③まず3日間から5日間の空爆を、アフガニスタンの主要地域に続ける。

④北部同盟軍がタリバーンとアルカイダの要塞であるマザリシャリフを攻略する。その後、南方に進撃する。

「それは前例のない連合だった。陸軍特殊部隊とCIA諜報員が共に戦うのも戦争史上初めてのことだ」という。

要するに、米国は北部同盟軍に金と兵器をつぎ込んで主要な陸上戦力とし、衛星を利用した特殊部隊やCIAの最先端の情報ネットワークと、圧倒的な空爆力で北部同盟軍を支えるという戦略をとったのだ。

タリバーンやアルカイダの抵抗は予想以上に強かったが、北部地域の拠点だったマザリシャリフが陥落すると、首都カブール、南部の都市カンダハルと、次々に北部同盟軍に制圧された。

戦争開始から41日たった11月17日、タリバーン政権は事実上崩壊した。

◇

その間の11月9日朝、長崎県・佐世保港――。

海上自衛隊の護衛艦「くらま」「きりさめ」と補給艦*「はまな」が隊員約７００人を乗せて、アラビア海に向かった。自衛隊の歴史上初めて、海外での戦争を遂行する米軍などへの軍事支援におもむいたのだ。

「支援ではない。日本のため、ひいては世界のために、テロを封じるのだ」

古庄幸一・護衛艦隊司令官は、派遣される部隊の指揮官にそう言った。

テロ特措法に書かれた自衛隊の役割は、諸外国の軍隊に対する「協力支援」にほかならない。だが、古庄は部下を危険な任務に派遣する上官として、「日本のため」という大義を強調したかった。

この護衛艦など3隻の派遣の根拠は、防衛庁設置法の「調査・研究」にもとづく情報収集であった。すでにテロ特措法は成立していたが、派遣の基本計画がまだ出来ていなかった。だが、それを待っていたら、戦争が終わってしまいかねない。何とかその前に、「日本のプレゼンス」を示そうという狙いだった。基本計

補給艦「はまな」　洋上で行動中の艦艇に対して、燃料やミサイルを含む弾薬、食料などを補給する支援艦。給油するための特別の装置やクレーンなどの装備を持っている。「はまな」は、第3世代の補給艦「とわだ」型の3番艦。艦名は静岡県の浜名湖にちなみつけられた。基準排水量は８１００トン。乗員１４０人。

画によって自衛隊の活動内容が決まったら、目的を書き換えて、後から派遣される部隊に合流するというわけだ。

その基本計画は、1週間後の11月16日の閣議で決まった。

自衛隊の役割をインド洋などでの艦船燃料の補給、輸送、人員・物品の輸送などとするものだった。これに基づいて、25日に護衛艦「さわぎり」、補給艦「とわだ」、掃海母艦「うらが」の3隻がインド洋に向けて出港した。

◇

実は、この自衛隊派遣の役割をめぐって、閣議決定の直前まで、日米間の調整に紆余曲折があったのだ。

「米軍は自衛隊にどんな支援を望んでいるのか」

9・11テロの直後、自衛隊は在日米軍やその上部組織の太平洋軍に聞いた。

「第7艦隊が中央軍の支援に向かうので、マラッカ海峡の監視をしてもらえないか」

「インド洋のディエゴガルシア島*とその周辺の防空のためにイージス艦を派遣できないか」

それは米側からの「要求」ではなかった。あくまで日本が尋ねたから、米側の希望を伝えたのだ。だが、これはいずれも憲法の禁ずる集団的自衛権の行使に抵触するものだった。

「それは出来ない」

ディエゴガルシア　赤道に近く、インド洋中央部に位置する面積わずか44平方キロの環礁。内海を囲んでU字形をなしていることから、米軍内では「自由の足形」という愛称で知られる。法的には英国領だが、英政府は冷戦下の1973年、米国に対する半世紀間の基地貸与を決めた。一般市民はおらず、実質的に米軍とこれを支援する英軍の管理下にある。島の北西部には、3千メートル級滑走路、燃料タンクや各種備蓄施設が集中する。91年の湾岸戦争やその後のイラク空爆でB52爆撃機などの出撃拠点となったほか、日本をはじめアジア方面から届く軍事物資を集積し、海空軍、海兵隊の巨大な補給基地として機能してきた。もともとモーリシャスの一部だった自衛隊側は断り、米側もすぐ納得した。

この問題での日米政府間の公式協議は、11月2日に発足した「日米調整委員会」で行われた。メンバーは、防衛庁、外務省、国防総省、国務省。

日本側は支援の軸を、艦船燃料の「補給」ではなく、「輸送」とする考えを示し、こう提案した。

「グアム島からディエゴガルシア島までの範囲を輸送する」

だが、国防総省が反発した。

「米中央軍はアラビア海で戦っている。3千キロ以上も離れたディエゴガルシア島に、わざわざ補給に行けというのか」

結局、日本側が折れて、アラビア海などで米艦船などに洋上補給することを承諾したのだ。

◇

12月2日、アラビア海——。

海自の補給艦「はまな」が、米海軍の補給艦と並走しながら、給油ホースをつなげて燃料を補給した。洋上補給の第1号だった。

この海域は、テロリストの温床になっているアフリカ北西部とアフガニスタンやその周辺の間にあり、テロリストや武器を運ぶ経路の一つになっているから、航空機や船を使った自爆テロがいつ発生するか分からない。

「1日当たりの認識不能な飛行目標の確認数は約100機、小型水上目標は30隻

この島は、モーリシャスが68年に英国から独立した後も、周辺諸島とともに英領にとめおかれた。モーリシャスなどに強制移住させられた数千人の島民が、故郷への帰還と補償を求め英国で訴訟を起こしている。

以上。乗員のストレス、緊張感は限界に達している」

当時、海幕幹部は任務遂行の難しさを訴えた。

政府は1年後の2002年12月から、最新鋭のイージス艦*派遣に踏み切った。これまでの護衛艦に比べて、「対空目標捜索能力が水平距離で約5倍、垂直距離で約4倍」という。レーダーの表示能力も優れているから、その分は楽になったはずだ。

だが、新たな懸念が生まれている。この補給任務が「予想を超えて」（海幕幹部）ずっと続いていることのもたらす影響だ。燃料を無償で提供するわけだから、それを税金で負担しなければならない国民も大変だが、限られた数の艦艇、隊員を4カ月から6カ月交代でやりくりしている海自も、無理が重なっている。

防衛庁のまとめによると、これまでに派遣された艦艇数は延べ42隻、隊員数は延べ8280人（2004年11月26日現在）。複数回派遣されている艦艇や隊員も多く、数の少ない補給艦はすでに4回目のサイクルに入っている。

アフガニスタンやイラクでの主要な戦闘が終わっても、テロは逆に増えて、中東全体が不安定化しつつある。アラビア海やインド洋での海自部隊の任務が終わる見通しは、一向に見えてこない。

（本田優）

イージス艦　目標の捜索、探知、分類識別、攻撃までの一連の動作を高性能コンピューターによって自動的に処理するイージス防空システムを備えた艦艇のこと。SPY1Dフェーズド・アレイ・レーダーと射程70キロのSM2ミサイルを組み合わせ、同時に十数個の空中目標に対処できる。冷戦時代、ソ連機の空対艦ミサイルから米空母を守るために開発された。弾道ミサイル防衛構想では、イージス艦は高性能レーダーで弾道ミサイルを捕捉し、搭載した迎撃ミサイルSM3によって大気圏外で破壊する役割が与えられている。

アラビア海で補給艦（中央）から給油を受ける輸送艦「おおすみ」（右）＝代表撮影

インド洋に派遣されたイージス艦「みょうこう」。国籍不明航空機への対処訓練では乗組員が62式機関銃を構えた＝アラビア海で

「1対65」の世界

ところで、米国フロリダ州タンパの米中央軍司令部の駐車場に生まれた「有志連合村」は、どのように機能しているのだろうか——。

記者は米中央軍司令部と有志連合の許可を得て、現地を何度か取材した。最初に訪れたのは、2004年3月上旬だった。すでにアフガニスタン戦争に続いてイラク戦争が起きて、その難しい戦後統治に中央軍と有志連合が直面していた時期だ。自衛隊のイラク派遣も始まっていた。したがって、少し話が前後するが、ここで有志連合の現地報告をしておこう。

◇

2004年3月2日朝、タンパにある米中央軍司令部のTV会議室——。

日本の連絡官、柴田有三・1等海佐(43)が立って発言した。

「将軍、クウェートを本拠地にしている航空自衛隊の輸送機C130が、明日から輸送任務を実施する予定です。また、イラクにおける陸上自衛隊員の数は、今月末には560人に達する予定です。この結果、イラク再建を支援する自衛隊員の総数は1100人に達することになります」

スクリーンに大映しされた前線司令部(中東・カタール)のランス・スミス副司令官がほほえんだ。

「日本の英断に心から感謝したい」

米中央軍司令部とカタールの前線司令部をつなぐテレビ会議。手前の机に、米軍幕僚と有志連合の連絡官らが座る＝米フロリダ州タンパで、本田優撮影

会議に参加したのは、米中央軍司令部の幕僚と、65カ国にのぼる「有志連合」の連絡官。様々な自国の制服に身を包んだ軍人たちだ。

◇

中央軍司令部の前の駐車場に、金網で囲まれ、事務室代わりのトレーラーハウス約80台が林立し、各国の旗が翻る一画がある。

各国の連絡官のために作られた「有志連合村」だ。

「村」は二つある。米中央軍は2001年9月の同時多発テロの後に「不朽の自由作戦」(OEF)村を設けた。そして2003年3月のイラク戦争開始とほぼ同時に「イラクの自由作戦」*(OIF)村を隣に作った。

米国は二つの村を厳然と区別する。イラク戦争不支持のフランス、ドイツ、ロシアなどに対しては、OIF村への出入りを禁じている。

戦争や戦後復興の協力を巡ってこうした村が作られるのは初めてだ。

ブッシュ政権になって顕著になった米一極主義の時代――。ワシントンが政治の「外交村」とすれば、タンパは軍事の「外交村」なのだ。

中央軍は毎日、過去24時間の軍事作戦や現地情報を二つの村で解説する。より深い情報は、各国連絡官の腕次第。OIF村に入れない国も、関係国の連絡官をバーに連れ出すなどして取材する。

◇

日本がここに陸上自衛隊員と海上自衛隊員の連絡官2人を送り出したのは、有

イラクの自由作戦　米軍などによる対イラク戦争の作戦名。2003年3月19日、イラクが大量破壊兵器を隠し持っていることなどを理由に開戦した。ブッシュ米大統領は5月1日に主要戦闘作戦の終了と勝利宣言を行ったが、その後テロが激化し、軍撤退の目途が立たない状態に陥っている。また、大量破壊兵器も見つからなかった。米軍の死者数は勝利宣言までに138人だったが、その後に増え、05年3月に1500人を超えた。イラク側は約万人と言われている。

志連合村が生まれて約1年が過ぎた２００２年8月の下旬だった。

それまで、政府と自衛隊の中枢は、「有志連合」や「村」の持つ意味を理解していなかった。半世紀の歴史を持つ「日米同盟」があるから、これまで通りの日米間のパイプを通じて、対応策を決めればいいと考えていた。

だが、現地の軍事情報が思うように入らない。自衛隊の役割をめぐる協議も効率が悪い。日本はアラビア海で米国などの艦艇に洋上補給を続けているにもかかわらず、各国の貢献に感謝を表明するトミー・フランクス中央軍司令官の演説に、「日本」が出てこない、などという問題が繰り返し起きていた。

原因は単純なことだった。日本がそれまで「日米同盟」と考えていたものは、米太平洋軍のなかの「日米同盟」だった。自衛隊が緊密に連絡を取るカウンターパートは在日米軍司令部（横田）か、その上部組織の米太平洋軍司令部（ホノルル）だ。

ところが、米軍は互いに独立する五つの統合軍から成る。太平洋軍、中央軍、欧州軍、北方軍、南方軍で、それぞれ管轄地域が異なる。アフガニスタンやイラクなどの中東は中央軍の管轄。自衛隊がアフガニスタン戦争について太平洋軍司令部に聞いても、核心の情報は得られない。国防総省ならある程度分かるが、それも中央軍からの二番煎じだ。２００1年秋に海上自衛隊の役割について、日米間の調整で混乱が生じた裏には、こうした事情があった。

「政軍関係も含めて、戦争の全体像が一番良く見えるのがタンパだ。その情報収集、連絡調整ができる。中央軍との連絡調整だけでなく、有志連合に参加している各国間の役割調整も効率良くできる」

日本から来た連絡官はそんな印象を持った。各国の連絡官が共有する認識だ。

◇

日本の場合、連絡官は約半年で交代する。2004年3月の時点では、陸海空自衛隊から計3人来ていた。いずれも経験豊かな国際派だ。

柴田はP3C哨戒機の戦術航空士。ハワイの米太平洋艦隊司令部で3年間、連絡官を務めた。

山田伊智郎・1等陸佐(45)は施設部隊の勤務が長い。1993年にカンボジア、2002年に東ティモールと、2度の国連PKO(平和維持活動)の経験者だ。

尾崎義典・2等空佐(38)はF4戦闘機のパイロット。米国のコロラドスプリングスにある米航空士官学校に教官として2年半滞在し、米軍教義を研究した。

柴田は3月上旬に帰国。入れ替わりに海自から伊藤弘・2佐(38)が来た。護衛艦の勤務が長い。米コロンビア大に2年間留学した経歴を持っている。

◇

「沈黙は金にならない」――それが彼らの合言葉だ。

「1対1」の日米同盟と違って、有志連合村は「1対65」の世界。米国は日本を特別視しない。

村の公式日程は、中央軍による状況説明、全体会議、分科会など。そこで積極的に質問し、提案し、指導力を発揮する。

例えば、アフガニスタンの武装解除・社会復帰分科会で、山田は毎回現地情勢の調査と状況説明を担っている。

尾崎は1月に人道支援分科会の議長に就任、医薬品、学用品、食糧支援をとりまとめた。

柴田はベルギー、ノルウェーなど7カ国と組んで、非公式の情報交換会を作った。これが全体会議の事実上の運営委員会となりつつある。

こうして存在感を示し、中央軍や各国から一目置かれるようにする。それが米軍の動向や復興支援のニーズをいち早く知るための布石なのだ。

彼らの前に来た連絡官も様々な形で活躍した。こんな例がある。

日本の貢献を知ってもらうために、アラビア海の米国と英国の艦艇に燃料を無償で補給していることを詳しく説明した。すると、この海域に艦艇を出している他の国々の連絡官が「うちにも補給してくれないか」と聞いてきた。

米中央軍海軍副司令官に聞くと、「給油対象国が増えれば、米国としては大変助かる」という返事だった。この内容を本国に打電した。

政府内でも給油対象国を増やすことが検討されており、この公電がその動きを促進した。この結果、２００３年春から順次、関係国との間で政府合意に達した。フランス、カナダ、パキスタン、ニュージーランド、ドイツなど、計11カ国の艦艇に補給するようになったという。

◇

多国籍の世界での活動を通じて、自衛官らは一様にこんな印象も抱く。

「日本だけが制約のある国ではない」

有志連合に参加している国は、それぞれの法律や政策上の制約を持っていて、その範囲で活動している。「米軍に基地を提供した」というだけの貢献で、胸を張って参加する国もある。米中央軍の将校も「各国の軍に制約があるのは当たり前。できる範囲のことをしてくれればいい」と言う。それを知って、自衛官らは目からうろこが落ちたような気持ちになるらしい。

尾崎が言った。

「ここに来て感じたのは、『普通の国』なんてないということ。それは幻想だ。米国こそが特殊な国。日本は『制約がある』と最初に言うのではなく、自信を持って『これが出来る』と言えばいい」

65分の1の自画像が、旧来の同盟でもたらされた固定観念の呪縛を解き始めている。


（本田優）

【インタビュー】
マイケル・Ｐ・デロング（前・米中央軍副司令官）

——有志連合のための「村」を作ることは、いつどのように決まったのですか。

「９・11テロの２、３日後に、中央軍司令部で、トミー・フランクス司令官と話して決めた。その時には、テロがアルカイダの仕業で、彼らと戦争をすることも、我々は知っていた。世界中の国が『有志連合』に加わり、多くの連絡官が来るだろう。だが、受け入れる部屋がない。それで駐車場にトレーラーハウスを大量に持ち込んだんだ」

——最初にやってきた国は。

「英国。（２００１年の）９月15日ごろに、中将を筆頭とする大規模の代表団を送り込んできた。そしてフランス、カナダが18日ごろ」

——日本の連絡官派遣は約１年後でした。派遣によって、日本の存在は大きくなりましたか。

「ええ。日本人連絡官は、インド洋で米国の艦船に大変な量の燃料を補給していることを強調した。他の連合国も『我々にも補給してほしい』と言い出した。これが始まり。彼は発言力を持つようになり、日本を連合村の指導的存在のひとつに引き上げた。グループ力学だ」

——連合村はうまく機能したのですか。

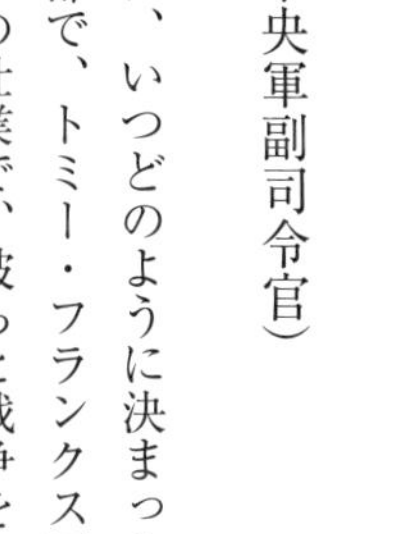

マイケル・Ｐ・デロング　海兵隊出身。ベトナム戦争や湾岸戦争を経験し、２０００年から　米中央軍副司令官。トミー・フランクス司令官とともに、テロ戦争、イラク戦争を指揮して、03年に退役し、エンジニアリング会社の副社長に。海軍兵学校では国務副長官を務めたリチャード・アーミテージと同期だった。

「極めて良かった。重要なのは、各国の考えを外務省→大使→国務省といった公式ルートを使わずにすぐに聞けることだ。『こんなニーズがあるのだけど、あなたの国では受けてくれそうかな』といった非公式な相談が直ちにできる」

――2003年のイラク戦争では別の有志連合を作りましたね。どうやったのですか。

「実際に戦争になるかどうか分からない計画の段階で、すべての国に対して『我々は作戦計画を更新した。我々は連合から外されることを望まない国を除外したくない。各国とも政府に持ち帰って、この計画に入るリスクをとることを希望するかどうか打診してほしい』と聞いたのだ」

――その有志連合に入る条件は。

「『我々はこの計画を支持する』と、公式に明確にすることだった」

――日本はイラク支援で国論が分かれ苦悩しました。

「国はすべて異なる。日本は対テロ支援でよくやった。出来ることをやってくれればいい。フランスやドイツも同じ。彼らは対テロで実によくやっているが、さまざまな理由からイラク戦争はしたくなかったのだ」

――現在、イラクで米軍は困難に直面している。何が原因ですか。

「予想外の事態が起きたからだ。イラクの警察や軍隊が制服を脱いで消えてしまうとか、その武器が国中に拡散するとか。そして国境が穴だらけで周辺国からテロリストが入ってきた。テロリストを相手にする時は、守勢にまわっていると勝てない。それが今我々の直面している挑戦だ」

――今後、他の戦争でも有志連合が作られると考えますか。

「現代の戦争で勝とうとしたら、連合を作らなければならない。メンバー国は計画の一部に入る。ただ、爆撃するかどうか、多数決で決めるようなことはしない。我々は各国に助けを求めるが、戦争について参加国が投票権を持つような北大西洋条約機構（ＮＡＴＯ）モデルは望まない」


（２００４年４月　聞き手・本田優）


【インタビュー】

香田洋二（統幕事務局長）

――香田さんは9・11同時多発テロの当時は、海上幕僚監部の防衛部長ですね。まずはテロ発生のときの体験から。

「ちょうど数日前から、定期的な太平洋艦隊との意見交換で、ハワイのホノルルにおりました。ハワイ時間の午前4時ごろ、東京の海上幕僚監部からの電話で起こされた。『すぐテレビをつけて見てください』と。最初は事故かなと思った。が、二つ目の飛行機が貿易センタービルに突入して、これは計画的に作為された

香田洋二　１９７２年入隊。防衛大16期生。幹部候補生学校23期。海幕防衛課調整官、海幕防衛課長、防衛部長を歴任した海幕のエース。03年1月から海将となり、護衛艦隊司令官。04年8月、統幕会議事務局長に就任。

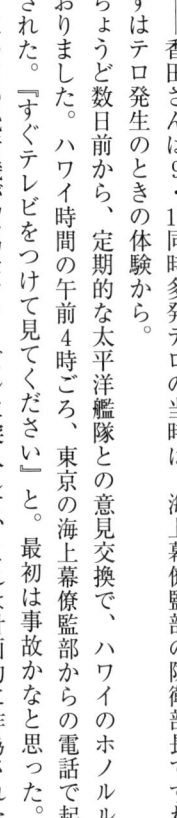

犯罪行為だと。さらにワシントンの国防総省にも飛行機が落ちたと立て続けに入ってきて、これは明らかに組織的にアメリカをターゲットとしていると思いました」

――ハワイの会議は？

「中止になりました。夜明け前後から、米軍基地は全部ゲートを閉めて、道路に障害物を置いて、いわゆる基地防御態勢をとった。同時に、空港を全部閉鎖した。海幕からは『便があり次第、速やかに帰ってほしい』と言ってきたが、はて、どうしたものかと。ひょっとしたら何らかの軍用フライトが飛ばないかと、米海軍を通じて調べてもらった」

――便があったのですか。

「当日、たまたまハワイに在韓米陸軍と空軍のチームが出張中でしたが、彼らも至急韓国に帰る必要があるということで、ホノルル空港に隣接しているヒッカム空軍基地から韓国の烏山基地まで飛ぶという。しかも、彼らを降ろした後に、烏山から横田まで飛ぶ所用があったようで、結果的には12日の夜、テロ発生から24時間かからないうちに日本に帰ってきたのです」

――テロ直後の米国の様子はどうでしたか。

「びっくりしたのは、ヒッカム空軍基地でのこと。そこまでは米空軍が用意してくれたバスで行った。在韓米軍のチームの人たちも同じころに着いた。普通だと、バスは空港ターミナルに着けますよね。それを１００メートルぐらい離れたところに着けさせられて、米軍人も含めて全員荷物を持って歩かされたんです。警備にあたっている隊員はみな実弾を装塡した小銃を持っていましたから、変なことをしたら米軍の将官だろうと許さないという、我々の想像をはるかに超えたぴりぴりとした雰囲気でした。アメリカ人がお互いを信じられなくなったというか。これはアメリカ人の受けとめ方がただ事じゃないと感じました」

「乗った飛行機はＫＣ１３５という空中給油機。下が燃料タンクで、上が荷物と輸送客用になっている飛行機で、いわゆるコンバットシートですね。民間機と違って、壁を背に横にずらっと並んで座る。在韓米軍チームが30人ぐらいだったと記憶しています。普通アメリカ人というのは、非常に明るくて冗談を言い合う連中なのだが、このときは口を真一文字に結んで、一点を見つめたまま、ほとんどお互いに口をきかない。ハワイから韓国まで7時間か8時間、表現するのもつらいような重苦しい雰囲気が漂っていました」

――海幕に戻って、この事件にどう対応したのですか。

「日本としてテロとの戦いにどう参画するかが、大きな論議になっていた。私の立場から言うと、決心は政治がするだろうと。ただ我々制服の役割としては、今の自衛隊の持っている能力で何ができるかを、白紙的に整理するのが一番必要なことだろうと考えました。相当踏み込んだオプションから相当引いたオプションまで白紙的に。10項目ぐらいを検討して、これをきちんと判断材料として提供する。あとは当然防衛庁の内局が政策上、法律上の細部のフィルターをかけて、さらに外務省との調整などを経て、国として意思決定していくという手続きは当然予測していましたので」

――その能力のリストアップ作業は、どれくらいかかったのですか。

「おそらく1日かかったか、かからなかったかだと思います」

――東京湾で米空母キティホークを海上自衛隊が「護衛」して、注目を集めました。防衛庁の中でもだいぶ議論になったと聞いていますが、事実経過はどうだったのですか。

「世の中のおもしろさというか、運命というか、まさにあのときにキティホークの修理が終わったんですよね。修理がきちんとできていることを確認する試運転に出ないといけない。そのときにキティホークの安全をどう確保するかということで、ここは今の物差しで見てほしくないんですよ。生々しい記憶が残っているなかで、さっき言いましたように米軍人たちにとってはテロがないという保証がまったくなかった」

「それにアルカイダというグループはアメリカを狙っているわけですね。アメリカの自由と富の象徴である国際貿易センターをつぶし、力の象徴であるペンタゴンをつぶそうとした。だが、力の象徴である米軍をたたくという意味では彼等は成功していないんです。ところがテロの格好の目標が動き出す」

「空母は外洋に出て飛行機を積んで護衛が付けばすごい攻撃力を発揮しますけど、行動が非常に不自由な東京湾、少なくとも伊豆大島の沖に出るまでというのは、世界でこれほど脆弱なものはないと言っていい。しかもアメリカの軍事力の象徴。世界貿易センターで死んだ人が当時約5千人と言われたが、空母の乗組員は約3千人。貿易センターの高さが３００メートルで、空母の長さが３００メートル。テロリストが飛行機の一撃で狙えばやれる。もし万が一、東京湾でキティホークがテロリストに攻撃されて大被害という事態が発生したら、その日米関係、日本の国益に与える深刻さはいかばかりか。私はこの点を中心に考えました。テロリストにとって、この東京湾のキティホークは非常に合理性と可能性のあるターゲットだと」

——結局、海上自衛隊の護衛艦などが、防衛庁設置法の「調査・研究」に基づく「警戒監視」という根拠で、キティホークの前後を固めて出航しました。

「当然、海上自衛隊は脱法行為は絶対できない。平時ですから海上保安庁が一義的には守ってくれました。ただ、私が考えたのは二つあって、テロリストは外国人だから、自衛艦が一緒に走っているということは、空母を守るために走っているのか、ただ権限なく走っているのかということは分からない。ということは抑止効果は十分あるだろうと。それをどう法律上位置付けるかということで、調査研究の警戒監視であれば可能だろうと考えました。これも非常に姑息だと後で言われました。しかし、もし事件が起きたときのインパクトを考えると、私はそこまではぎりぎりできるんじゃないかと。当然、庁内においてはトップまで所要の報告をしました」

「もう一つは、日本の国益を考えたときにアメリカ人たちに大きなシグナルを与えると。一緒に走っているということがメディアを通じてアメリカの国民も知るところになるでしょうから。"We stand by you"（我々はあなた方を支える）です」

――"We stand by you"というのは、9・11後に、ドイツの艦艇が米国の艦艇とすれ違ったときに、垂れ幕で示したという、当時インターネットで世界に広がったエピソードですね。

「言葉ではドイツにやられたんですけど、メディアを通じてアメリカにこの1枚の写真を送る意味は、どんな言葉よりも重いと考えました」

――海上自衛隊が9・11後にインド洋で始めた米艦船などへの燃料や水の補給は、今も続いているわけですが、それをどのように考えますか。

「対米追従という意味ではなくて、日本の国益を考えたときに、やはりアメリカに対して明確な信号を送り得たということです、一言で言えば。これこそが安全保障上の日本の国益だろうと。それともう一つは軍事技術的な話をすれば、アフリカ北部はテロリストのサンクチュアリ（避難所）ですよね。それで当時ですと、アフガンで戦う。テロリストたちが周辺諸国をへて海岸線に出てアフリカ北部との間を往来する。あるいは非合法に武器等を洋上ルートで送るということは間違いなくあるんですね。そこを、ドイツ、フランスも含めて十数カ国が海軍部隊を出して、今日に至るまで中断することなく洋上で封鎖を続けている。日本はその艦艇に補給をして軍事技術的にも相当の貢献をしているわけです」

——防衛庁の内部には「ここまで海上自衛隊の派遣を長く続けることになるとは思わなかった」という声もあります。

「ブッシュ大統領は当初から『これはものすごく長い戦いになる』と言っているんですよ。私には当時から、簡単に終わるという考えはなかったです」

（２００５年2月　聞き手・本田優）

第2章　有志連合（イラク）

ブーツ・オン・ザ・グラウンド

ブッシュ米大統領はテキサス州クロフォードにある私邸の牧場に、トミー・フランクス米中央軍司令官を招いた。アフガニスタンのタリバーン政権が事実上崩壊してから約40日後の、2001年12月28日だった。

革ジャンパーにジーンズ姿の大統領は、砂漠用迷彩服の上に半コートをまとった将軍を従えて、牧場で記者会見に臨んだ。

「トミーはアフガニスタンの戦場から戻ってきた。彼が見聞きしたことを我々にブリーフィングしてくれた。たった今国家安全保障チームとテレビ会議を開き、アフガニスタンの現状について議論したところだ」

実は、議論のテーマは「アフガニスタン」ではなかった。メディアは完全にだまされていた。大統領は9・11テロ後初めて、イラク戦争計画を持ってきて説明するよう司令官に命じていたのだ。デロング副司令官の著書や、ワシントンポスト編集局次長のボブ・ウッドワードの著書『攻撃計画』*が、その詳細を明らかに

『攻撃計画』　邦訳は2004年、日本経済新聞社刊。

している。

「OPLAN（作戦計画）1003」――それがイラク戦争作戦計画のコードネームだ。

司令官が携えたのは、10年前の湾岸戦争と同じような30万～50万人の兵力による大規模戦争だった。ラムズフェルド国防長官が「それは古い考えだ」と指摘して、より柔軟で小規模の兵力による計画の練り直しを命じた。

それから1年半にわたって、米中央軍司令部は何度も戦争計画を書き換え、イラクに気づかれないように、中東で軍事訓練をするたびに、兵隊や武器を少しずつイラク周辺の基地に残して蓄積していったのだ、という。

ブッシュ政権は、コリン・パウエル国務長官が中心になって、「イラクの武装解除」に向けて外交努力を続ける一方で、ラムズフェルド国防長官の指示のもとに中央軍による戦争準備を着々と進めていった。

そして、2003年3月17日夜（米東部時間）、ブッシュ大統領はイラクのサダム・フセイン大統領に最後通告をし、2日後に戦争に踏み切った。

◇

その開戦の約5カ月前――。

米国は当時、アフガニスタン戦争の有志連合に参加していた国々に、外交ルートを通じて打診を始めた。

「もしもイラク戦争が始まったら、貴国はその有志連合に参加するか」

２００２年10月23日に、ワシントンで開かれた日米の外務、防衛当局の安全保障審議官級会合（ミニＳＳＣ）*も、そうした場の一つだった。

主な出席者は、日本側が長嶺安政・外務省北米局参事官、飯原一樹・防衛庁防衛局審議官、米国側がクリストファー・Ｊ・ラフルーア国務省筆頭次官補代理、リチャード・Ｐ・ローレス国防総省次官補代理だった。

協議内容の多くは「秘」扱いで、公表されていない。

実は、ローレスの口から、こんな言葉が飛び出した。

「ブーツ・オン・ザ・グラウンド」

これは米国で軍人らがよく使う言葉で、「地上部隊の派遣」を意味する。だが、この場合のローレスの発言の意味は、陸上自衛隊はアフガニスタンに行かなかったが、今度こそイラクに行ってほしいということだった。

「米政府関係者が『ブーツ・オン・ザ・グラウンド』と言っている」ということが日本で報道されるようになるのは、イラク戦争が実際に始まった後の、２００３年5月のことだ。

この言葉は「ショー・ザ・フラッグ」と並んで、陸自の派遣を求める「米国の意向」を象徴するキーワードになった。

この会議では、米国側は日本がイラクの有志連合に入るかどうか打診し、その場合に米国が日本に期待するメニューリストも出した。

ミニＳＳＣ　日米安保の運用など日米間の安全保障に関する政策協議の一つ。政策協議の主なものは、①閣僚級の日米安全保障協議委員会（ＳＣＣ）②事務レベルの要人によって行われる日米安全保障高級事務レベル協議（ＳＳＣ）③局長級による防衛協力小委員会（ＳＤＣ）④地位協定の実施に関する日米合同委員会、がある。これら4つは防衛白書でも説明されているが、審議官級協議のミニＳＳＣはあくまでも非公式協議という位置づけなので記述がない。不定期に頻繁に開催され、開催された事実も積極的に公表されることはない。

①アフガニスタン戦争と同等の支援
②イラク戦後復興での様々な資源提供
③イラク戦後の治安維持への要員派遣
④在日米軍基地警備の強化
⑤米太平洋軍の展開に伴う役割の穴埋め
日本政府にとって容易に受け入れられる内容ではなかった。

（本田優）

衝撃と恐怖

タンパの有志連合村に派遣されている各国の連絡官の関心は、アフガニスタン復興支援の役割調整などから、次第にイラクをめぐる情報収集に移っていった。それは日本の連絡官にとっても同じだった。

だが、壁に突き当たった。イラク戦争の有志連合に参加する「コミット（約束）」をしなければ、米軍は「情報」を渡さない。「コミット」と「情報」がバーター取引の関係になっていた。だが、「情報」がなければ、日本として「コミット」できるかどうか分からない。連絡官はジレンマに直面せざるを得なかった。

小泉純一郎首相は２００３年2月上旬には、「イラク戦争が始まれば支持する」との意向を固め、ごく少数の政府関係者に打ち明けていた。だが、これは秘密裏の話だ。公式には、国際、国内世論をうかがって表向きは沈黙を守っていた。

3月に入って、イラク問題をめぐる国連安保理の協議は行き詰まり、戦争への突入は必至の情勢になってきた。米中央軍司令部は、戦争へのコミットを明確にした数カ国の連絡官に情報提供を始めた。

◇

コミットとは、米国の率いる有志連合の戦争に支持を表明し、有志連合の一員として何をするのかを明確にすることを意味した。

外務省、防衛庁内局、海幕の担当者が連絡を取り合い、「戦後のペルシャ湾に掃海艇を派遣して遺棄機雷を取り除く」との考えを中央軍司令部に伝えた。

テロ特措法はイラク戦争に援用できない。現行法で出来る支援といえば、湾岸戦争の後に海上自衛隊が行った掃海艇派遣ぐらいしか考えられなかったのだ。しかし、それはあくまで非公式の意思伝達に過ぎない。日本政府が明確に戦争支持を表明したわけではない。

中央軍司令部は「日本がコミットした」とは認めなかった。

だが、援軍が現れた。知日派のアーミテージ国務副長官が中央軍司令部の首脳に圧力をかけたのだ。

「日本は他の国と違って重要な同盟国だ。入れてやれ」

3月15日。日本の連絡官が中央軍司令部の一室に招かれた。アフガニスタン戦争とは区別された、イラク戦争用の情報端末につながるコンピューターの操作を許された。スイッチを入れた。画面に文字が浮き上がった。

「ショック・アンド・オー（衝撃と恐怖）」*

集中的な爆撃で指揮命令系統を徹底的に破壊するという意味の、対イラク戦の戦略を示す言葉だ。日本がイラク戦の有志連合に事実上参加した瞬間だった。

◇

3月19日午後10時16分（米東部時間）——。ブッシュ大統領はホワイトハウスのオーバルオフィスから開戦のテレビ演説を始めた。

「私の命令で、有志連合軍はサダム・フセインの戦争遂行能力を奪うため、軍事上重要な目標に対する限定的な攻撃を始めた。……この有志連合に参加するすべての国々は、我々の共通防衛に奉仕する義務を負い光栄を分かち合う選択をした」

この約1時間後、小泉首相は首相官邸で記者会見し、「米国の武力行使開始を理解し、支持する」と語った。さらに臨時閣議を開き、次の一節を含む内閣総理大臣談話を決定した。

「我が国は、今後の事態の推移を見守りつつ、次に掲げる措置を検討することを決定いたしました。第一に、今回の武力行使によって経済的影響を受けるイラク周辺地域に対して、影響を緩和するための支援を行います。第二に、イラクにお

「衝撃と恐怖」作戦　米英軍がイラク戦争で実行した大規模空爆の戦略名。命中精度が高い精密誘導弾で市民への被害をできるだけ避けつつ、じゅうたん爆撃のような印象でイラク軍の戦意を一気に喪失させることをねらう。米国防大学の教官だったハーラン・ウルマン博士が1996年、湾岸戦争を指揮した元将軍たちとの共同研究で「衝撃と恐怖」戦略を提案した。博士によれば、「衝撃と恐怖は敵の意思を制御する。衝撃は一瞬のうちに心に傷を与え、恐怖は長期的に選択肢はもうないと相手に分からせる」。広島、長崎への原子爆弾投下の例を挙げ、「2発の原子爆弾で日本人は自殺的抵抗からみじめな降伏へと一変した」と指摘する。

ける大量破壊兵器等の処理、海上における遺棄機雷の処理、復旧・復興支援や人道支援等のための所要の措置を講じてまいります」

開戦前に日本側が口頭で伝えた「遺棄機雷の処理」、すなわち掃海艇の派遣の検討を正式に決定したのだ。

しかし、このコミットは結局、幻に終わった。

イラクはアフガニスタンのタリバーンとは異なって、地域の軍事強国だ。そのイラクとの戦争中に掃海部隊を派遣するのは、アフガン戦争で補給艦を出すほど容易ではない。しかも、4月には統一地方選が予定されていた。世論への影響を考えて、実施を見合わせていた間に、英国軍が掃海してしまった。

日本の掃海部隊派遣のオプションは消えたのだ。

（本田優）

イラクPJ

「フェーズ4」——という米国の軍事用語がある。

直訳すれば「第4段階」だが、戦争計画でこの言葉が使われると、もっと特有の意味になる。「フェーズ1」から「フェーズ3」までは、部隊の派遣から戦闘までを意味するが、戦争の形態によって少しずつ異なるようだ。だが、「フェーズ4」は一致している。「戦後の安定化と再建」だ。

対イラク開戦から44日目を迎えた2003年5月1日（米東部時間）、ブッシュ大統領はカリフォルニア州サンディエゴ沖に浮かぶ空母エイブラハム・リンカーンの艦上で勝利宣言をした。

「イラクでの主要な戦闘作戦は終わった。米国と同盟国はイラクでの戦いで勝利した。そして今、我々の有志連合はイラクの治安と再建に取り組んでいる」

イラク軍がほとんど戦わずに民衆の中に消えるという予想外の展開で、「フェーズ3」までは、あっけなく終わった。ブッシュ政権に漂う陶酔感。だが、それはつかの間だった。

初期の治安確保の失敗も手伝って、崩壊したイラクはテロの温床に変わった。国際社会の支持を十分得ないまま戦争に突き進んだので、イラク戦争の有志連合に参加した国は、アフガン戦争の有志連合の半分にも満たない。主要8カ国首脳会議（サミット）参加国のなかでも、ドイツ、フランス、カナダ、ロシアの4カ国が加わらなかった。

戦後のはずの「フェーズ4」が、米国にとって全く見通しのつかない泥沼のテロ戦争に変わった。それは日本にとっても重大な局面であった。米国との有志連合の道を選択した代償として、イラクへの自衛隊派遣という課題に向き合わなければならなくなったからだ。

◇

「これは我々にも出番が回ってくるな。何ができるか検討しておかなければならない」

陸上自衛隊約16万人のトップに立つ先崎一《まっさきはじめ》陸幕長は、直感的にそう思った。

5月24日朝――。テレビ画面は、数時間前（現地時間で23日午後）に米テキサス州クロフォードで行われた小泉首相とブッシュ大統領の会談と、その後の共同記者会見の模様を伝えていた。

大統領「日本は今日、イラクの長期的な建設に指導的な役割をになうと約束した。……日本の軍隊は人道・再建活動の後方支援を行う予定だ」

首相「日米がともに国際協力を築いていくことで大統領と一致した。日本はイラクの国家再建を積極的に支援する」

それまでの間に、首相や防衛庁長官から先崎陸幕長に「陸自のイラク派遣」の指示や打診があったわけではない。だが、大統領の私邸で10時間をともに過ごし、大統領の朝の日課である情報ブリーフィングにも同席した、という両首脳の親密ぶりを見た先崎は、「イラクを一緒にやる」という政治的メッセージだと受け止めた。

「指示が出たときに応えられるように、先行的に検討しておく必要がある」

先崎は「ハラ」を固めた。
◇

先崎の指示を受けて、陸幕は６月上旬、宗像久男・防衛部長をトップに約15人の課長・班長らからなる検討チームを作った。

名称は「イラク・プロジェクト」（イラクＰＪ）。

その日から連日、会議を開き、展開地域についての情報分析や、活動の検討作業を続けた。

テロ特措法のときと同じく、作業は「隊員の安全確保」を最優先に進められた。それは隊員の命が大事だからというだけの意味ではない。

１９９２年の国連カンボジアＰＫＯ派遣から始まって約11年間のＰＫＯ活動で、陸自は１人の死者も出していないし、１発の銃弾も撃っていない。そうした努力を積み重ねることによって、自衛隊が国際任務をになうことへの国民の理解と支持を広げてきた。

今回、国民の議論が分かれるイラクへの派遣で、万一の事態になったら、小泉政権を揺るがす事件になるだろうし、自衛隊の海外任務に対する国民の支持も大きく後退しかねない。

そういう事態に陥ることを、極力避けようとしたのだ。


（谷田邦一、本田優）

「砂漠に水」

小泉首相とブッシュ大統領が5月にクロフォードで会って、「世界の中の日米同盟」をうたい、イラク支援について話し合ったとき、国会では有事法制関連3法案*の審議の真最中だった。

首相やその周辺は、自衛隊派遣問題が、ただでさえ難しい有事法制関連3法案の審議日程に影響を及ぼすのを恐れたのだろう。6月6日に同法が成立するのを待って、自衛隊のイラク派遣の法案作りを一気に本格化させた。

内閣官房が中心になって1週間で書き上げ、通常国会の会期末直前に閣議決定して、国会に提出。国会の会期を40日間延長した。綱渡りの政治だ。

◇

「イラクにおける人道復興支援活動及び安全確保支援活動の実施に関する特別措置法案」（イラク特措法案）――。

基本構造はテロ特措法にそっくりだ。イラクの戦後だけを対象にした時限立法で、テロ特措法と同じように国連安保理決議を法的根拠とした。

国連安保理は日米首脳会談の前日である5月22日（米国東部時間）に、イラクに対する経済制裁を解除して、石油を輸出できるようにする決議1483を採択した。この中に、安保理が加盟国に対して「イラクの安定・安全への貢献」や「人道支援」などを求める一文が入っていた。実際は、舞台裏で、日本が米英に

有事法制関連3法案　「武力攻撃事態対処法」「安全保障会議設置法改正」「自衛隊法改正」の3つ。2003年6月に成立した。武力攻撃事態対処法は、「外部から日本への武力攻撃が発生した事態または武力攻撃が発生する明白な危険が切迫していると認められる事態」を武力攻撃事態と規定し、それへの対処手続きや国の役割などを定めた。

働きかけていたのだ。それを自衛隊派遣の根拠、と読んだのだ。

法案には、自衛隊の役割として、大きく分けて2種類の活動を入れた。
①人道復興支援……イラク国民に対する医療、食糧、設備の復旧など。
②安全確保支援……イラクの安全・安定のために活動する各国への輸送、通信、整備などの支援。つまり、米国や有志連合への後方支援だ。

◇

だが、法案はあくまで派遣を可能にするための枠組みに過ぎない。その中で、具体的に自衛隊は何をするのか。それを見極めるための政府調査チームが、密かにイラクを訪れた。外務省や防衛庁・自衛隊を中心とするメンバーで、6月3日から約1週間という日程だった。

その調査団の報告をもとに、防衛庁は案を固めた。

「バグダッド空港で、米英軍などに水を提供する」

なぜ「水」だったのか――。

それが陸自の「お家芸」だったからだ。経験の積み重ねがあった。陸自がこれまで国連PKOや国際緊急援助隊として活動したカンボジアや、ルワンダ、ホンジュラスなどで、浄水や給水は任務の柱の一つだった。

担当だった陸幕幹部は言う。

「陸自がPKOでやってきた経験でいえば、砂漠の国なら水しかないとだれもが最初から考えていた。机上の想定だったが、調査団を出してみて需要があると実感できた」

調査団に加わったある陸自幹部は、ユーフラテス川のにごった水をコップでくんで、そのまま飲み干した。

「イラクの人々はこんなひどい水を飲んでいるのか。きれいな水を飲ませてやりたい」。そう思ったという。

バグダッド空港には池がある。そこなら米軍管理下なので比較的安全だ。これが「バグダッド空港給水案」の主な理由だった。

国会議員らに説明に回ると、「砂漠に水は必要だろう」と理解された。

（谷田邦一、本田優）

「やる気が見えない」

だが――。防衛庁の目算と米国防総省とのずれは大きかった。

6月30日、外務省、防衛庁、自衛隊の担当者らが、ワシントンの国防総省を訪れた。一行は日本での検討結果を踏まえ、バグダッド空港での米英軍への給水支援を提案した。

この説明に、ローレス国防次官補代理（アジア太平洋担当）は声を荒げて批判した。

「やる気が見えない」

「我々の希望は……」。ローレスらは次のように説明した。

第1に、一定地域を制圧できる治安部隊。

第2に、ヘリコプターやトラックなどの輸送部隊。

米側は、最低1千人規模の「他国に頼らない自己完結型の部隊」を求めていた。

それだけに落胆が著しかった。

日本側は「憲法上の制約でできない」と説明した。

するとローレスは、「憶病者」を意味する「屈辱的な言葉」も口にして、激しい剣幕で非難したという。

◇

「水の需要は軍に聞いてくれ」

国防総省高官の言葉で、翌日、一行はタンパに飛び、米中央軍司令部を訪れた。日本側の説明に、米将官は複雑な表情を浮かべ、後ろに座っていた部下たちを振り返って聞いた。

「水？　そんなニーズがうちにあるのか」

誰も答えなかった。

「水は必要ない」などと結論づけられてしまえば、審議中のイラク特措法案がつぶれかねない。日本側は「必要ないとだけは言わないでほしい」などと事情を伝え、ようやく引き出した答えが「現地で調べてみよう」だった。

約2週間後、米側から回答が来た。

「バグダッドの北方約90キロ、バラド近郊に展開している米軍部隊なら水の需要がある」

反米勢力による襲撃が頻繁におきる危険地域で、とても陸自が応じられるような場所ではなかった。

陸幕内では、こんな議論が交わされた。

「隊員が安全に活動するには、米軍に守ってもらって一緒にやる方がいいのか。それとも米軍とは一線を画し、独自に活動する方がいいのか」

陸幕の判断は後者に傾いていった。そして比較的安全で人道支援のニーズのある地域を探しだした。

◇

そこへ、独自にイラクを何度か訪れて日本の支援方法を模索していた岡本行夫*・首相補佐官が、「イラク北部の都市モスルへの陸自派遣」を提案した。ここで米軍の後方支援をしたり、セメント工場などの復旧をしたらどうかというものだった。この地域の米軍関係者の内諾もとっていた。

岡本は防衛庁を訪れて、熱心に説いた。だが、陸幕はひたすら聞くだけで、応じなかった。

将官の一人が言う。

「米軍などへの後方支援を重視するなら、米軍と一体となって行動しないと隊員

岡本行夫　1968年外務省入省。日米安保課長、北米一課長などを経て、91年退官し、「岡本アソシエイツ」設立。首相補佐官（沖縄担当）、内閣官房参与を歴任。小泉政権でも首相補佐官を務め、イラク問題などを担当した。

の安全が確保できない。すると米軍と同じ武器使用基準が必要となって、越えられない壁にぶちあたる。自前で安全確保してでも、反米勢力から反感を持たれにくい人道支援をするしか道はなかった」

それが南部の貧しいシーア派の町、サマワだった。

（谷田邦一）

「非戦闘地域」

イラク特措法案は6月24日に国会で審議入りし、約1カ月後の7月26日に賛成多数で成立した。賛成は自民党、公明党、保守新党の与党3党。民主党、自由党、共産党、社民党の野党4党は反対した。

「非戦闘地域とはどこか」——最も頻繁に議論の争点に取り上げられたのが、この問題だった。

特措法案は、自衛隊が活動する地域について、次のように定義していた。

「対応措置については、我が国領域及び現に戦闘行為（国際的な武力紛争の一環として行われる人を殺傷し又は物を破壊する行為をいう）が行われておらず、かつ、そこで実施される活動の期間を通じて戦闘行為が行われることがないと認められる次に掲げる地域において実施するものとする。①外国の領域②公海及びその上空」

これを「非戦闘地域」と呼んだ。要するに、憲法9条で武力行使を禁じている以上、自衛隊が派遣される地域とは、武力行使をせざるを得ない「戦闘地域」であってはならない、という論理であった。

◇

だが、イラクは自爆テロが頻発し、「非戦闘地域」という言葉のイメージとはかけ離れた情勢になりつつあった。野党側は「イラク全体が戦闘地域ではないか」と質したのである。

それに対して、政府側は「戦闘行為」の定義を、「国または国に準ずる者による組織的・計画的なもの」と狭めて、「非戦闘地域はある」と抗弁した。

政府答弁には微妙な揺れもあった。

「戦闘地域というのは危ない地域なのであり、非戦闘地域は危なくない地域なのである、こういう御理解もありますし、それは比較的近い概念なのかもしれません」(6月25日、衆院イラク復興支援特別委員会)

石破茂・防衛庁長官はそう説明したが、翌日に修正した。

「非戦闘地域であったとしても、安全な地域と安全ではない地域というものに分かれるだろう」「非戦闘地域の中でも安全な地域というものを選んでいく、探していくことも重要なこと」(6月26日、同特別委員会)

◇

「政府が『非戦闘地域』という概念を作り出したのには、驚いた」

ある自衛隊幹部はそう言った。

テロの横行する現場に派遣されて緊張の日々をおくらなければならない自衛官にとって、認識のずれを感じざるを得ないのだろう。

後にイラク派遣の第１次部隊の隊長として約６００人の部下を率いた番匠幸一郎は、帰国後に朝日新聞の座談会でこう語った。

「あれは法律上の用語であって、一般用語として使うべきではない。現地に行っての判断では、十分活動できる情勢にあると考えている。我々はそういう法律の枠組みのなかで与えられた任務を遂行する」

◇

イラク特措法の議論で、自衛官らが最も注視していたのは、小泉首相が「イラク派遣の大義」をどう説明するかにあった。

７月23日に国会で行われた党首討論で、小泉首相は菅直人・民主党代表に対してこう強調した。

「今や国際社会の中で、日本として国力にふさわしい役割を果たす、また果たさなければならないということについては、大方の合意を得ている」

この言葉は、首相の決まり文句のように、国会で繰り返された。

日本が「国力にふさわしい役割」を果たすのは当然だが、危険をおかしてでもイラクに自衛隊を派遣することが、日本にとって、国際社会にとって、どういう価値を持つのか——。そこが焦点なのだが、素通りに近かった。

（本田優）

「ブーツ・オン・ジ・エア」

2003年8月19日午後（現地時間）、バグダッドの国連現地本部事務所の入ったビルが爆破され、セルジオ・デメロ国連事務総長特別代表ら24人が殺された。衝撃が政府に広がった。

「ブーツ・オン・ジ・エアでいいじゃないか」

外務省の竹内行夫・事務次官は、そう周辺に漏らした。

米国防総省の幹部が日本に対して何度も使ったキーワード「ブーツ・オン・ザ・グラウンド（地上部隊の派遣）」をもじって、「航空部隊の派遣」を提案したのだ。

いったん派遣したら簡単には撤収できない陸上自衛隊の派遣は当分控え、航空自衛隊の輸送機だけにしたらどうか、と考えたのだ。

防衛庁の守屋武昌・事務次官も陸自の苦悩を見て、福田康夫・官房長官に提案した。

守屋「当面は、輸送機だけですませたらどうでしょうか」

福田「輸送機だと有志連合支援にしかならない。人道支援でいくしかない」
米英軍が戦争の「大義」とした大量破壊兵器は見つからないままだ。自衛隊派遣の「大義」をどこに見出すか。その問題が福田の頭から消えなかった。

◇

米国にとっては、国際世論が逆風になればなるほど、日本の参加の価値が高まった。

「火力兵器つきで、1個師団を出してくれ」

「それは憲法上出来ない。医療や水の人道支援なら……」

「いまイラクに本当に必要なのは、治安の安定だ。治安部隊が足りない。協力してくれる軍隊を探している。まずは治安だ」

米国防総省や中央軍の高官らは、治安部隊の派遣を各国に対してと同じように日本にも求めた。だが、同じ米国でも外交当局は、別の見方をしていた。

「ホワイトハウスや国務省にとって、ドイツやフランスがイラクに軍隊を派遣しない中で、大国・日本が陸自を出すという政治的な意味合いが大きかった」

日本の外務省幹部は彼らとの接触でそんな印象を持った。人道支援であれ、何であれ、一定規模の陸自が出てくれればありがたい、ということだった。

◇

「2000　ブーツ・オン・ザ・グラウンド」

米国防総省からはそんな言葉も伝わってきた。ブーツ2千足とは、陸自1千人という意味だ。

陸幕は、サマワへの派遣を念頭に、1千人に近い規模の編成を検討した。浄水給水、医療衛生、施設補修の三つの活動を軸に、警備部隊を加え、「約800人」として内閣官房に報告した。

だが、「派遣規模は500人にする」との指示が唐突に戻ってきた。陸幕の計画中の中身が一部、メディアに報じられた。福田官房長官がそれに苛立って、数字を変更させたのだという。

「官邸は軍事の基本を知らない」

そんな不満が陸幕内の一部に噴き出た。

800人でも500人でも、警備要員など300人余りの基幹要員を削ることはできない。しわ寄せは人道復興業務の要員数に行かざるを得ないからだ。

最終的に「600人」に修正されたが、見直し作業は容易ではなかった。各約100人の中隊規模だった給水隊、衛生隊、施設隊を、一回り小さくして数十人規模に縮小した。給水でみると、浄水装置の数が半分近くになり、当初24時間稼動させる予定だったのが日中だけに限定された。全体の浄水能力は4分の1に落ちた。

◇

12月9日、イラク特措法に基づく自衛隊派遣の基本計画*が閣議決定された。

自衛隊派遣の基本計画　自衛隊が実施する活動内容や範囲、派遣規模、携行する武器や装備、活動期間を定めたもの。閣議決定が必要。国会には閣議決定後に報告される。また、自衛隊の活動実施開始から20日以内に国会に付議、派遣についての承認を得る必要がある。

派遣規模は、陸自600人、空自の輸送用航空機8機、海自の輸送用艦艇2隻と護衛艦2隻。活動内容は、人道支援と安全確保支援。派遣期間は、2003年12月15日から1年間となった。

小泉首相は記者会見で語った。

「武力行使はしない。戦闘行為にも参加しない。戦争に行くのではない。イラクの安定した民主的政権をつくるために、米英始め、各国が協力している。日本も国際社会の責任ある一員として、イラクの国民が希望を持って自国の再建に努力することができるような環境整備に責任を果たしていくことが必要だ。日本は資金的な支援のみならず、物的支援、人的支援、自衛隊も含めた人的支援が必要だと判断した」

（谷田邦一）

「迷ったら撃て」

イラク派遣に備え、陸上自衛隊の演習場では、市街戦を想定した射撃訓練が続いていた。

重さ4キロの小銃を構えた隊員が、張りつめた表情で歩く。

10メートルほど先で白い人型の標的が起きあがった。

「敵だ」

実弾を2発撃ち込み、次の標的に向かい合う。

日本有事を想定したふだんの射撃訓練では、約300メートル先の目標を狙う。照準から見えるのはただの「点」だ。イラクでは、相手の表情も読める至近距離で、生身の人間を撃つかもしれない緊張にさらされる。

◇

「おい、お前。今ので死んだぞ」

2002年の冬、小雪が舞う北海道・南恵庭駐屯地で、東ティモールへの国連平和維持活動（PKO）派遣を前にした射撃訓練が行われていた。陸上幕僚監部の幹部が立ち会い、暴動に紛れて他国部隊が狙撃された実例をもとに、隊員がどう応戦するか実演させた。

手順は、まず口頭で警告する。従わなければ銃を構えて足元へ威嚇射撃。そして急所をはずしつつ相手にダメージを与える「危害射撃」へ。一連の動作にかける時間は、わずか4～5秒。初めてだと相手の体を狙う1発が撃てない。後で点検すると、多くがタイミングを逸し、相手に撃たれて「死亡」していた。

◇

イラクでは、テロリストかどうかの判断が一瞬でも遅れれば命取りになる。各国の部隊への攻撃は激しさを増している。2003年暮れにはブルガリア軍の駐屯地へ爆弾を積んだ4台の車が、警備兵の銃弾を浴びながら突っ込んだ。うち1台はパトカーだった。

派遣部隊の射撃を指導する幹部は、手順を踏むよう強調するとともに、こう助言している。

「迷ったら撃て。実戦がどんなにすさまじいか、お前たちが生き残って証言しなきゃならん」

◇

隊員たちにとっては、自分たちを法的に守る問題も切実だ。もし民間人を誤射したら——。米英の暫定占領当局（CPA）は、本国の法律を適用すると定めており、隊員個人が日本の刑法で裁かれる。捜査を行うのは、部隊の所在地にある地方検察庁。イラク派遣第1次部隊は北海道の第2師団*が中心になるため、担当するのは地元の旭川地検になる。地検が起訴すれば旭川地裁で裁かれる。

紛争の終結後、国連がすべてをお膳立てするPKOに比べ、すべてを自己責任で行うイラクへの「戦時派遣」は、格段に難易度が高い。殺しても、殺されても、ただちに政治問題に直結してしまうからだ。

札幌の駐屯地で、若手幹部向けにイラク関連の勉強会が開かれた。法律問題を担当する幹部が、刑事手続きについて説明すると質問が飛んだ。

「公務で武器を使うのに、なぜ個人が罪に問われるんですか」

「法は法。違法行為は許されない」と説明したが、納得したという手応えはなかった。会場を沈黙が包んだ。

陸上自衛隊第2師団　陸上自衛隊で北海道北部を警備区域とする「北の守り」の中核。司令部は北海道旭川市。冷戦時代には、極東ソ連軍と対峙するため、最新装備が優先的に配備され、訓練が厳しく精強部隊がそろっているとされる。冷戦後は、国際貢献を掲げる日本がかかわった大半のPKOに隊員を送っている。第2師団を含む北部方面隊の幹部は、同方面隊を「陸自の基準杭《くい》」と呼ぶ。

◇

米軍などと比べると、自衛隊の武器使用基準には抑制的な歯止めがかけられている。正当防衛や緊急避難と判断できても、防護できる対象は「自分」、「同じ現場にいる隊員」、「自分の管理下にいる者」の三つに限られる。

隊員の精神的負担を軽くするため、防衛庁はイラク派遣で取りうる対処の限界を示した部隊行動基準*（ROE）を作成した。海外での活動に関するROEは、陸上自衛隊の歴史で初めてのことだ。

A4判、6ページの文書で「秘」に指定されている。内閣法制局と協議を重ねた末に、ROEの一部である武器使用の基準はPKOの場合より緩和された。

例えば自爆テロ。停止命令をきかずに検問を突破した車両に対して、相手から攻撃がなくても、機関銃や無反動砲*の使用を可能にしている。

ROEの手順を踏んでいれば、自衛隊法に定められた懲戒などの行政法上の処分対象になることはない。だが、刑事責任については、司法機関の判断に委ねられている。

◇

「問題は想定外の事態が起きた時の判断だ」と、ある幹部は言う。

恐怖に駆られて過剰に反撃したり、保護対象を誤れば、隊員個人が刑事責任を問われる。

イラクには陸上自衛隊の警察組織である警務隊が同伴する。これまでのPKO

部隊行動基準（ROE）　特定の軍事作戦で一線の兵士による軍事力の行使をコントロールすることを目的とし、具体的な指令・命令をあらかじめさだめたもの。国際人道法など国際法との整合性をはかるのも狙い。

無反動砲　主に対戦車用で、砲尾の孔から発射時のガスを噴出させることで反動を相殺する原理を応用した火器。2人で使用し、陸自は1984年から導入。

でも規律保持や犯罪捜査を目的に、部隊の１％程度にあたる数が警務隊に割り当てられてきた。それがイラクでは約５５０人の部隊に2倍の十数人をあて、緊急時の増援態勢も整える。

交戦があった時の証拠収集に「中立的な立場から真相究明にあたる」（警務隊幹部）としているが、混乱する現場で法的に隊員を保護する意味合いもある。

テロの恐怖が絶えない国で自分の身をどう守るか――。戦後日本が想定すらしなかった難題に、いま自衛隊は直面している。

（谷田邦一）

「死」への備え

「自衛隊員が万一イラクで亡くなる場合の扱いについて、『戦闘死』とか『特別公務死』という新たな枠組みを検討する必要があるのではないでしょうか」

２００3年11月下旬――。防衛庁幹部の定例会議で先崎一・陸幕長はそう発言した。

今の制度では、イラクで活動中に武装勢力などと交戦になって死亡した場合、「公務災害」の扱いを受ける。補償面を除けば、訓練中に事故で死亡した場合との違いはほとんどない。

「それは重要な問題だ」

石破茂・防衛庁長官はそう言ったが、即答はしなかった。

同席していた背広組のある防衛庁幹部はこう考えた。

「イラクに戦争に行くのではないから、『戦闘死』はあり得ない。だが、陸幕長の言いたいことは分かる。『犬死に』させたくないということだ」

◇

自衛隊員の殉職者は、その前身である警察予備隊が1950年に発足して以来、1737人。そのほとんどは国内での訓練や災害派遣での事故死だ。危険な地域に海外派遣されて殉職した場合の「死」を扱う制度がない。

防衛庁幹部はイラク派遣で切実となった問題についてこう説明する。

「海外から遺体を運ぶのに政府専用機を使えるのか。空港での儀仗《ぎじょう》はどうするのか。葬儀は部隊葬か、防衛庁葬か、内閣葬か。こうしたことが何も決まっていない。これは故人の名誉の問題だ」

政府全体では公式に議論する段階には至っていない。だが、防衛庁は陸幕長の発言を機に、ひそかに検討に入った。

遺族への補償でも、自衛官と警察官との間で差があった。その差を埋めたのは、1992年のカンボジア国連平和維持活動（PKO）派遣だ。同じPKOに参加する警察官ら地方公務員は、賞恤《しょうじゅつ》金だけでなく、地方自治体からも弔慰金が出る。防衛庁は上限額を見直した。カンボジア派遣以前の最高支給額は1700万円だったのに対し、その後の制度改正で2003年末には9千万円になった。

◇

もっとも、金銭面ばかりに関心が向けられがちな対応について、違和感を抱く自衛官は多い。

自衛官の身分は「特別職国家公務員」だが、海外では国際法上、軍人の扱いを受ける。入隊時に「危険を顧みず責務の完遂に務めます」と宣誓し、国に命を捧げることを誓う点でも、各国の軍隊と変わりはない。

防衛庁が金銭以外の面でも「死」の問題と向き合う姿勢を見せたのが、2003年9月に東京・市谷の敷地内に完成させた「メモリアルゾーン（慰霊碑地区）」だ。「米国のアーリントン国立墓地のように、国民や海外の訪問客にも敬意をささげてもらえる追悼の場にしたい」と、立案した幹部が言う。

殉職隊員名簿を納めた慰霊碑の周囲に、全長100メートルの参道を設け、追悼式典が行えるよう整備した。広さ6千平方メートル。6億円を投じた。富士山をかたどった碑の中に、殉職隊員の名簿が収められている。

年配の隊員やOBの中には「靖国神社への合祀《ごうし》」を求める声もあった。が、「そんな時代じゃない」と反論する隊員も少なくない。キリスト教など様々な宗教の信者への配慮も必要だ。苦心の作だった。

10月には小泉首相らが参列して追悼式が行われ、11月には来日したラムズフェルド米国防長官が献花した。それをきっかけに、OBらも足を運ぶようになった。

だが、一般の国民はまだほとんど訪れていない。

◇

隊員が最も望んでいるのは、ときには生命を危険にさらす自衛隊の活動に対する国民の理解と敬意だ。

陸上自衛官出身の中谷元・前防衛庁長官は12月、衆院イラク復興支援特別委員会でこう質問した。

「国民の代表として任務に赴く隊員たちに対してもっと敬意と配慮があっていいのではないか。政府はどのような方法で敬意を表すのか」

小泉首相が答えた。

「論語に『人知らずして慍《いきどお》らず』という言葉がある。人が自分の仕事を理解してくれなくても、決して怒ったり恨んだりしてはいけない……」

自衛隊の最高指揮官である首相自身が真に「理解」しているのかどうか――その一点を隊員たちは見つめている。

（谷田邦一）

グリーン・ベレー

2004年1月16日、東京・市谷の防衛庁。

ベレー帽と迷彩服に身を包んだ約30人が整列した。

ベレーの色は、これまで陸上自衛隊が何度か参加してきた国連ＰＫＯのライトブルーではなく、陸上自衛隊固有の濃いグリーンだ。それが初めての「有志連合」への参加を意味してもいる。

陸自のイラク復興支援先遣隊（佐藤正久隊長）の編成完結式――。

「状況が厳しいのは百も承知だが、だからこそやりがいがある。日本の代表として存分に頑張ってきてほしい」

先崎一・陸幕長が激励した。

「イラクの人々と汗をかき、与えられた任務をまっとうし、全員が無事に帰ってきます」

先遣隊長は見送りの家族らにそうあいさつした。

その夕、一行は民間機に乗り、クウェート経由で、イラクに向けて出発した。

１９５４年に発足してちょうど50年を迎えた陸上自衛隊は、ＰＫＯでも国際緊急援助隊でもない、新たな次元のハードな国際任務に踏み出した。

◇

陸自のイラク派遣第１次隊約６００人は、これを皮切りに２月から３月にかけて、次々とイラク南部のサマワに入り、宿営地の建設を始めた。

航空自衛隊は陸自より一足早く、前年暮れから先遣隊を拠点のクウェートにあるアリアルサレム空軍基地に送り込んだ。

また、海上自衛隊の輸送艦*「おおすみ」を中心とする輸送部隊も、陸自の資材を積んで2月下旬に室蘭港を出港した。

3自衛隊を合わせた派遣規模は約1050人。イラクに派遣された軍事組織の中では、米、英、イタリア、ポーランド、ウクライナ、スペイン、オランダに次ぐ8番目の規模だという。

◇

陸自先遣隊の軽装甲機動車の車列が、地域の治安を受け持つオランダ軍に先導されて、サマワに到着したのは1月19日夜(現地時間)。

佐藤隊長は「一層身が引き締まる思いでいっぱいだ」と記者団に語った。

米CNNは、退役米少将のインタビューを流した。

「これはアジアと日本そのものにとって、極めて重要なことだ。第2次世界大戦後、(各国の考え方は)日本が二度とアジアの軍事大国になれないようにするというものだった。実際、これは日本の軍隊じゃない。自衛隊だ。それが長いときを経て今初めて、他人を助けるために国境の外にあえて出てきた」

英BBCも、先遣隊がイラクに入る直前にこう伝えた。

「陸上自衛隊が第2次世界大戦後初めて、交戦状態の国に入る」

(本田優)

輸送艦「おおすみ」 輸送艦はかつては「揚陸艦」と呼ばれ、有事には陸上自衛隊の作戦支援のため、部隊の人員、戦車、車両などを運び、必要な場所に陸揚げするのが主任務。平時には、離島への物資輸送や災害派遣での機材、物資輸送などで活用されている。「おおすみ」は海上自衛隊の作戦用艦艇では最大クラス。陸自の主力戦車が90式となり機材が大型化してきたため、それに対応して建造された。基準排水量は8900トン、満載排水量は1万4700トン。貨物や車両を陸揚げするため、エルキャックと呼ばれるホバークラフト型揚陸艦艇を2隻持つ。重量50トンの90式戦車でも10両の搭載は可能。高性能20ミリ多銃身機関砲(CIWS)も2基ある。

イラク派遣各国軍一覧【2005年4月1日現在、28カ国】

日本
米国
アゼルバイジャン
アルバニア
アルメニア
イタリア
ウクライナ
英国
エストニア
オランダ
カザフスタン
グルジア
スロバキア
チェコ
デンマーク
ノルウェー
ブルガリア
ポーランド
マケドニア
モルドバ
ラトビア
リトアニア
ルーマニア
韓国
モンゴル
オーストラリア
フィジー
エルサルバドル

イラク・サマワの宿営地に看板を掲げる先崎一陸幕長（中央左、当時、現・統幕議長）と番匠幸一郎・第1次復興支援群長（同右、同、現・陸幕広報室長）＝武井宏之撮影

2人の指揮官

1本の電話が、2人の指揮官を結ぶ。

砂嵐の季節を迎え始めたイラク・サマワで陸上自衛隊員約600人を率いる番《ばん》匠《しょう》幸一郎・1佐（47）。東京・市谷の防衛庁で陸自全体の約15万人を統括する陸幕長の先崎一・陸将（59）。

毎日ほぼ欠かさず、現地の午前6時半（日本の昼12時半）から約10分間。

「おはようございます。番匠です」

「おお、おはよう」

現地の状況報告が始まる。緊張を強いられる警備の実情、隊員の疲れ具合、宿営地の天幕に入り込むネズミ……。

先遣隊の到着から2カ月。現地での作業は部族長らとの関係作りや宿営地の建設が中心で、まだ給水などの本格的な支援活動に至っていない。

「功を焦るな。じっくり基盤を作れ」。先崎はそう強調する。

◇

番匠は早くから「将来の陸幕長候補の一人」と評されてきた。

たたき上げの自衛官を父に持ち、防衛大、幕僚養成課程など、幹部への登竜門をトップ級で通過した。中枢の陸幕防衛部では通算8年、日米防衛協力のための指針（ガイドライン）策定などの重要施策に携わった。

だが、彼の一番の強みは「番匠さんが率いるなら、イラクでも行く」と部下に言わしめる誠実な人柄と指導力だ。「目線が隊員レベルにあり、一人一人を把握している」と先崎も信頼する。

外務省や商社へも出向した「国際派」だ。

各国の陸軍に知己が多い。イラク戦争時の米陸軍参謀総長で、その戦略をめぐってラムズフェルド国防長官との確執がうわさされたシンセキ大将もその一人だ。

◇

1999年から1年間、米陸軍大学（AWC）に留学した。そこでの体験を、番匠は忘れられない。

現代戦で最も重要とされる戦場の情報を、米軍が各国とどこまで共有できるのか、教官が同盟国の信頼度を表す三重の同心円を示した。

中心に米国、英国、ドイツ、フランス。次の円内にはイタリア、オーストラリア、カナダ、オランダ。日本は最も外側の円の“others”（その他）にあった。

授業が情報の核心に及ぶと、“others”組の留学生は教室から閉め出されることもあった。

日米同盟を「最も重要な2国間関係」と考えていた番匠はショックを受けた。

帰国後、私的な勉強会で語った。

「日本以上に米国と親密な国は多い。広く世界と付き合っていかなければ、日本は世界から宙に浮いてしまう。自衛隊が孤立しないための方策を、自分は模索したい」

◇

サマワに入った直後の3月初め。迷彩色の戦闘服をつけた番匠は、宿営地に立つ天幕内で取材に答えた。

「国際協力は防衛力の役割の中で大きな位置づけを持っている。この傾向は強化されていくと、私は思う」

先崎もまたAWCの留学組だった。「国際化」の流れの中で、自衛隊の新しい役割を探ろうとしている。イラク派遣をこう位置づける。

「日本が『有志連合』という枠組みに対等にコミットするという国家意思の表明と思う。これまで日本防衛に焦点が当たっていた日米同盟の新たな展開でもある。厳しい治安状況での人道支援で、50年間積み上げてきた陸自の真価が問われる」

だが、先崎ら陸自の指導部がイラク派遣を主導してきたわけではない。むしろ、逆に慎重だった。「準戦場」とも言えるイラクの現実は、自衛隊の実力のレベルを超えている。憲法解釈の想定外の事態に追い込まれる可能性もある。ここで失敗すれば、1992年のカンボジアPKOから始まった陸自の国際化は大きく後退しかねない。

政府がイラク派遣を決めた以上、従うしかない。最悪の事態を避けるために全力を尽くす。番匠起用の理由はそこにあった。

サマワでの派遣部隊の活動は比較的平穏なように見える。「今のところ。今のところだ」。先崎はそう周囲を戒める。異変が起きたら――。2人の指揮官をつなぐ電話が、危機管理の成否を決める神経系となる。その荷の重さに、多くの人は気づいていない。

（谷田邦一）

◇

意識の変化

2004年2月下旬、北海道・新千歳空港近くの演習場の雪原で、日米共同訓練「ノースウインド04」が行われた。

銃を構えた迷彩服の米兵が、バラック小屋のドアをけり、周りを見回して突入する。後に続く米兵も大声で威圧しながら、次々と中へ入った。

米軍側の提案で、急遽《きゅうきょ》ゲリラ相手の近接戦「市街地戦闘訓練」が盛り込まれたのだった。

◇

米陸軍第29軽歩兵師団第3旅団第1―115歩兵大隊（メリーランド州）の約

300人は、陸上自衛隊第10普通科連隊*（北海道滝川市）の約500人の前で銃を手に軽やかに動く。偵察任務にあたる陸自の情報小隊16人は、じっと見ていた。

道内の高校を卒業後、入隊して4年目の大関将浩・陸士長（22）は感心して言った。

「迫力が違う。まるで戦争映画だ。彼らは休憩中も銃を放さない」

同じ小隊の岡本高政・陸士長（26）は入隊3年目。兵庫県明石市出身。阪神淡路大震災でボランティアをしていて、災害派遣で活躍する自衛隊員たちの姿を見たのが入隊のきっかけだ。大卒だが、幹部候補生ではない。不況の近年、増える大卒の一般隊員だ。

和田学・1曹（39）は、2002年に東ティモールPKO（国連平和維持活動）に派遣された。若い陸士たちを教育する「伝道師」役を自認する。

「陸曹」と「陸士」――。旧軍で言えば曹は曹長や軍曹、士は兵卒にあたる。士は陸自で最も下の階級で、2年ごとに契約を更新するため別名「アルバイト」と呼ばれる。士から曹に昇進すると、終身雇用の「正社員」となる。二つの階級は自衛隊員約24万人の8割を占める。

◇

前年暮れ、この小隊が所属する本部管理中隊でアンケートがあった。

質問は「イラク派遣」。190人の隊員のほとんどが、「熱望」「希望」「命令な

普通科連隊 普通科は各国陸軍の歩兵に相当する陸上自衛隊の職種の一つ。陸上自衛隊で最大人数を占める主力部隊であり、近接戦闘によって敵を撃破したり、必要な地域を占領したりするのが主な任務。1個連隊は4個中隊からなり、1個中隊は4個小隊からなる。普通科連隊は通常約1200人規模。連隊長には1佐がなることが多く、防衛大などを卒業して陸上自衛官になったものの「夢」は、連隊長になることだという。

雪の中を進む90式戦車＝北海道大演習場で

ら行く」と答え、「行かない」は2人だけだった。

大関は、高卒陸士の多くがそうであるように、2期4年で自衛隊をやめて車の整備士に転身しようと考えていた。だが、部隊にイラク派遣の話が持ち上がって踏みとどまった。「イラクに行けるなら辞めません」と中隊長に言い、契約を更新した。

東ティモール帰りの和田もイラク派遣を熱望したが、妻に反対された。「お前におれの気持ちがわかるか」と、夫婦げんかになった。

結婚したばかりの岡本はこの時、派遣について明確な意思表示はしなかった。

◇

訓練中の夜、零下15度に達する宿営地の天幕内で、3人は深夜まで語り合った。

大関「自分が入隊してからは阪神淡路大震災のような大きな災害派遣もないし、訓練もマンネリ化していて、自衛隊のいいところが見えてこない」

和田「自分が組織を変えようとせずに、だれかがやってくれよ、と外野で騒いでいるだけだ」

大関「陸士は責任を持たされない。緊張感のある状況下にいたい。命がかかるイラクなら、階級に関係なくものが言える。自衛隊への見方を変えるチャンスだ」

和田「イラクに行っても階級に応じて任務分担するんだよ。訓練と何も変わらない。いや、もっと大きな矛盾を感じるかもしれない」

　岡本は、じっと聞いていた。

◇

　共同訓練から約1カ月――。5月以降のイラク派遣第2次隊の要員として、第10普通科連隊から警備要員候補30人が選ばれた。本部管理中隊は外れ、3人のイラク派遣は当面、なくなった。

　大関は自衛隊に残るべきか迷っている。

「イラクには、自衛隊色に染まっていない今だからこそ行きたかった。ゼロから何かをつくり出せそうだから」

　和田はイラク派遣関連のニュースを見ると、悔しさを感じる。

「共同訓練を通じて、米軍は何を追っていけばいいか見えているなと感じた。自衛隊は複雑なシナリオで訓練するが、現実が見えていない。戦争ごっこではない本物の現場の経験を積みたい」

　陸曹となる試験を受けた岡本は逆だ。

「世界のどこにでも出ていく米軍と違って、自衛隊は軍隊じゃない。僕が入隊してからは、海外派遣のためのわけのわからない法律がいっぱいできた。政治の道具みたいになるのはごめんだ」

◇

　第一線の思いは一様ではない。ただ、以前は現場でこんな議論が交わされることはなかった、と隊員たちは口をそろえる。

戦争状態が続くイラクの現実が、自衛隊とは何か、その中で自分はどう生きていくのか、という問いを隊員たちに突き付けている。


（田井中雅人）

日の丸の重み

国旗が一つ消えた。

米国タンパにある二つの「有志連合村」のうち、イラク戦争を意味する「イラクの自由作戦」（ＯＩＦ）村で、スペイン国旗が降ろされた。

２００４年４月中旬、マドリッドの列車爆破テロ*が引き金となって生まれたスペインのサパテロ新政権が「イラクへの軍事介入は誤りだった」と、イラクからの軍撤退を開始した。それとほぼ同時だった。

国旗の数はこの時点で、アフガン戦争の「不朽の自由作戦」（ＯＥＦ）村に65、ＯＩＦ村に30となった。

◇

主要国首脳会議（Ｇ８）のすべての国が参加したＯＥＦの有志連合はともかくとして、戦争の正当性が問われ、Ｇ８の半分しか参加しなかったＯＩＦの有志連

マドリッドの列車爆破テロ　２００４年３月11日、通勤列車に仕掛けられた爆弾が相次いで爆発、乗客１９１人が死亡、約１９００人が負傷した。

合に、なぜ日本は参加したのか――。

「いろいろな理由はあっただろうが、一枚一枚皮をめくっていくと、最後に残るのは、結局日米同盟だろう」

ある陸上自衛隊の幹部が言った。

小泉純一郎首相の言動を追跡すると、それが核心を突いているように思える。

２００３年の３月20日に、イラク戦争開戦に「支持表明」したときの小泉首相の記者会見の冒頭発言は、官僚が用意した文章に、首相自身が手を加えたものだった。そのなかで最も目立つ一節は、首相自身の言葉だった。

「アメリカは、日本への攻撃はアメリカへの攻撃とはっきり明言しています。日本への攻撃はアメリカへの攻撃とみなすということをはっきり言っているただ一つの国であります。いかなる日本への攻撃も、アメリカへの攻撃とみなすということ自体、日本を攻撃しようと思ういかなる国に対しても、大きな抑止力になっているということを日本国民は忘れてはならないと思っております」

首相はそう言って、国民に「御理解と御協力」を求めたのだ。

◇

２００４年６月28日、イラクの「有志連合」は、国連決議に基づく「多国籍軍」になった。

国連安保理が６月８日に採択した決議[*]１５４６によって、米英暫定占領当局（ＣＰＡ）からイラク暫定政府への主権移譲を承認し、その暫定政府の要請で多

国連安保理決議１５４６　決議では、①６月末までの主権移譲の承認②２００５年12月末までの新憲法に基づく正式政府発足③多国籍軍の駐留は正式政府発足またはイラク政府の要請により終了④（石油収入をプールする）イラク開発基金はイラク政府が管理する――など復興を進めるうえでの骨格が盛り込まれている。

国籍軍が設立されることになったからだ。

日本政府は28日の閣議で、正式に多国籍軍への参加を決めた。

このときも、小泉首相がその意向を真っ先に伝えたのは、国民ではなく、ましてや多国籍軍を承認した国連のアナン事務総長でもなく、6月8日に米国のシーアイランドで会談したブッシュ大統領に対してだった。

12月9日、政府は自衛隊のイラク派遣を1年延長する閣議決定をした。小泉首相は記者会見で再び日米同盟を強調した。

「今、日本の平和と独立というのは、日本一国だけで確保できるわけではありません。日本の近隣諸国の状況、将来の状況を考えると、日米安保条約、この重要性を認識しております。アメリカも苦しいと思います。同盟国として、やはりお互い協力しながら信頼関係を醸成していくことが日本の平和と安定のためにも必要だと。日米同盟、国際協調、これが日本の発展、繁栄を確保する道だということについては、大方の皆さんは賛成してくれております。それを具体的に実施している。これが今回の私の決断だと。迷いはございません」

◇

陸上自衛隊のサマワでの活動は、浄水や学校の復旧など、イラク国民への人道支援だ。だが、それは表面的な目的で、日本政府の本音は米国の行動を支える「政治的支援」である。日本の自衛隊派遣の理由は、そういう二重構造になっている。

２００４年5月の連休に、超党派の安全保障専門議員団がワシントンを訪れ、ホワイトハウス、国務省、国防総省関係者と会った。

「くすぐったくなるほど、『感謝』『感謝』。そのメッセージは明らかだ。撤退するな、ということだろう」。議員の一人はそう受けとめた。

「日米同盟」を参加の理由にしてしまった以上、米国が撤退しないのに日本が撤退したら、「日米同盟」を傷つける行動になってしまう。そこに日本独自の出口戦略が描ける余地は見えない。

小泉首相の「決断」は、少なくとも結果的に「どこまでもついていきます。下駄の雪」ということになるのではないか。

◇

陸上自衛隊は約3カ月交代でサマワでの人道支援活動を続けており、２００５年4月現在、名古屋市の第10師団を主力とする第5次派遣部隊が任務についている。

陸自がサマワに宿営地を作って以来、迫撃砲やロケット砲で宿営地が狙われたと見られる攻撃件数は9件に上った。陸自はまだ1発の銃弾も撃っておらず、死傷者も出していない。その「神話」が消える日は、必ず来るだろう。だが、それがいつかは誰にも分からない。

タンパの二つの「有志連合」村に、今日も日の丸が翻っている。


（本田優）

【インタビュー】

先崎一（統幕議長）

――自衛隊のインド洋、イラク派遣をどのように受け止めていますか。

「日本として、国際安全保障環境の改善に積極的に貢献することを求められる時代になり、現在コアリション（有志連合）の一員として、テロ特措法、イラク特措法という法的な枠組みの中で出来る貢献をしている。国民も支持し、国家としてそういう体制が熟してきたのかなと思います。また、派遣された隊員が、それなりに国際的に高い評価を得つつある。日本がこれから自衛隊を使ってそういう貢献ができるということを世界が評価してくれている、と感じています」

――イラク派遣の第1次隊長だった番匠幸一郎・1佐が「金メダルを取れるような規律正しさを心がけた」と言っていました。

「自衛隊発足以来50年の歴史というか、積み重ねですね。特に陸上自衛隊の場合は日本各地で地域住民との一体化を重視しながら、任務に取り組んできた。国内でふだんしてきたことの延長線上のやり方で国際的に評価されつつある。今のやり方で自信を持って取り組んでいけば、かなり世界でも貢献出来るのではないかという自信も得られたと思いますね」

――政府が自衛隊のイラク派遣に踏み切った動機は、日米安保、日米関係の維持だったと思います。一方、自衛隊が実際にイラクでやろうとしたのは、水、医

先崎一（まっさき・はじめ）　1944年5月生まれ。防衛大12期、幹部候補生学校43期。陸幕防衛課長、北方幕僚副長、陸幕人事部長、第3師団長、陸上幕僚副長を経て01年1月に北方総監、02年12月に陸幕長に就任。04年8月から統合幕僚会議議長。

療、学校修復などの人道支援です。このずれをどう考えますか。

「我々は命令に基づいて動く組織ですので、当然与えられた任務をまっとうしなければならないのですが、隊員に派遣の任務を理解させるのはやはり苦労しました。私がよく使った言葉は『イラクの人々が今非常に困っている水、彼らの命にかかわる支援をしに行くんだ。そういう尊い任務なんだから、積極的に取り組んでいこうじゃないか』と。もちろん背景的には日米という枠組みがありましたから、準備の段階から今日に至るまで、米軍からいろいろな意味で強いサポートを得たことは事実です」

――米国はもともと日本に対して、治安や輸送を担当してもらえないかと要望していたが、日本がそれを断り、人道支援中心の協力となった。しかし、今後の国際任務では、もっと難易度の高い任務を求められることになるだろうと見る政府関係者もいます。

「我々が任務を果たすためには、その任務に伴う法的な枠組み、権限の裏付けが必要となります。従って今回も、我々は『治安任務はできない』と言いました。輸送任務の打診も来ましたが、検討した上で、『今の枠組みではできません』と。なぜかというと、輸送任務の途中で誰かがそれをブロックしている場合、任務達成のためには、それを排除してでも行かなければなりませんが、現在の法的枠組みではそういう武器の使用はできない。従って、そういう任務は不可能だということを強く言いました。今後さらに新たな任務が付与され、その役割が拡大されるならば、それに伴う法的な枠組み、武器使用の権限がないと、やはり難しい。責任ある立場としては派遣はできないだろうと思います」

――これから先の自衛隊の国際任務で、同盟と国連のどちらを重視すべきだと考えますか。

「国連と同盟は二律背反的なものではありません。どちらも大事だろうと思います。現に国連のＰＫＯ事務局要員に自衛隊員を派遣して連絡調整できるようにしている。政府の決断でどちらでも対応できるような体制はとっています」

――イラクに第１次隊を派遣したときに、先崎さんは陸幕長で、現地の番匠隊長と毎日電話で連絡をとっていましたね。あれは陸幕長の間ずっと最後まで続けたのですか。

「はい。臨場感というのか、常に心が通い合う体制にしておかないと、現地で皆がどうしているかというようなところは分かりませんので、直接派遣隊長から話を聞くということです。『指揮官の孤独』ということを、我々自衛官は経験しています。ましてああいう厳しい環境下では誰にも相談できない。少しでも現地の指揮官のストレス解消につながればいいという思いもありました。派遣隊長からの電話は決して強要はしなかったのですけど、何か困ったらいつでも電話してくれと。そうしたら毎日というようなことになりました」

――電話は一種の危機管理の面があったわけですね。

「そうですね。そこは危機感を私と現地の指揮官とで常に共有しておく、そこのずれをなくそうということです。そうでないといざというときに私も判断ができませんから。私自身の心の即応体制がいるので、それを作っておこうということが根底にありました」

――２００４年12月に新しい防衛計画の大綱ができました。防衛大綱はこれまで１９７６年、１９９５年に作られて、今度は３回目です。それぞれの特徴は。

「最初の大綱は、我が国に対する軍事的脅威に直接対抗するよりも、自らが力の空白となって我が国周辺地域における不安定要因とならないように必要最小限の基盤的防衛力を保有するという『基盤的防衛力』、言うならば抑止力を目標に置いた大綱だった。その背景には、どうやって平和時の防衛力を国民に理解してもらうかという側面もありました。２回目の大綱は、冷戦の終焉という、戦略環境が大きく変わり、不透明・不確実なより厳しい安全保障環境にいかに対応するかということが求められた。したがって、『基盤的防衛力』をそのまま受け継ぎながら、大規模災害や世界の安定化のために防衛力を使っていこうという役割の拡大を入れた。今回はさらに、９・11に代表されるような新たな脅威の出現に伴う世界の戦略環境の変化に対して、どのように防衛力をもって即応性のある、実効性のある対応をするかというようなところを重点にした。防衛力の本質なところ、基盤的骨幹となるところは確保をしながら、新たな脅威、多様な事態にどう即応できる防衛力を作るか。また国際的な安全保障環境の改善のために、防衛力をどう積極的に活用するかを示していると思います」

――新大綱で最も重要な点は何だと見ていますか。

「政府として統合的な安全保障戦略を作った、それに基づいて防衛力の役割、位置付けを作った。これは画期的なことではないかと思います」

――新大綱の策定に向けて、小泉首相の諮問機関である「安全保障と防衛力に関する懇談会」が半年にわたる議論をもとに「未来への安全保障・防衛力ビジョン」という報告書をまとめましたが、防衛庁でも長官を中心に3年がかりで「防衛力の在り方検討会議」を開いてきました。その検討会議でも「統合的な安保戦略」を打ち出すという話は出ていたのですか。

「我々はどちらかというと防衛の具体的な中身を焦点に議論をしてきました」

――その検討会議で、陸上自衛隊の五つの方面総監部をなくしたらどうかという意見も出たと聞いています。それに対してどのような見解ですか。

「陸の方面総監部、地域ごとの5個の管区制ですね、地域ごとの。これは運用と行政を一体化させるのに非常に大事な組織だと思っています。まさにこれが今の時代の安全保障環境に非常に合う。というのは、テロやゲリコマ*に対して、地域の行政と密接に連携し、ネットワークをしっかり持っておくことによってこそ迅速に対応ができる、その基盤が方面管区制だと思うのです。その体制が抑止にもなる。それがこれからの時代には本当に大事だと思っています」

――2003年12月に政府はミサイル防衛の導入を閣議決定しましたが、これは今後も巨額の経費を必要とするため、他の防衛予算を圧迫します。一方で、国

*ゲリコマ　第5章195ページ参照。

際任務の強化やテロなどへの対処力の整備もしようとしている。新大綱の別表や中期防衛力整備計画をめぐって財務省と防衛庁の交渉が難航した背景には、こうした問題があったのではないですか。

「ミサイル防衛は、弾道ミサイルという喫緊の脅威に対応するため、早急に導入する必要があるということで取り組み、高度な政治的判断で決まりました。それと同時並行的に、新たな脅威に対して即応性のある脅威対応型の防衛力に脱皮していくことが必要です。それを財源の厳しいなかでどううまく収めていくか、そのバランスが非常に難しい。メリハリをつけるということが盛んに言われたが、特に本格的な侵攻対処についてはぎりぎりの基盤だけは持っていて、あとは削るところは削っていこうと。陸上自衛隊に関しては、新たな脅威、多様な事態に対する防衛力の柱はマンパワーです。だが、マンパワーの維持には人件費がかさむ。我々は実効性を持つための最小限のマンパワーがいりますということをぎりぎりまで要求した。必要最小限度の人と物と金すらないということで、一番苦労をするのは現場ですから」

――陸上自衛隊は「中央即応集団」*という新しい組織を作ることになりましたが、この目的のひとつは国際任務への対応ですね。

「そうですね。これからの国際的なニーズに迅速に対応するには、ふだんから備えていなければならない。教育訓練であり、人材育成であり、情報収集体制でもある。まさに国際化時代の自衛隊ですね。自衛隊の国際化、マルチ型の自衛隊、

中央即応集団　２００４年12月に閣議決定された中期防衛力整備計画（中期防）に盛られた。約４８００人規模で防衛庁長官が直轄する。ヘリコプターなど機動力を持つ「緊急即応連隊」を新設し、現在ある第１空挺団やテロ対処専門の「特殊作戦群」など専門部隊と組み合わせ、何か事態が起きれば現場へ即座に戦力を投入する。陸上自衛隊の機動運用部隊と言える。

そして専門的な部分を持った自衛隊というのが、同時に要求されるんじゃないかと思います。ただやはり中核となるものは忘れてはいけません。大規模侵略対処という、これは防衛力の究極の目的ですから、それに対応できる力をつけるということを忘れますと、本来の防衛力ではなくなる。その役割を担うには、ほかに代替手段がないわけですから」

——新大綱では、陸海空自衛隊の統合運用が重要な柱になっています。これは具体的にどういうことをめざしているのですか。

「統合運用というのは長年の懸案だったのですが、その統合が当たり前の時代になっているわけですね。防衛力というのは指揮命令系統が1本になって、必要な正面にどのように力を配置、集中して対処していくべきかを考える、軍事的合理性を基にした組織ですから、それをめざすことが大事なわけですね。ましてや脅威の対象が、いろいろな立体的な幅広いやり方で、しかも陸・海・空のあらゆる手段を使って攻めてくることを前提に考えておく必要があるわけですから、そこに迅速にしかも効率的に対処するためには、統合でないと対応できない」

——今までの自衛隊のあり方と、どこが違うのですか。

「今までも統合的な運用とか、いろいろそれに近いことはやってきましたが、陸・海・空の幕僚監部がどうやってうまく調整をしながらまとめていくかということに、ものすごく時間もかかりました。新しいシステムでは長官から命令をもらい、今度新しくできる統合幕僚長を通じて部隊に命令が発せられ、その指揮の下に迅速に対応できるようになります」

（2004年12月　聞き手・本田優）

【インタビュー】
番匠幸一郎（陸幕広報室長）

――「イラクに行ってくれ」という話は、いつ誰からあったのですか。

「10月の下旬（2003年）、河野芳久・第2師団長からです」

――どう受け止めましたか。

「うれしかったですよ。誰かが最初の部隊で行くことになることはもちろん分かっていましたけれども、それに自分が携わることができる名誉というか、こういう仕事を自分の自衛官人生の中でやらせていただけることは幸せだと思いましたね」

――前から国際貢献の仕事をしたいと思っていたのですか。

「そうですね。私は陸幕の防衛課と運用課におりましたから、国際緊急援助隊やPKOも直接の担当ではないが、すぐ近くでサポートする役割でしたので、自分もいつかはそういう機会があればとは思っていました」

番匠幸一郎（ばんしょう・こういちろう）　1980年に防衛大卒。米陸軍戦略大留学の経験を持つ陸自国際派の一人。第2師団第3普通科連隊長、第1次イラク復興支援群長などを経て、04年8月から陸上幕僚監部広報室長。

――命令が出て、実際に行くまで、最も重視したことは。

「四つやらなきゃいけないと思いました。一つは編成づくり。いわゆる箱は陸幕から示されるけれども、そこに誰を入れていくかというのは私たちの仕事になる。これは上司と相談し、同僚たちと調整しながら決めていくわけです。師団長からこう言われたんです。『お前の信頼できる者を連れていきなさい。できるだけ建《けん》制《せい》を保持しなさい。いろいろな特技を持っている者を連れていきなさい』と」

「二つめは訓練・教育です。人道復興支援の給水、医療、施設作業は、別に日本でやることとイラクでやることにそんなに差はない。ところが、たとえば警備、射撃、健康管理は、日本と違う環境の中で行動しなきゃいけないわけですから、情報収集と訓練が必要です。文化も理解しなければいけない。言葉、風俗、習慣、歴史、宗教。イラクの人たちを始めとして、いろいろな国の人たちとの調整の中での仕事になるから、それも勉強しなければいけない」

「三つめは物の準備。大きな枠組みは陸幕で決めてくれるが、どんな順番で、何をいくつ、いつまでに運ぶかということは我々が、部隊の行動に合わせて決める。現物を確認し、梱包し、どのコンテナに何が入っているかも含めてですね、そういう詳細なロジスティクスの計画づくりは自分たちでやる」

「四つめは心の準備です。よく団結、規律、士気という言い方をしますが、隊員たちが心穏やかに出発の時を迎えて、現地で仕事を淡々として、そしてまた元気に帰ってくるために。目に見えない形而上のものの準備です」

――師団長の言った「建制の保持」とは。

「例えば連隊なら連隊、中隊なら中隊、それが『建制』なんですね。どういうことかというと、今回編成する私たちの復興支援群は寄せ集め部隊です。私は当時、第3普通科連隊長でしたが、第25連隊、26連隊の隊員も使うし、第2後方支援連隊、第2施設大隊、衛生隊の隊員も入ってくる。いろいろなところから、それぞれの特技に応じたスペシャリストというか隊員たちを集めて部隊をつくる。そのときでも、できればそれぞれの部隊ごとの、例えば小隊なら小隊、班なら班、分隊なら分隊という、それぞれの部隊をそのままぽんと当てはめるようにしていけば、統率しやすいわけです。その1チームの中での人間関係ができていますから」

――もう一つのアドバイスである「特技」とは。

「土木工事、通信、医師といった職業としての能力以外に、例えばトランペットが吹ける者、太鼓をたたける者、そういう裏特技みたいなこと。ポケットにいろいろなカードを入れていき、それが人道復興支援活動をサポートするために使えるのであれば有益だろうということで準備していきました」

――トランペットは効果を発揮しましたか。

「音楽というのは、大きな影響力を持っていますね。隊員たちの士気を鼓舞し、心を安定させるという効果もあるし、それから現地の人たちとのコミュニケーションを図る上でも、有効で言葉はいらないですよね、音楽というのは。いい音楽というのは心を揺さぶるし、心を豊かにする。名寄から連れていったラッパ手は、起床ラッパとか消灯ラッパとか、そういう号令のために吹くことだけでなく、毎日、国旗降下の後に、『癒しの時間』と称して、日本の音楽を毎日1曲ずつトランペットで吹いてもらって……。童謡、演歌、ポップスなど、リクエストに応じていろいろ、100曲ぐらいやりましたかね。それから、音楽隊出身の隊員が5名おりましたので、彼らは『GNNブラザース』と称するバンドを作りました。彼らはもともとプロですから、宿営地の中での隊員に対する演奏やオランダ軍などとの交流、あるいはイラクの子供たちのために学校を回ってコンサートをするとか、ずいぶん活躍してくれました」

――「GNN」というのは、義理・人情・浪花節の略だそうですね。

「その名前はバンドの彼らが自分でつけたんです」

――しかし、このGNNという言葉自体は番匠さんが言い出した。

「いや、私の造語じゃない。これはね、もう20年ぐらい前ですかね、先輩から言われたことですね。『とかくこの世はGNNだよ』と。『何ですか?』『義理・人情・浪花節だよ』」(笑)

「隊員たちに覚えてほしかったんですよ。義理というのは建前、人情というのは本音、それを浪花節でつないでいかないと。時として建前が大事なときもあるし、時として本音でいかなきゃいけないときも世の中ありますから。何でもかんでもしゃくし定規にやるわけじゃないんで」

——イラク到着のときのトランペット演奏が良かったそうですね。

「『北の国から』ですね。あれは先遣隊が旭川を出発するときに、北の国から出ていくからということで彼に吹いてもらったんです。そして、今度私たちの第1次隊がサマワに到着したときには、すでに先遣隊が入ってたので、北の国から今度は俺たちも来たぞということで吹いてもらったんですね。夜でしたから、暗くてシーンとするなかで……。ラッパ手の吉川孝文君は、トランペットが非常に上手で、きれいな音色で吹いてくれて。みんなも私もジーンときました」

——心の準備は具体的にどういう内容ですか。

「いろいろなことやりましたけどね、例えば、自分の部隊を早く作ろうと。番匠を知ってもらおうと思ったんです。というか、お互いをよく知ろうと。まず全員が集まっているところで自分の考え方を表明する。派遣の意義を私の言葉でしっかりと隊員たちに説明し、納得してもらう。隊員たちとよく議論をして、不安があればそこは解消しよう。どんな問題意識を持っているのかしっかり聞こう。それから、家族ですね。家族説明会に出て行って、家族がどうお考えになっているかを聞いたり……。上司である方面総監や師団長からも、私もよく歴史の話をしました。『私たちの仕事は、歴史の中の一点を担う仕事だ』と。北清事変の話とか、日露戦争の話だとか。かつてトルコの軍艦が難破したときに、それを日本人が助けて、それを今でもトルコの国民が感謝しているというような話とか」

——歴史の中の一点を担う。

「私は昔からそう思っています。今の時代に生きる者としての責任ですよね。我々は、やっぱり先輩たちから継承された歴史の上にいますし、私たちがやっていることというのは、もちろん今のためでもあるけれども、50年、100年後の後輩たちからもそれは評価されるわけですから、今の時代に生きる者としてしっかりと務めを果たさなければいけない。それは日本人としての務めでもあるし、自衛官としての務めでもあるということは常々……」

——イラクになぜ自衛隊が行くのか。ご自分でどう考えましたか。

「私自身が納得していたのは四つです。一つは、現に今イラクに困っている人たちがいる。それは戦争の際の、あるいは長い間のサダム・フセインの統治下で人道的に、あるいはインフラ等々の方面で助けを求めている人たちがいるんだと。これに対して、日本人として支援をするというのは非常に大事なことだ。二つめは、日本の国益に照らしたときに、中東の安全は非常に重要だと。イラクが安定し、平和になるというのは、これだけ中東にエネルギーを依存している日本にとって重要なことである。三つめは、それによって実は世界が安定してくる。それは日本の国益、すなわち国家の生存や繁栄に直結する話だ。もう一つは、日米同盟。やはりアメリカと同盟関係を維持してきましたし、これからもそうだと」

「そういう観点から、この派遣は意義のあることだと思うし、一緒にやろうじゃないかと、隊員たちに説明しました。私はそういうことを自分なりに咀嚼をして隊員たちに説明することが大事だと思うんです。隊員たちに分かる言葉に翻訳する。紙に書いてあることは、隊員たちは分かるんですが、なぜだというのは時間をかけて丹念に説明して、それで納得をするというか。納得できないところがもしあれば、議論をしていくという作業が、私だけではなくて、中隊長とかそれぞれの場所で行われたと思うんです」

　――ところで、派遣された人たちは、基本的にみな希望した人ですか。

「ほとんどそうだと思います。私の連隊はアンケートをかなり早い段階でとりましたが、8割でしたね、『熱望』というのが。『熱望』『希望』『命令なら行く』という三つのカテゴリーなんですよ。『行かない』というのはありませんからね」

　――そうですか。キャンベル前米国防次官補代理と会ったときに、彼は「自衛隊はみな派遣を希望してないでしょう」と言うから、「いや、取材してみると、若い隊員が結構希望していますよ」と答えたんです。彼は不思議がっていましたが、やはりその傾向に間違いないですか。

「間違いないですね」

　――なぜ派遣を希望するのでしょうか。

「そこはまあ、人それぞれだと思いますけど、私のように自衛官として求められた仕事があれば、それは喜んでやりたいというのがありますね、いかなる仕事であれ。隊員たちにしてみれば、達成感とか充実感というのをそこに見いだすかもしれませんね。日ごろこつこつと自分たちの腕を磨き、意識を磨いてきた。いかなる任務であれ、求められたときには挑戦をしていきたいというのは、だいたいほとんどの隊員はそう思いますよね。だから、準備期間中に意志がぶれる者はいなかったですよ、1人も。途中で身体検査の結果としてどうしても連れていけないとか、親御さんの具合がどうしても悪くなって、これはちょっとということで、本人も泣く泣くでしたけどね、そういう隊員は1人、2人いました」

——現地では毎日、東京の先崎一・陸幕長と電話したそうですね。朝6時に起きて、電話するのは6時半ぐらいですか。

「そうですね」

——これはどういう意味があったと思いますか。

「オフィシャルに言えば、私たちは長官直轄部隊で、長官直轄部隊ということは、我々に対する命令の執行者は陸幕長ですから、私の直属の上司となる陸幕長に定時に報告をするということはありますね。これは指揮官としてもそうです。中身はその時々ですね。今日は朝日がきれいですとか。基本的には『異常ありません』ということを報告する。あと、今日はどんな業務をやりますとか、今日は誰々が来ますとか。毎日の電話が、私にとっては励みになりましたし、目標になりましたね。陸幕長に『異常なし』を報告するということが。『異常なし』というのは非常に重いんです。ほっといて『異常なし』ということはあり得ない。『異常なし』というのは作るものですから」

——番匠さんが現地で指揮をとっていた間に、迫撃砲が2回飛んできましたね。このときは宿営地の中までは来なかったんですね。

「中には入ってないです」

――どんな様子でしたか。

「自分でも不思議なぐらい冷静でしたね。隊員たちも同じように、非常に冷静というか、淡々として。まあ訓練もしょっちゅう、私たちは国内にいるときからそういうことはあり得るものと想定して訓練もし、準備もしておりましたので。イラクの情勢を見ると、いろいろなところで同じようなことが行われておりましたから、そんなにびっくりしてどうこうということはなかったです。決められた手順に従って淡々と行動していたという感じですね」

――危険な任務であることは間違いないと思うのですが、番匠さんは派遣にあたって遺書を書いたのですか。

「私は書いていません」

――なぜですか。

「だって、今回はそういう任務じゃないですから。死を前提とするような任務ではないですから。まあ、その言葉はあまり使っていただきたくないのですけど。私たちは健康で安全に任務を遂行することが求められている。それは絶対に大事なことですから、自分でそう言っているのに、遺書なんて矛盾します」

――しかし、実際には書いた人もいるようですね。

「それはまあ個人の考えですから、強要はできない。私はそういうことはしませんでした。日記は書かせましたけどね」

――そうなんですか。

「全員に日記帳を配りました。それは、自分の気持ちを整理すること。それから、もちろん人生の中でも非常に貴重な経験をする時間ですからね、それを暑かった、寒かった、何を食べたということを記録するだけでも大変な財産になると思ったので、経費でノートを買っていただいて、配りました。みんな一生懸命書いていましたよ」

――このイラク派遣がこれからの自衛隊にどういうインパクトを与えることになると思いますか。

「これは二つの側面があると思うんです。一つは、今までの自衛隊のやり方が正しかったという側面がある。今回の任務を通じて思うのは、今まで陸上自衛隊が半世紀にわたって積み重ねてきた訓練、装備、隊員の育て方というものは間違っていなかったと思うんですよ。私たちの第2師団第3普通科連隊というのは、冷戦型の権化みたいな部隊ですよ。しかしそこの隊員たちが、別に何の違和感もなくイラク派遣という新しい任務に、それほど長くない準備期間で参加し、任務を遂行することができたという意味では、今まで我々がやってきたことというのは大きくは間違っていなかった」

「ただ、テクニカルにはたくさん勉強したことがあります。国内で本当に実戦的な訓練が果たしてできていたのかどうか。例えばですね、我々は射撃をするときに布製の薬莢《やっきょう》受けを付ける。弾がなくなってしまったら大変ですから、薬莢も含めてきちんと管理する。ところが、その薬莢受けは実戦では使いません。弾を撃つと、薬莢が斜め後ろに飛ぶんですね。最初のころ、それを目が追うんですよ。そんなことは絶対にあっていけない。そこで国内での射撃訓練では、別の人が後ろにいて薬莢がどこに落ちたかを見ておくようにした。撃つ本人は気にしないで撃ちなさいと。そういうことを身に付けさせる必要がある」

「輪留めもそうです。車の輪留めというのは、タイヤの下に挟んで止めるんです。過去にブレーキが甘くて事故を起こしたことなどがあったので、輪留めというのを奨励してきたんですけど、イラクのようなところで、すぐに発進しなければいけない状況のときに、輪留めがしてあったらあわてますから、輪留めをしない癖をつけなければいけない。それから隊員が技術者である以前に戦闘員でなければいけないですね。そういう部分の重要性というのは今回の派遣で感じました」

「また、自衛官の国際性。行ってみたら、ＮＡＴＯにいるみたいなものですね。オランダがおり、イギリスがいて、イタリアがいてと、いろいろな国がいる。もちろんニュージーランドや韓国もいた。通訳を介するという時代ではない。若いときから国を代表して仕事をしなければいけない。そういう意味での国際性をどう身につけるかということですね」

（２００４年12月　聞き手・本田優）

第3章　湾岸戦争からの15年

掃海部隊派遣

1990年8月2日未明（現地時間）。

ジョージ・ブッシュ米大統領とミハイル・ゴルバチョフ・ソ連大統領が地中海のマルタ島で握手して冷戦が終わってから、まだ1年もたたないこの日に、冷戦後の不安定な時代を象徴するような事件が起きた。

イラク軍がクウェートを侵略したのだ。湾岸危機の勃発であった。

ブッシュ大統領は「イラクのクウェートからの即時・完全・無条件撤退」などを求め、クウェートの隣国であるサウジアラビアに兵力の派遣を始めた。翌1991年1月までに、兵員約50万人を送り込んだ。

国連安全保障理事会も計12回にわたる決議を採択し、最終的にイラクに対する武力行使を容認した。この結果、米国を含めて28カ国からなる多国籍軍が生まれた。多国籍軍は1991年1月17日に開戦に踏み切り、イラク軍をクウェートから完全に撤退させ、2月28日に勝利宣言をした。

この湾岸戦争で、日本は深刻な挫折を体験した。国際安全保障にどう参加・協力するのかという準備がまったく出来ていなかったのだ。１３０億ドルに上る資金協力をしたが評価されず、自衛隊員などを派遣するための国際連合平和協力法案も国会審議の混乱で廃案になった。

◇

自衛隊にとっての湾岸戦争とは、どのようなものだったのだろうか。

ブッシュ大統領がサウジアラビアに軍隊派遣を始めたのは、１９９０年8月7日だった。

ちょうどそのころ、在日米海軍司令部から海幕防衛部に要請があった。

米軍「護衛艦を出してほしい。ペルシャ湾に行く艦船の数が足りない。掃海艇も出してほしい。米海軍の掃海艇は大きすぎて、海岸近くまで行けない。補給艦も出してほしい」

海幕「日本は軍についての考え方が戦後変わった。自衛隊は政治について一切言わないことになっている。自衛隊は政策決定について参画しない。要請の件については、防衛庁内局に取り次ぐこともしない。そういう話は外務省にしてほしい」

海幕幹部は要請を断ったことも含めて、経緯を内局幹部に報告した。

このとき佐久間一《まこと》・海幕長は海幕防衛部に「机上の研究だけはしておけ」と指示した。

「仮に自衛隊に任務が与えられたら、即応することが必要だろう。任務を与えられてから、それから勉強します、準備しますでは、申し訳ない。今の法体系の中で仮に自衛隊に任務が与えられるとしたら、どういうものがあるか。そのケースを列挙し、どう対応すればいいかを私の責任で研究させた」

佐久間は当時、記者のインタビューにそう答えている。

林崎千明・海幕防衛部長は約20人を集めて特別チームを作った。「中東」(Middle East)という意味で、この研究を「MEプロジェクト」、チーム名を「MEチーム」と名づけた。そこで検討したのが、掃海艇や補給艦の派遣などだった。それぞれについて、厚さ2センチほどの作戦計画が出来た。こうした研究結果については、そのつど内局に報告していた。

当時、外務省にも小和田恒《ひさし》・外務審議官をトップにしたプロジェクトチームが出来ていた。そのメンバーから「海上自衛隊は何が出来るか。何をしたら世界から喜ばれるか」と聞かれて、林崎防衛部長はこう答えた。

「補給艦か掃海艇なら出せるが、補給艦が無難だろう」

同じころ、志摩篤・陸幕長も陸幕防衛部に「部内限りで、いろいろな計画を作りなさい」と指示した。松島悠佐《ゆうすけ》・陸幕防衛部長を中心に検討した。多国籍軍に対する衛生や補給などの後方支援の部隊で、500人規模から1千人規模のものまで、いくつかの案があったという。

◇

一方、政府は米国からの圧力を受けて、「カネ」だけでなく「ヒト」も出す方針を固めた。そのために、外務省が中心になって、新法を作ることになった。それが国連平和協力法案だった。首相直属の「平和協力隊」を作って、多国籍軍や国連ＰＫＯに、輸送、医療、建設などの後方支援を行うというものだ。

焦点は、自衛隊にどういう形で加わってもらうのかであった。

当時は「ハト派」と言われた海部俊樹が首相だった。海部首相は自衛隊を海外に派遣することに積極的ではなかったが、外務省幹部にも慎重な意見が強かった。軍部に引っ張られて戦争に突入していった戦前の記憶がまだ強く残っていたし、「日本の軍事大国化」を懸念するアジア諸国への配慮もあった。

その外務省が考えたのは、平和協力隊員を全員文民（シビリアン）とし、自衛隊員には、平和協力隊への「出向・休職」の形で参加してもらう、というものだった。要するに、自衛隊の制服を脱いで、一時的に文民になってもらうという案だ。これに対して、防衛庁は自衛隊の身分を残したまま「併任」の形で参加できるよう求めた。両省庁は激論を繰り返した。

10月上旬に妥協案が出てきた。自衛隊を海空と陸の二つに分け、陸上自衛隊は「出向・休職」して平和協力隊の中に入り、自衛隊の艦艇と輸送機を使う輸送業務などは海空自衛隊に業務を代行してもらう「業務委託」方式にするというものだった。「陸自まで出ていったら、自衛隊の海外派遣と受け止められてしまう」（外務省首脳）というのが、その理由だった。

そのとき、防衛庁の局長以上の幹部、陸海空自衛隊や統幕会議のトップが集まる参事官会議で、こんな言葉が交わされた。

佐久間「陸幕長、それでいいのか」

志摩「…………………」。黙ったままだった。

志摩は苦しい立場に追い込まれていた。身分に固執すれば、陸自だけが派遣から外されることになる可能性が高かった。それだけはなんとしても避けたかったのだ。

「そういう席で、海空の話が主体になってくるでしょう。寂しい面があった。何か横に置かれたという気持ちがあるわけですよ。何らかの形で陸も参加したいという気持ちがあった。『それでいいのか』と言われると、『いやそれではいけない』と本当は思っているし、佐久間も『それじゃいけないだろう』と言いたかったんだと思いますね。だけれども、そうは言えない。何とか形を変えてでも参加できないかという気があった。模索していた」

だが、これで決まったと思われた法案の中身が翌日にひっくり返る。小沢一郎・幹事長ら自民党3役が「こんなあいまいなものはだめだ」と、反対したのだ。

結局、陸海空とも自衛官の身分のまま平和協力隊に参加する「併任」方式に落ち着いた。

国連平和協力法案は難産のすえ、10月中旬に国会に提出されたが、準備不足だったため政府に答弁のあらが目立ち、紛糾したあげくに、廃案になってしまう。

「自衛隊に入って、ずっと『自衛隊とは何か』というアイデンティティーを求め続けてきた。その矛盾が噴き出たのが、湾岸戦争だった。自衛隊を海外に出すと、紛争に巻き込まれるから、民間人にとか、身分を変えろとか……。『我々は何なんだ』という疑問が頂点に達した」

当時、中堅だった自衛隊員がそう述懐する。

◇

しかし、挫折の後に自衛隊の出番がめぐってくる。

湾岸戦争が停戦になった直後の3月上旬。ドイツが戦後のペルシャ湾の機雷掃海のために、掃海艇派遣を決めた。それを知った外務省が「これは軍事行動ではない。純然たる航行安全確保の作業」ということで、海上自衛隊の掃海艇派遣に動き出した。防衛庁も異存がなかった。最後まで慎重だった海部首相も4月中旬には決心した。ここで海幕防衛部のMEチームの研究成果が生きた。

1991年4月24日、政府は自衛隊法99条*に基づいてペルシャ湾に掃海部隊を派遣することを決めた。同時に政府声明も出した。

「今回の措置は、正式停戦が成立し、湾岸に平和が回復した状況の下で、我が国船舶の航行の安全を確保するため、海上に遺棄されたと認められる機雷を除去するものであり、武力行使の目的を持つものではなく、これは、憲法の禁止する海

自衛隊法99条　99条は「海上自衛隊は、長官の命を受け、海上における機雷その他の爆発性の危険物の除去およびこれらの処理を行うものとする」。99条による海自の機雷除去は、自衛隊が行う危険物処理として位置づけられている。陸自の不発弾処理も同じ。このため、機雷除去は自衛隊の本来任務ではなく、付随的任務の一つとなっている。遠くペルシャ湾で機雷除去をするということは、99条が想定していた活動ではない。

外派兵にあたるものではない」

池田行彦・防衛庁長官は記者会見でこう語った。

「自衛隊の歴史にとっても新しい1ページを開くものだと思います」

4月26日、落合畯《たおさ》・第1掃海隊群司令を指揮官とする約510人の掃海部隊は、掃海母艦「はやせ」、掃海艇「ひこしま」「ゆりしま」「あわしま」「さくしま」、補給艦「ときわ」の6隻で、日本を出発した。6月から9月まで、ペルシャ湾で掃海を行い、計34個の機雷を処理して、10月下旬に無事帰国した。自衛隊初の海外任務であった。


（本田優）

「初めて」のPKO

2004年12月11日の土曜日。京都のホテルで、ある「同窓会」が開かれた。陸上自衛隊による海外任務の第1号となった1992年のカンボジアPKO（国連平和維持活動）第1次隊のメンバーたちの「タケオ会」だ。タケオは彼らが宿営地を作って活動した州の名前だ。集まったのは、当時の施設部隊約600人のうち86人だった。

隊長だった渡辺隆・陸上自衛隊幹部候補生学校長があいさつした。

「派遣から12年ちょっと。あのとき現地で成人式を迎えた人間ですら、33歳。月日のたつのは早いものです。（陸上自衛隊）組織としては、カンボジアから始まった。その後、モザンビーク、ルワンダ、ゴラン高原、東ティモールに出し、今イラク。我々が何とかして一人も欠けることなく帰ってきたことが、それにつながる道の最初であったのだろうと思う。日の丸と国連の旗の2本の写真が私の頭の中に常にある。あそこが私の原点でもある」

◇

湾岸戦争で挫折を体験した日本は、その後国際安全保障への参加に真剣に取り組むようになる。その一つが、国連ＰＫＯへの参加だった。

政府は湾岸戦争の騒ぎがすっかり消えた１９９１年9月に、国連平和維持活動協力法案（ＰＫＯ協力法案）を閣議決定した。2度の修正を経て、国会が賛否両論に割れ、与党側の強行採決と野党側の牛歩戦術で騒然とするなか、１９９２年6月15日に同法が成立した。

また、１９９１年当時陸幕長だった志摩篤によると、スウェーデンの陸軍司令官の招待で同国を訪問した際、ＰＫＯ要員を教育する国連訓練センターを視察した。これがきっかけになって、翌年7月には陸上自衛隊員30人、海空自衛隊員各3人ずつが同センターで研修を受けた。その後、彼らが全国の部隊で、ＰＫＯとは何かを講義して回った。これが自衛隊のＰＫＯ活動の「源流」の一つだという。

ちょうどカンボジアの内戦が停戦となり、国家再建に向けて国連カンボジア暫定統治機構（ＵＮＴＡＣ）が生まれ、明石康・国連事務次長がその最高責任者に就任したばかりだった。政府はこのカンボジアＰＫＯへの自衛隊派遣をめざしたのだった。

◇

１９９２年8月11日、政府は前日にＰＫＯ協力法が施行されたのを受けて、カンボジアＰＫＯへの自衛隊派遣の準備を始めることを確認した。陸幕はすでに防衛部の運用課の下に国際貢献プロジェクトという組織を作り、そこに井上広司が就いていた。

井上は「自衛隊」と「初めて」という二つのキーワードに直面した。「自衛隊」は誕生してからずっと、国外に出ることを想定されていなかった。通常の軍隊とは違う。それが「初めて」国外に出るというのは、どういうことか――それを思い知らされたのだ。

＊６００人の陸上自衛隊員と約４００台の車両をカンボジアに運ぶ必要があるが、その輸送手段がない。民間の力を借りないと出来ない。

＊ジープ１台を持っていくのも、「武器輸出」関係の手続きが必要になる。現地でタイヤがぼろぼろになっても、捨ててこれない。武器輸出になってしまうからだ。その手続きの紙が段ボール箱にいくつも必要になる。

＊国連の青いベレー帽をローマの補給所から送ってもらったが、いつまでたっても来ない。調べたら、税関でストップされていた。「輸入になるから税金を払

え」という。そんな馬鹿なと思ったが、時間がないので、結局25万円前後の金を払った。

＊小銃などの武器を携帯できることになったが、あくまで隊員個人の「正当防衛」でしか使えない。ところが、自衛隊はそれまで40年間、「国を守るため」の武器使用の訓練を積んできたが、個人の正当防衛のための武器使用の訓練などしたことがない。あわてて、警察からマニュアルをもらって作り直し、第１次隊がカンボジアに着いてから現地で訓練した。

◇

井上はカナダ軍のＰＫＯ担当部長とこんな会話を交わしたことがある。

カナダ「損耗率はどのくらいを考えているのか」

井上「ゼロだ」

カナダ「損耗率ゼロのオペレーションなんてあり得ない」

井上「いや、自衛隊はゼロだ。そうでないと、自分の首も飛ぶし、上司の首も飛ぶだろう」

損耗率とは、兵士がどのくらい死傷するかという率のことだ。軍隊の作戦では、それを初めから計算して、予備の人数を確保しておくのだ。

「もしも死人が出たら、日本のＰＫＯの流れが止まってしまうだろう」

それは自衛隊幹部に共通した認識だった。

カンボジアの建設・安定に貢献することは大事だが、それよりも何よりも、ともかく無事に帰ってくること――それが自衛隊初のＰＫＯ部隊の隠された「最大の使命」だった。

（本田優）

新たな任務

１９９２年9月から10月にかけて、渡辺隆・隊長の率いる施設大隊約６００人が数次に分かれて、カンボジアに出発した。

タケオ州で、道路を作り、橋を架けた。

渡辺が述懐する。

「私が入隊したのは１９７７年。翌年に日米共同訓練が始まった。私の自衛隊員としての生活の半分は日米共同訓練だ。日米という2カ国間の世界。米国という影に隠れて世界を見ていた。だが、我々が国際的軍事常識だと思っていたのは『米国流の国際的軍事常識』だった。カンボジアＰＫＯに行ったら、米国はいなかった。これはすごいことだった。我々は他の国と変わらないということを認識した。世界の常識から見て、米国が特異なのだとわかった。初めて自分で判断し、国を代表する部隊として何かしなければならなかった」

第１次隊は半年の任務を終えて、翌年春に無事帰国した。

だが、そのころからカンボジアの情勢が急変する。国連カンボジア暫定統治機構（UNTAC）が推進していた総選挙に、ポルポト派が反対して、妨害戦術に出たのだ。

◇

1993年4月8日、第2次隊の石下《いしおろし》義夫・隊長は一足先にカンボジアに入り、プノンペンのポチェントン空港で、第2次隊本隊を出迎えた。ちょうどそのとき、国連の「UN」の文字の入った白いヘリコプターが到着した。棺が下ろされ、車に移された。

コンポントム州でこの日射殺されたボランティアの中田厚仁《あつひと》・国連選挙監視員の遺体だった。一行は棺に向かって整列し、帽子をとって45度に体を折る敬礼をした。

「隊員たちはどういう気持ちで受け止めているのだろうか」

石下はそう思った。

事件が続く。5月4日には、日本の文民警察官の乗った車が対戦車ロケット弾で撃たれ、岡山県警から派遣されていた高田晴行・警部補が亡くなった。

政府は衝撃を受けた。

当時の首相の宮沢喜一が振り返る。

「連休で軽井沢で静養しているときに、ニュースを聞いてすぐに車で東京に向かった。東京からの報告では、ほとんどは（カンボジアPKOから）全員引き上げだという空気だとのことだった。自分は、それは待ってくれと。東京に帰った時はもう夜中だった。今晩のうちに決断しないと新聞の締め切りに入ってしまうと考えて、『引き上げない』という決断をしたことを覚えている。非常につらい決断だった。また同じようなことが何回か起これば、これは世論を説得するのはなかなか難しくなるなあと思った。それは厳しい決断だった」

◇

その直後、政府から自衛隊に内密の要請があった。日本の選挙監視要員を自衛隊に守ってほしいというものだった。

河野洋平・官房長官が記者会見でこう発言した。

「自衛隊員が選挙監視要員と同一の場所に居合わせ、不測の事態が生じれば、自分自身を守るだけでなく我が国要員の安全を守るために最善の対応をすることは当然だ。場合によっては武器を使用することはPKO協力法によって認められている」

ＰＫＯ協力法案には、もともと「緩衝地帯その他の駐留、巡回」などの任務も盛り込まれていたが、国会審議の過程で「平和維持軍（ＰＫＦ）の任務になる」との理由から、凍結されていた。各投票所に一人ずつ配置された日本人選挙監視要員を守るには、「巡回」の必要があるが、このときのＰＫＯ協力法では出来ないことになっていた。そこを何とかしろという要請だったのだ。

当時の陸幕幹部が証言する。

「どうしたら選挙監視要員の安全を高めることができるか。彼らはタケオ州内で１００カ所ある投票所に散り、そこで寝泊まりする。それで知恵を出しあった。選挙が出来るように道路を補修するが、その情報収集ということで、選挙監視要員からも情報を収集するということにした。そのために自衛隊員が各監視要員のところを回る。守るとなると24時間警備しなければならないが、それはできない。実際に各要員のところにいるのは20分から30分。それでも自衛隊が回ることによって抑止にはなるだろうと考えた」

彼はタケオ州の宿営地に飛んだ。「任務が法律上明確でないから、命令を出せない。現地の隊員と話して、あうんの呼吸が必要だから、私が行った」のだ。

◇

隊長の幕僚たちと論争になった。

幕僚「そんな任務は与えられていない」

幹部「もう１人殺されたら、ＰＫＯはつぶれてしまう。選挙監視要員は20代の女性から60代の男性までいる。彼らは丸腰だ。我々に出来ないということはないだろう。守ってやってくれ」

結局、彼らは「情報収集」という新たな任務を行うことになった。隊員８人からなる８チームを作って、投票所を回ったのだ。そのほか、いざという時のために約35人からなる「緊急医療チーム」を作った。医師や看護士は数名で、あとはレンジャー部隊の隊員たちだ。

もしも選挙監視要員や同僚が攻撃されたら、自らその火中に入っていって、「正当防衛」という形にして、反撃する。そういう危険な任務だったが、幸いにして実行しなければならない事態は訪れなかった。

（本田優）

NGOへの転身

2004年12月に京都で開かれたカンボジアPKO第1次隊の同窓会で、異彩を放った自衛隊OBがいた。

第1次隊で総務幕僚を務めた高山良二だ。

この2年4カ月の間、非政府組織（NGO）である「日本地雷処理を支援する会」（JMAS、土井義尚理事長）の一員として、カンボジアで地雷や不発弾処理の活動を続けてきた。その「カンボジア現況報告」を行ったのだ。

◇

高山は自衛隊に2等陸士で入隊したたたき上げで、カンボジアに派遣されたときは1等陸尉として、総務、人事、厚生、郵政などで隊長を補佐する幕僚だった。

カンボジアは、生まれて初めての外国だった。ここで「国内では得られない達成感」を手にした。

「当時、カンボジアＰＫＯに参加していたのは32カ国だが、世界を初めて自衛官としての立場で見ることができた。ＰＫＯでいろいろな任務をさせてもらい、カンボジアが私にとって特別な国になってしまった」

２００２年５月の定年が近づくにつれて、長年自衛隊に勤務して与えられた能力を生かして、定年後も社会のために尽くしたいと考えていた。できれば、カンボジアに行って出来るような仕事がないかと考えていた。

そこへ偶然にも、自衛隊ＯＢによるＪＭＡＳの設立準備が進められていることを知った。カンボジアの地雷処理を計画しているという。理事長になる土井義尚・元陸自補給統制本部長に電話したら、「一緒にやろう」という返事。

ＪＭＡＳにはカンボジアの経験者が他にいなかったので、彼が現地の副代表として仕事を立ち上げることになった。

５月９日に定年退官し、12日に退職金の一部を持って日本を出発。翌日カンボジアに入った。

「カンボジアでもう一度活動したいと思っていた私の夢が全部かなった。神様に導かれるような気持ちだった」

◇

カンボジア政府によると、ベトナム戦争以来の米軍の不発弾は数知れず、内戦で対立する両陣営が埋めた地雷は４００万個から６００万個あるという。カンボジア政府の軍隊経験者ら２４００人からなる地雷対策センター（ＣＭＡＣ）や欧州のNGOなどが地雷の処理を進めているが、1年間で約1万個というペース。このままでは、あと400年もかかってしまう計算になる。現在、地雷や不発弾の爆発による被害者が年間800人に上るという。

特に不発弾は村人の生活圏のなかに埋没していることが多いから危ない。子供がボール爆弾で遊んでいて爆破したり、大人が筒型の不発弾を切断して中から銅、アルミ、火薬を取ろうとして被爆したり、というケースが絶えない。貧困が被害を増やしているのだ。

JMASはこのCMACと提携して、まず不発弾処理から進めることになった。当初は日本から専門技術者1人（2005年4月現在では3人）を派遣してもらい、カンボジア人3人1組で計2組のチームを編成して、探知機をかけ、処理する。家の軒下まで調べる。2002年7月から2005年4月までの間に、計4万発の不発弾や地雷を処理した。また、国民に不発弾や地雷の危険を訴える啓蒙活動も立ち上げた。

◇

「当時も今も、子供たちに変わりはありません。目がきらきらしている。変わったなと思うのは、カンボジアが平和になったなという実感ですね。カンボジアの人はほとんど『幸せだ』と言います。『なぜですか』と聞くと、『今は戦争がないから』と答える。復興も確実に進んでいます。我々が12年前にその基礎作りに参加したということの意義を感じました」

高山が現況報告をそう締めくくると、拍手でうずまった。

第１次隊の隊長だった渡辺隆が言う。

「カンボジアで会ったスウェーデンの文民警察の指揮官は『ＰＫＯには、軍人として何回、ＮＧＯで何回参加した。今回は警察官として来た。ＰＫＯというのは癖になるんだよな』と言っていた。そんなものかと思ったが、高山さんは『軍人として、あるいはボランティアとして』という一人になったなあ」

（本田優）

ゴラン高原

高音と低音を小刻みに繰り返す独特のサイレンが、60秒間鳴り響いた。

国連のワッペンを付けた隊員たちは化学兵器用防護服などの入ったリュックとマスクをつかみ、壕《ごう》に飛び込む。

「ホリネズミの穴」

そう呼ばれるミサイル対策の演習は、イラク戦争が近づいた２００３年２月下旬から１カ月間、毎日行われた。だが、実際に戦争が始まると、部隊の首脳部はこう言明した。

「もう演習はしない。今度サイレンが鳴るときは本物のミサイルだと思え」

イスラエルとシリアの境にある中東ゴラン高原の国連兵力引き離し監視軍（UNDOF）。1974年から続く平和維持活動（PKO）だ。

イラク戦争では、警戒されたイラクからのミサイルは飛んでこなかった。だが、その年の10月にはイスラエルが自爆テロへの報復で、シリアの首都ダマスカス近郊を空爆した。緊張の余波は今も残る。

◇

この監視軍に日本は1996年から自衛隊を派遣している。オーストリア、カナダなどの各軍人ら約1200人のなかで、自衛隊員45人が働く。

そのうち司令部要員の2人を除く、43人はカナダ軍が統括する後方支援部隊のなかで「輸送隊」をになっている。半年交代の任務だ。現在（2004年1月）の第16次輸送隊（隊長・吉浦健志・3佐）は、陸上自衛隊第9師団の中から編成された。

輸送隊の朝は早い。午前6時起床で、食糧などの輸送や道路補修などをする。事務整理などで作業は深夜まで続く。

周囲は地雷原だらけ。楽な仕事ではないが、吉浦隊長は「来てよかった」と思う。防衛大卒の36歳。海外の防衛駐在官になりたかったが、長期の外国滞在を家族から反対されたため、半年任務のPKOを希望した。

「国内では自衛隊内で評価されるだけだが、ここでは様々な立場からの評価を受けられる」

司令部にいる２人の自衛官のうち、海自の北川敬三・１尉は、高校時代に米国に留学、さらに海軍士官の養成学校である米海軍兵学校を卒業して、自衛隊に入った変わり種。35歳。

◇

彼もまたＰＫＯを希望して来た。

「多国籍の軍人、国連官僚、現地職員らが集まっていて、多様な価値観や仕事のやり方を知ることができる。自分の幅が広がったと思う」

隊員の意識を探った陸上自衛隊の資料がある。ＰＫＯなどへの参加について、２００１年度の数字を前回調査の１９９９年度と比較すると、「積極的に希望する」が20・５％から22・４％に増加、「希望する」が25・３％から25・９％に増加、「希望はしないが、命令があれば参加する」は40・８％から39・３％に減少、「参加したくない」は８・２％から７・４％に減少した。明らかに、この２年間で希望者が増えている。

なぜ希望するのか――。ＰＫＯ経験者の幹部が言う。

「現地の人々に感謝される。国内の訓練では橋を造っても、あとで壊さなければならないですから」

別の幹部は「カンボジア以来のＰＫＯ派遣の実績が、希望増加の裏づけになっている」と指摘する。

◇

自衛隊は今、国際任務の本格化に沿って、組織の再編に取り組んでいる。全国の師団などを再編し、防衛庁長官が直轄する数千人規模の「中央即応集団」を新設する。その下にＰＫＯ派遣部隊の司令部兼訓練センターを作る考えだ。

吉浦隊長はゴラン高原に来る前に、カナダのノバスコシア州にある非営利組織の「ピアソン平和維持センター」と、オンタリオ州にある軍の「平和支援協力訓練センター」で、カナダ流のＰＫＯ教育を体験してきた。

「ノウハウが蓄積している。経験者が教官になる。海外から講師を招くことも出来る。こうした施設は日本でも必要だと思う」と言う。

もっとも、ＰＫＯにおける自衛隊の実力が「若葉マーク卒業」（２００３年度防衛白書）に向けて、着々進んでいるというわけでもない。

２００３年に、ＵＮＤＯＦ司令官が日本に打診した。

「カナダ軍が現在の後方支援隊を２００人から50人規模に縮小したがっている。日本が後を継いでくれないか」

これに応えれば多国籍の後方支援隊の指揮官という、これまでにない高いレベルのポストをとれる。ＰＫＯで日本の存在感を発揮できる好機だ。

だが、政府も自衛隊も応じていない。米国から要請されたイラク派遣という難題をこなすのに頭がいっぱいで、国際協力の着実な前進まで考えるゆとりがないのだ。

（本田優）

憲法9条の縁

２００4年12月10日に、自衛隊の国際任務を日本防衛などと並べて重視する新しい防衛計画の大綱が閣議決定された。

「地域紛争、大量破壊兵器等の拡散や国際テロなど国際社会の平和と安定が脅かされるような状況は、我が国の平和と安全の確保に密接にかかわる問題であるとの認識の下、国際平和協力活動を外交と一体のものとして主体的・積極的に行っていく」

カンボジア派遣から始まった国連平和維持活動（ＰＫＯ）への参加は、それまでの敵の「着上陸侵攻」に備える訓練に明け暮れてきた自衛隊に、新風を吹き込み、国際感覚を持つ自衛官を育ててきた。

戦争から人道支援まで、軍事の役割は世界的に多様化しつつある。国際安全保障への参加をうたう新大綱は、その流れに沿うものだ。

◇

だが、そこには荒海も待ち受けている。

特に、２００1年の9・11テロ後に、政府が踏み込んだ米国中心の有志連合の世界は、ＰＫＯと異なる領域への一歩だった。

２００4年初め、北海道——。番匠幸一郎第3普通科連隊長は、イラクに連れて行く隊員の銃撃訓練で、こう注意していた。

「薬莢《やっきょう》を気にするな」

銃を撃つと、撃ち殻の薬莢が斜め後方に飛ぶ。自衛隊は長年、訓練では銃に布の袋状の薬莢受けを付けていた。消費した弾の数と薬莢の数が一致しているかどうかを確認して、弾の紛失を防いでいたのだ。

実戦では薬莢受けは邪魔になるから外す。だが、つい撃ち手の目が薬莢の落下点を追ってしまう。体にしみついた癖だ。

その一瞬が命取りになる、と教えたのだ。

結局、イラク派遣の訓練では、射撃訓練の際にもう一人が後方に立って薬莢の落下点を確認し、撃つ本人が気にしなくてもいいようにした。

◇

こんなこともあった。イラクへの派遣部隊の幹部と部下の会話だ。

部下「今度は遺書を書くんですか」

幹部「それは組織で決めることじゃない。ただ、おれは書くよ」

この幹部は「死の可能性を真剣に考えた。もう女房の顔を見られないかもしれないと思った」という。水性ボールペンで遺書を書いた。「家族への感謝の気持ち」が主だった。それを封筒に納め、イラクに派遣されている間ずっと、カバンに入れて持ち歩いていた。無事に帰国できた後に、破り捨てた。家族はこの事実を知らない。

番匠は、自分で遺書を書かなかったし、もちろん部下にも命じなかった。

「死を前提とする任務ではない。健康で安全に任務を遂行することが大事だと言っているのに、それに矛盾してしまう」

だが、部隊の全員に日記を書くことを命じて、日記帳を渡した。いざとなれば、それが家族にとっての貴重な記録になることを考えてのことだろう。

◇

２００３年11月、舞鶴沖——。護衛艦「はるな」の甲板で、河野克俊・第３護衛隊群司令は、ともにインド洋での対テロ支援活動から戻ってきた約３００人の隊員を前に訓示した。

「自分は若いころ、先輩や防衛大の恩師から、『自衛官がチヤホヤされる世の中は、日本にとってよくない。自衛官が日陰者の時代が、日本にとって良い時代なのだ。だから甘んじなければいけない』と言われた。私は『そうかなあ』と思っていた。しかし、今日インド洋から帰ってきて、それが間違いだとはっきり分かった。皆のように、公のために尽くす人たちを、過当ではいけないが、正当に評価する社会がまともな社会だと思う。皆心の中で誇りを持って次の勤務についてほしい」

◇

憲法９条とのつじつま合わせによる「非戦闘地域」という法律用語とは裏腹に、戦地同然の場所に派遣される自衛官。

国際安全保障の前線で働くという緊張感、充足感とともに、高揚感も見られるようになった。

「インド洋やイラクへの派遣は米国側に立っての参戦だ。政治はその現実をごまかしている」。そんな不満すら漏れ始めている。

政府の腰は定まっていない。中東からアジアまでの「不安定の弧」を視野に、日米同盟の深化を求める声も防衛庁にあるが、イラクでの万一の事態がもたらす波紋の大きさを懸念して、新大綱では無難な表現にとどめたという。

国連ＰＫＯか米国中心の有志連合か。先崎一・統幕議長は「自衛隊としては、政府の決断でどちらにも対応できる態勢をとる」と言う。

輸送艦・補給艦の大型化を進め、国際活動教育隊の新設や長距離輸送機の導入を決めた。

政治は国際安全保障に正面から向き合う日本の理念と法的枠組みをまだ整理しきれていない。そのもとで、自衛隊は９条の縁をさまよい続ける。

（本田優）

【インタビュー】
佐久間一（元統幕議長）

――湾岸戦争の当時、佐久間さんは海上幕僚長でしたね。どのように受け止めましたか。

「日本が戦後50年間にわたり冷戦構造のもとにありながら、戦争を身近な問題として認識してこなかった。湾岸戦争は、そこに不幸にしてぶつかった『応用問題』だったと思います。今から多国籍軍が戦闘を始めるというときに、日本はどうするのか、という問題だった。これが例えば国連平和維持活動（ＰＫＯ）だったら、もっとやりやすかったろうと思います」

――日本は米国などに１３０億ドル以上を提供しましたが、"too little too late"（少なすぎる、遅すぎる）「血と汗を流さない」などと非難されました。

「あのときの政府の対応は、論理が逆転していました。ああいった事態に対してわが国は『何をすべきか』をまず考え、そのためにどういう障害があるかを考え、除ける障害は法律も含めて取り除くというのが筋だと思います。だが、あのときは『何が出来るか』から始まり、お金があるからお金を出しましょうとなった。それで国際社会から評価されなかった。『50年のつけ』を背負った日本としては仕方なかったという感じもしますが、筋としては間違っていた」

――政府は国連平和協力法案を提出したが、国会審議で紛糾して廃案になりま

佐久間一（さくま・まこと）　１９３５年3月生まれ。57年防衛大卒。海幕防衛班長、防衛課長、防衛部長を歴任し、海上自衛隊のエリートコースを歩む。88年佐世保地方総監を経て、89年に防衛大１期生として陸海空を通じて初の幕僚長となる。統合幕僚会議議長にも就任。

した。

「私はあのとき、首相官邸で議論されていることは、エイリアンと話しているみたいだと言ったことがあるんです。我々と全く違う感覚だった。法案を作るときに、自衛隊とは別の組織にして派遣するという話が政府内に出ました。小沢一郎・自民党幹事長が反対してひっくり返ったのですが、別組織という考え方の前提には『自衛隊アレルギー』がありましたね」

——「自衛隊アレルギー」の意味を、もっと詳しく説明していただけますか。

「そもそも自衛隊の生い立ちのときの国内は、前の戦争を踏まえて『軍は悪だ』という意識が非常に強かったと思います。我が国の『安全』を『諸国民の公正と信義に信頼』するという憲法前文が、国民にぴたっと浸透した。現実はそうではない。吉田内閣以来、日米安保条約を結び、必要な範囲で自衛力を持ってきた。だが、心情的なアピールで国民はそういう空気になってしまった。政府は『自衛隊は軍隊ではない』『戦力なき軍隊』などと言いながら、自衛隊を作ってきたのです」

「私は『閉鎖空間』と言っているのですが、日本は戦後50年近く安全保障で『閉鎖空間』の中にいたと思います。なぜかというと、東西対立の中で政府は西側陣営の一員だということを分かっていながら、『仮想敵国はない』とか『全方位外交』ということを言ってきたでしょう。国民が本当の自分たちの安全を考えないですむような環境を作ってきた。その『閉鎖空間』が壊されたのが、冷戦終結であり、湾岸戦争だったと思います」

「そういうことで軍に対する反発や、自分たちの身近な問題として考えなくてすむような環境が作られたということから、自衛隊を国際安全保障のために使うなんてことは考えてもいなかったのでしょう」

——湾岸戦争に対して、海上自衛隊はどのように動いていたのでしょう。

「あらゆるケースを想定しましてね、海上自衛隊が多国籍軍に協力したり、多国籍軍と共通の目的で行動したりするにはどういう方策があるか、研究しました。中東という意味で『ＭＥプロジェクト』と呼んでいました。当時、私は記者会見でこう言っています。『自衛隊を使うか使わないかは我々が決めるのではない。政治が決める。ただ、任務を与えられたときに、何も考えていません、準備していませんというのでは無責任です。だから研究だけはします』。これは今でもそうあるべきだと考えています」

——当時、海幕で研究して、防衛庁の内局に上げた案には、どういうものがあるんですか。

「掃海艇や補給艦の派遣。補給は今インド洋でやっているようなものですよ。大体、人間が考えることは同じですから」

——結果的に、湾岸戦争が終わってから、ペルシャ湾に掃海艇を派遣したわけですが、政府がそれを決定したときには、すでに海幕部内の検討が出来ていたということですか。

「ええ、1990年の秋から年末にかけて、それぞれA4判で、厚さ2センチほどの作戦計画ができていましたから」

――掃海部隊に死傷者が出るかもしれないという懸念はあったでしょう。

「死傷者の出る可能性が高いということは、皆認識していましたね。そうなると海上自衛隊という組織が非常にダメージを受けるかもしれないという思いはありました。だが、海上自衛隊は海上自衛隊のためにあるのではない。国のためにある。国が求めた任務は遂行しなければならないと割り切らざるを得ないと思いました」

――結局、ペルシャ湾での半年にわたる作業で34個の機雷を処理し、無事に帰ってきました。

「ありがたかったです。部隊の指揮官の落合畯君が出発する前に、私は『二つ注文がある』と言ったんです。一つは、機雷掃海の任務を与えられた通りにやってくれと。もう一つは、511人全員を無事に連れて帰ってきてくれと。難しいかもしれないけど、やってくれと言ったんです。『淡々とやってこい』と言ったら、『海幕長は淡々と言うが、淡々とはいかないですよ』と言っていた」

――この掃海部隊派遣が、自衛隊の国際任務の第一歩になりました。その後、今日までの足取りをどう見ていますか。

「総括的に言うと、立派にやってきている。国民から見た目、国際的な評価でも高いものがあると思います。別組織論が出たときから比べると、ああそうか自衛隊が海外に出ても、きちんとしたことをやってくるんだなと理解してくれたと思います。これはステップです。かつて石原信雄・内閣官房副長官が言われて、私もその通りだと言ったんですけど、廃案の失敗があって、邦人空輸政令の空振りがあって、掃海艇が成功して、ＰＫＯ、カンボジアがあるんだと。国としての試行錯誤があり、部隊としての試行錯誤があった。それはそれでいいんだと思います」

（２００４年６月　聞き手・本田優）

Ⅱ　変わる国防

第4章　パワーシフト

海の情報戦

「石油資源をめぐる戦争ではないのか」

「大義」が問われたイラク戦争には、この疑念が影のようにまとわりついている。

資源獲得をめぐる国益の衝突——。

日本も東アジアの海で、中国やロシアの攻勢に直面している。自衛隊はその情報収集に力を注ぎ始めた。

◇

オレンジ色の太い炎が窓に迫った。

2003年12月。沖縄本島から北西約400キロの東シナ海を海上自衛隊の哨戒機P3C*は監視飛行していた。監視のコースはほぼ決まっている。炎が見えたのは、中国が開発した「平湖油田《ピンフー》」だ。最も重要な監視ポイントの一つだ。

P3Cは、高度を採掘施設から噴き出す炎とほぼ同じ150メートルを保っている。クルーには撮影担当の隊員2人がいる。大型カメラを構え、油田の様子を

P3Cの監視コース　防衛庁が政府の「安全保障と防衛力に関する懇談会」に提出した資料によると、P3C哨戒機の警戒監視コースは、「北海道周辺海域」「日本海」「東シナ海」の三つ。いずれも毎日、監視飛行している。このうち東シナ海は監視態勢を手厚くしており、1日に2機が海域を分けて回っている。（P3C→173ページ参照）

記録する。

1回の飛行は平均約9時間に及ぶ。レーダーで船舶を見つけると、高度を下げ、船名や積み荷を調べる。北海道周辺から東シナ海まで、日本近海をいくつかの水域に分けて、1水域1機ずつ、毎日飛ぶ。

だが、東シナ海だけは2003年春から2機に増強して巡回監視飛行を続けている。

自衛隊が注目するのは、日中間で深刻な対立に発展しかねない大陸棚の資源開発をめぐり、中国がどう出るかだ。日本近海の大陸棚には金、銀、コバルト、天然ガスなど数十兆円相当の資源が眠るとされる。周辺海域では近年、中国の海洋調査船*を含む多くの船が行き交う。

外国の動向分析にあたる自衛隊幹部は指摘する。

「急速な工業化が進む中国は今や石油輸入国だ。この海域で資源をめぐる争奪戦が起きようとしている」

◇

「ピン、ピン、ピン」

P3Cの搭乗員のヘッドホンに、甲高い金属音が約4秒間隔で響いた。

2003年11月。東シナ海から南東に約1千キロの太平洋上を監視飛行していた。約300メートル下の海面に中国の海洋調査船の姿をとらえた。P3Cは海中の音を拾うために筒状のソナー「ソノブイ」をまいたのだ。

中国の海洋調査船　中国が日本の排他的経済水域（EEZ）の中で海洋調査する場合には、日本側に事前申請する手続きが日中間で定められているが、そうした手続きのない違反調査は、日本外務省によると2004年1年間で22件に上る。このうち9件は沖ノ鳥島周辺、3件は尖閣諸島周辺で確認された。03年の8件から大幅に増え、01年に日中間に調査船の相互事前通報制度が設けられてから最多だった。

高い金属音は、調査船が音波を出して海底地形を調べる際に出る。

「太平洋は深い海だ。将来、潜水艦を動かすための準備だろう」

自衛隊は中国の狙いをそう見る。

なぜ潜水艦か。台湾周辺の海域をコントロールする目的に加えて、「資源のある海域に展開させ、他国を近づかせないためではないか」という見方もある。

◇

日本の最北端、サハリンを望む宗谷海峡にも異変の兆しがある。

海峡の監視は、青森県にある海自大湊地方隊の護衛艦の任務だ。

強風が吹き、うねる厳冬の海を、１５００トンの護衛艦が木の葉のように揺れながら進む。

気温が零下6度より下がると、しぶきが船体に氷結する。前甲板が白く覆われ、直径約10センチの速射砲が氷で30センチ以上になることもある。氷の重みで船が転覆しないよう、当直以外の約50人が総出で氷を砕く。

そうまでしても監視を続けるのは、この海峡が、オホーツク海や太平洋に向かうロシア艦船の通り道になるからだ。

護衛艦もＰ３Ｃも、冷戦時代の標的はソ連太平洋艦隊だった。米国も対ソ戦略から自衛隊の貢献を高く評価した。

が、冷戦後、状況は一変した。米戦略の重心は石油資源の要である中東や中央アジアに移った。それに合わせたかのように、ロシアは極東での資源争奪に動き出した。

ロシア太平洋艦隊の艦艇は激減したが、プーチン大統領は２００２年春の極東訪問で「海軍力の強化」を打ち出した。

その一環だろう。２００３年８月、ロシア太平洋艦隊は東アジア海域で冷戦後初めての大規模な多国間共同演習を行った。その前年にはカスピ海で、大規模な多国間共同演習をしている。

「いずれも天然資源が豊富な地域。ロシア軍の存在を印象づけ、ロシアが地域の資源開発の主導権を握る、という意思表示だ」

自衛隊幹部はそう分析する。

２００３年11月24日、ロシアは北方領土の太平洋側沖合12カイリ内で翌年１月20日まで地質調査を実施するとの船舶航行警報を出した。

大湊地方隊を率いる吉川栄治・総監は言う。

「安全保障は軍事だけでなく、経済活動を見ることも重要だ。地方隊にとって海峡監視の重要度は変わらない」

海峡での監視の照準は今や、太平洋艦隊ばかりか、ロシアの海洋調査船やボーリング船にも合わせられている。

東アジアで繰り広げられ始めた資源をめぐる神経戦。そのパワーゲームの中に、自衛隊はいや応なく組み込まれようとしている。

（岡野直、本田優）

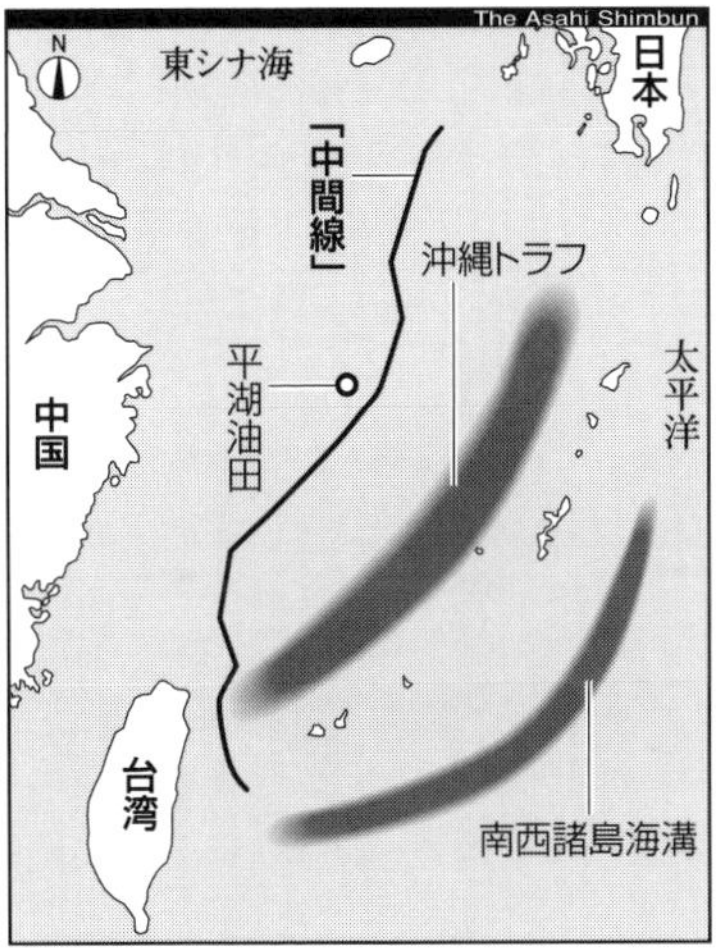

大陸棚の画定　1994年に発効した国連海洋法条約によって、沿岸国は領海の外側最大約650キロまで大陸棚の海底資源の採取権などが認められるようになった。2009年までに国連へ証明資料を提出するのが条件。東シナ海では、日本は「大陸棚は南西諸島海溝まで続いており、日中の中間線で等分すべきだ」と主張。中国は「大陸棚は『沖縄トラフ』で切れており、そこまでが中国のもの」と主張し、対立している。

宗谷海峡を航行する護衛艦「ゆうぐも」。氷点下、甲板で除雪作業が続く

対潜戦

潜水艦*「ふゆしお」は、らせんを描きながら沈んでいった。

「落ち込むぞ」

艦長に次ぐナンバー2の副長、岡林眞人《まひと》・3佐（36）が怒鳴った。

◇

2003年11月。海上自衛隊の呉基地を出て、四国沖の太平洋を舞台に訓練をしていた。「潜望鏡で敵機を発見した」との想定で、若い幹部たちを鍛えていた。

「深さ70メートルまで潜れ」

艦長の命令する声が響いた。操艦をする「発令所」は明かりが消され、深度計などの計器板だけが光っている。訓練上、攻撃を受けたとして、あらかじめ舵《かじ》の一つが動かないようにされていた。

操艦を任されたのは若手の幹部（29）だった。深度計は70メートルを超え、80、90、100と進む。速度を落としすぎ、舵を戻すのも忘れたため、75人を乗せた潜水艦はぐるぐる回りながら、沈んでいったのだった。このままでは、失速して操艦不能に陥りかねない。深度120メートルに達した時、岡林がたまりかねて助言した。

「情報を聞け」

潜水艦「ふゆしお」 海上自衛隊の第3世代涙滴型潜水艦である「はるしお」型の6番艦。1995年3月7日、竣工。広島・呉の第1潜水隊群第3潜水隊所属。はるしお型は、水中行動能力の向上、潜行深度の増大、策敵・攻撃能力の強化などが図られ、USM（水中発射対艦ミサイル）ハープーンも発射可能な魚雷・USM兼用発射管が左右に計6門、装備されている。基準排水量約2450トン、長さ77・4メートル、幅10・0メートル、深さ10・5メートル。速力は水上約12ノット、水中約20ノット。乗員約75人。

若手幹部は潜望鏡をのぞきこむ部下の後ろに立って報告を聞く準備をしていた。周囲の10人余りが舵、深度、潜る角度など、操艦に必要な情報をばらばらに伝えた。幹部は混乱して、的確な指示を出せない。思わずつぶやきがもれた。

「僕は聖徳太子じゃない」

操艦を指示する人間は哨戒長と呼ばれる。若手でも１年、２年と経験を積むうちに、瞬時に報告を聞き分け、操艦を指示する能力を身につけるようになるという。

◇

海上自衛隊は潜水艦を16隻運用している。その拠点は、呉基地（広島県）と横須賀基地（神奈川県）。潜水艦の訓練は海上自衛隊でも屈指の厳しさと言われる。

冷戦時代、海上自衛隊が向き合ったのは極東のソ連太平洋艦隊*だった。潜水艦は宗谷、津軽海峡などソ連艦艇の「通り道」近くで行動した。居場所は相手に容易につかませない。それが抑止力と位置づけられた。

岡林は防衛大を卒業後、海上自衛隊に入隊した。潜水艦に乗り始めたのは、ソ連が崩壊して３年後の１９９４年だった。チームワークの良さや協調性を評価され、乗員に選ばれた。

艦内の厳しい生活は今も冷戦時代と変わらない。１年の半分近くは海の中だ。プライバシーはカーテンで仕切った幅約60センチの３段ベッドの中だけ。訓練中はシャワーを浴びるのも制限される。航海が終わって陸に上がると艦内にたちこ

ソ連太平洋艦隊　戦後ながらく自衛隊が、事実上の「仮想敵」として位置づけていたのが極東ソ連軍だった。ソ連がアフガニスタンに侵攻した翌年の１９８０年版防衛白書には、極東ソ連軍の海上兵力であるソ連太平洋艦隊について「全ソ連の艦艇２６２０隻、５０１万トンのうち、その３分の１程度にあたる約７８５隻、１５２万トンを保有する」と記述。さらにソ連艦艇が３海峡を通過した最近５年間の平均値として、「対馬海峡１５０隻、津軽海峡55隻、宗谷海峡１５５隻」という数字を挙げている。

めるディーゼル燃料などの臭いが体に染みつき、なかなか抜けない。

約9年後に教える側の副長になった。部下にこう話している。

「潜水艦は有事の際、最も有効な兵器だ」

確かに、日本の潜水艦隊の力には定評がある。

２００3年11月、沖縄東方海域で日米共同訓練があった。横須賀を「母港」とする空母キティホーク機動部隊に対し、海自の潜水艦が気づかれずに接近した。魚雷で狙いを定めることに成功した。８万トン余りの空母も、たった数発で沈んでしまう。

「海上自衛隊に追いかけ回された」

キティホーク艦長のパーカー大佐は、敵役を演じた日本の潜水艦の操艦技術をこうほめた。

岡林も3年前に、米海軍のイージス艦を「撃破」した経験がある。海上幕僚監部の幹部は言う。

「米海軍が太平洋地域で真に力を認めて同盟を組めるとみるのは海上自衛隊だけだ」

◇

しかし今、日本周辺にかつてのソ連ほどの大規模な海軍力を持つ国はない。

小泉純一郎首相は２００3年末に、「新しい時代のことも考えて日本の防衛体制を検討してほしい」と石破茂・防衛庁長官に促した。１年後に閣議決定された

艦上で乗員たちが出航準備作業をする潜水艦＝広島・呉基地で

た。新しい「防衛計画の大綱」では、防衛力がテロ・弾道ミサイルなどの新たな脅威に対応できるように見直され、哨戒機など対潜水艦戦の装備縮小が打ち出され

米海軍は冷戦終結後、潜水艦を半減させた。ソ連の弾道ミサイル搭載潜水艦を追尾していた攻撃型原潜*は、特殊部隊を上陸させられるように改造し、巡航ミサイルも搭載するなど、多様な用途を持つようになった。

海上自衛隊の潜水艦もまた、その存在意義を問い直されている。海上自衛隊の中枢で、部隊改革にかかわる幹部の一人は言う。

「水上艦のように国際貢献や災害派遣には役立たない。どう使うべきか、我々にとって答えはまだない」

岡林は言う。

「どこかの国が攻撃しようとしても我々は思いとどまらせることが出来る。この半世紀、その技を先輩から後輩へと受け継いできた。平時には役立たなくても、平和を守っている誇りはある」

北の脅威を意識した訓練は消えた。いま焦点は、離島の多い南方海域に移りつつある。

（岡野直）

攻撃型原潜　潜水艦はその動力によって「ディーゼル潜水艦」と「原子力潜水艦」に大別される。原子力潜水艦は1955年に完成した米のノーチラスが最初。原子炉の熱で蒸気をつくり、タービンで航走する。このため、長期間の潜行が可能となる。攻撃型原潜は、敵潜水艦や水上艦船の攻撃を主任務とするほか、巡航ミサイルを搭載して内陸部の敵拠点を攻撃する。原潜にはこのほか、核弾道ミサイルを搭載し、核ミサイルのプラットホームとしての役割を担う「弾道ミサイル搭載原潜」がある。

五星紅旗

「まさか日本本土にまで来るとは」

「五星紅旗」*を掲げる艦体が映った電送画像を見て、海自幹部は驚いた。

中国海軍のミン級潜水艦*（約2100トン）が、鹿児島・大隅半島と種子島の間を浮上したまま、航行していた。海自のP3C*哨戒機が急行し、防衛庁に写真を電送した。

2003年11月のことだ。

中国の潜水艦が日本本土近海で発見されたのは初めてだった。最初に見つけたのは、在日米海軍のP3Cだった。直ちに海自に「北上している」との情報が伝えられた。

◇

冷戦時代には、潜水艦の探知や攻撃をめぐるこうした日米間の連携が、「2国間同盟の中核」（米太平洋艦隊幹部）と位置付けられていた。最大の脅威が、ソ連の原子力潜水艦だったからだ。

海自はP3Cを1980年代から導入し、原潜のスクリュー音などをソナーで捉える戦術や装備を米海軍と統一した。日本海や太平洋で時間や海域を区切って哨戒を分担するようにもなった。自衛隊の中で海自が米軍ともっとも緊密な関係を結んだのは、そうした運用面での協力の深さからだ。

五星紅旗　中華人民共和国の国旗。赤地に大きな星が一つと小さな星が四つ並ぶため、こう呼ばれる。大きな星は中国共産党、小さな星は労働者、農民、小規模資本家、民族資本家を表す。

ミン級潜水艦　旧ソ連のロメオ級潜水艦を中国バージョンにしたディーゼル型潜水艦。ジェーンズ年鑑によれば、18隻保有。水上速力15キロノット、水中速力18キロノット。兵装は21インチ魚雷発射管を8門（艦首6門、艦尾2門）持つ。乗員は57人。

P3C哨戒機　海上自衛隊の主力対潜水艦哨戒機。米国のロッキード社が1959年、旅客機を原型に開発した対潜水艦哨戒機P‐3A「オライだが、冷戦後、ロシアの原潜は動きを止めた。在日米海軍に所属する10機余りのＰ３Ｃも、三沢基地から半数がインド洋や中東へ派遣されるようになった。

そんな中での日米連携によるミン級潜水艦の追跡劇は、往時の同盟協力の記憶を双方に呼び覚まさせた。

◇

海自と米海軍の協力関係は新たな局面にさしかかっている。

米海軍がハワイ沖で1年おきに開催する環太平洋合同演習（リムパック）は様変わりした。

冷戦期には、各国海軍からなるチームをつくり、約2週間、実戦さながらに戦い、西側陣営の海軍力と結束を誇示した。

米軍は、冷戦後の90年代半ばからは地域紛争への対応に軸足を移し、リムパックもヘリコプターを使って紛争地に取り残された人々の救出や、不審な船舶の検査など、「戦争以外の軍事作戦」*（MOOTOW）が主要なテーマとなった。

19回目となった２００４年は、日本、米国、韓国、カナダ、オーストラリアなど8カ国の1万1千人が参加した。海自はＰ３Ｃ８機、護衛艦4隻、潜水艦1隻を出した。

米海軍は対潜戦の場面を増やそうと、各国に対しＰ３Ｃの参加を例年より多く求めた。しかし、オーストラリアやカナダはイラクやアフガニスタンなどの作戦支援に部隊を出している。結局、日米以外のＰ３Ｃの参加は前回と同じ約10機。

オン」のエンジンなどを新しくした発展型。磁気探知機やソノブイを投下することによって潜水艦を捜索する。ソノブイは２００本近く搭載し、3時間の哨戒が可能。レーダー、ＥＳＭ、赤外線探知システムなどの装備や情報処理のための大型コンピューターも搭載し、対潜爆弾、魚雷、対艦ミサイルなどの攻撃武器も積める。冷戦終了後は、北朝鮮からの工作船など不審船の捜索・発見という洋上哨戒任務も増えた。哨戒とは、敵の奇襲を防いだり、情報を収集するなどの目的をもって、ある特定の地域を計画的に見回ること。

戦争以外の軍事作戦　ＭＯＯＴＯＷはMilitary Operations Other Than War の略。国連

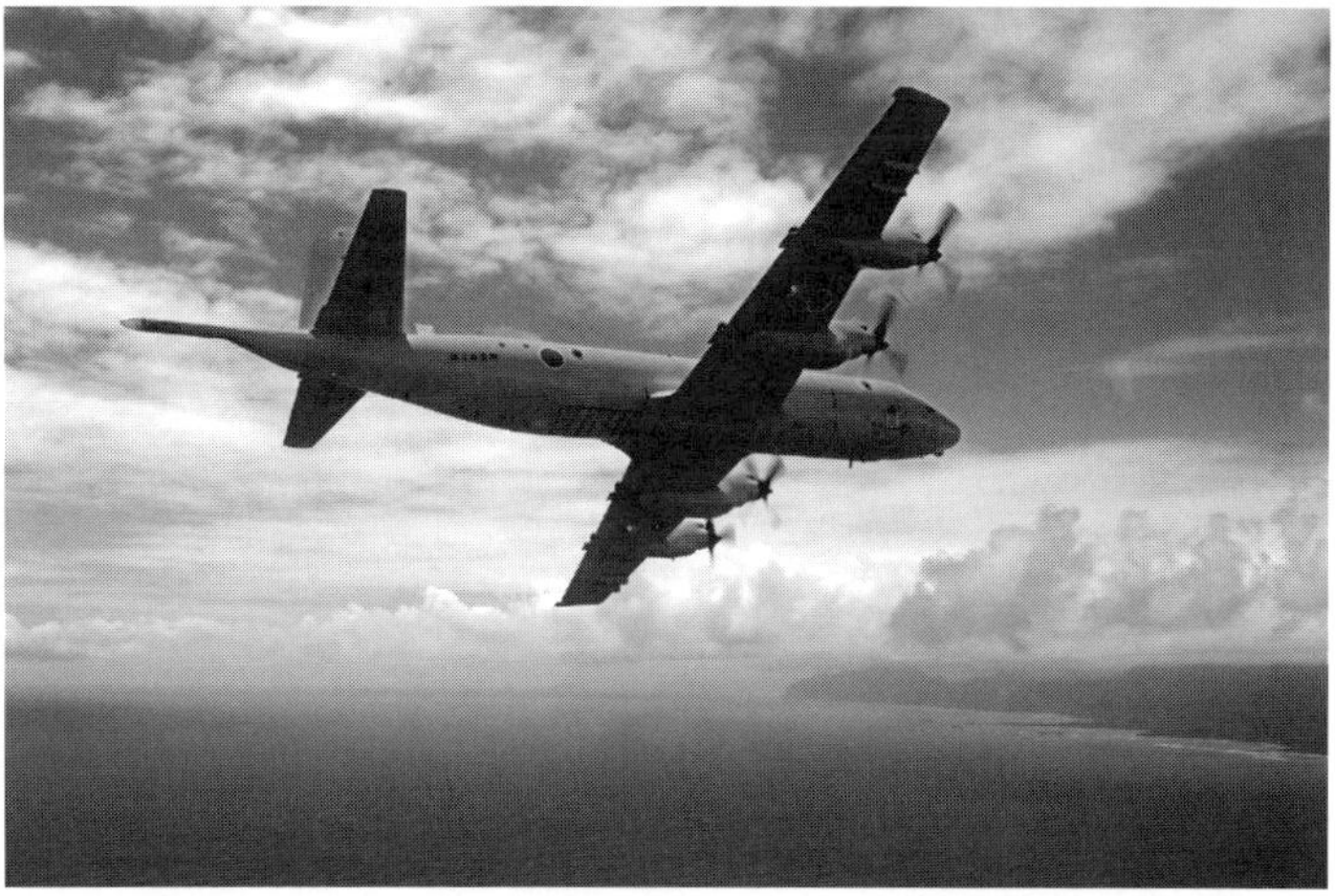

環太平洋合同演習「リムパック」で訓練する海自のＰ３Ｃ哨戒機＝米ハワイ沖で

環太平洋合同演習「リムパック」に参加した海自潜水艦「なるしお」の艦内＝米ハワイ沖で

対潜戦の訓練の比重もさほど変わらなかった。
海自幹部は今さらながら「各国ともテロとの戦いを優先させている」ことを思い知った。

◇

リムパックの変化を目の当たりにして、海自は日本近海での日米共同演習をより重視するようになった。「避難民救援などは軍事同盟の軸になりえない」（幹部）からだ。ただ、日米の視野は必ずしも一致していない。

2003年11月。東シナ海で初めて、米空母機動部隊と海自が訓練した。水深約300メートル以下の「浅い海域」がほとんどの東シナ海で、対潜戦訓練が繰り広げられた。

米太平洋艦隊の幹部はこう解説する。
「冷戦時代に蓄積した深い海でのノウハウでは対応できなくなってきている」
東シナ海での訓練で、米海軍の念頭にあるのは、中国の潜水艦とみられる。近代的な潜水艦約10隻を就役させ、さらにロシアからキロ級潜水艦*を導入しようとしている。いずれも浅い海域で運用される。

一方、海自の視線は東シナ海ばかりに向けられているわけではない。商船などが通る太平洋上のシーレーン*（海上交通）防衛を重視し、太平洋の「深い海」での対潜戦能力を維持するための訓練も続けている。米海軍はそれを激減させた。

の平和維持活動など、多様な政治目的のために武力行使を限定的に使用することをいう。

キロ級潜水艦　中国が1990年代にロシアに発注。4隻が東海艦隊に配備されている。水上排出量2325トン、水中排出量は3076トン。全長73・8メートル。ディーゼル型潜水艦。水中速度は17キロノット。改良型は出力が増大し、水中速度は19〜20ノット。より静粛になっている。兵装は21インチ魚雷発射管を6門持つ。乗員52人。

シーレーン防衛　防衛庁は「海上交通路の安全確保のための作戦」と呼んでいる。海上交通は、①米軍が来援するための基盤となる②日本の継戦能力や生存基盤を確保する、

日米を軍事的に結びつける磁力を持っていた対潜戦――。

「その位置づけが、それぞれで変わってしまった」

海自幹部の言葉は、同盟の重い問題を映し出している。

（岡野直）

尖閣防衛作戦

事件は、政界の視線を自衛隊に向けさせた。

2004年3月24日、中国人活動家7人が*尖閣《せんかく》諸島への上陸を強行し、沖縄県警に約10時間後に逮捕された不法上陸事件――。

翌日の国会で野党議員が質問した。

「武器を持って上陸されると警察力では対処できない。自衛隊1個小隊（約30人）が交代で駐留する必要があるのではないか」

石破茂・防衛庁長官が答えた。

「1個小隊を駐留させる予定はない。しかし、島嶼《とうしょ》部への対侵略能力というものは保持しなければならないと考える」

あいまいな答弁からは、自衛隊が尖閣諸島をどう守るかは見えなかった。

◇

の2点から重要視している。そのために、海上自衛隊は日本の周辺数百海里や、1千海里程度の航路帯で海上交通の安全確保を目標にしている。航路帯とは、船舶を通航させるためにもうけられる比較的安全な海域とされている。

尖閣諸島　東シナ海に散在する5つの島と3つの岩礁の総称。中国名・釣魚島。いずれも無人島で、総面積約6・3平方キロ。うち3島の民有地を国が2002年から借り上げている。日本は1895年の閣議決定を経て実効支配を確立。第2次大戦後、1951年に結ばれたサンフランシスコ平和条約で南西諸島の一部として米国の施政下に置かれ、72年の沖縄返還に伴い施政権が返還された。返還前の68年、日本を防衛する基本的な作戦計画は「防衛警備計画」[*]と呼ばれる。陸海空の各幕僚監部と統合幕僚会議が年度ごとに作る。もっとも秘匿度が高い「機密」扱いだ。

尖閣諸島の防衛作戦は、この防衛警備計画には入っていない。

「首相官邸が承認するわけがない。中国を刺激するようなことはできなかった」

海上自衛隊の幹部はそう言う。

だが、実際には幕僚による「非公式」な研究は各種存在し、尖閣諸島への侵略に対応するためにどう動くかというプランが練られている。

◇

研究を加速させたきっかけは、米政府高官の発言だった。

クリントン政権時代の１９９６年9月、ウォルター・F・モンデール駐日大使は米紙のインタビューにこう語った。

「米軍は尖閣諸島をめぐる紛争介入を日米安保で強制されない」

国務省の報道官も、日米安保が尖閣諸島に適用されるかどうかでは、明言を避けた。中国との協調路線を優先させ、日中間の領土問題に巻き込まれるのは避けたいという政権の思惑があった。

当時は、冷戦後の存在意義があいまいとなっていた日米同盟を立て直すため、「日米防衛協力のための指針」[*]（ガイドライン）の見直し作業が日米間で始まったばかりだった。それだけに防衛庁の背広組や自衛隊の幹部らは衝撃を受けた。

国連の学術調査で周辺に石油資源が埋蔵されている可能性が指摘されて以来、中国、台湾が領有権を主張し、領土問題が顕在化した。最近は中国の調査船が周辺海域の海洋調査を繰り返している。

防衛警備計画　正式には「防衛、警備等にかんする計画」。年度ごとにつくられるため、略して「年防」と呼ばれる。その年の武力攻撃に対する対処内容などを定める。

日米防衛協力のための指針（ガイドライン）　米軍と自衛隊の共同対処行動の指針となるもの。最初に策定された１９７８年のガイドラインの構成は①侵略を未然に防止するための態勢②日本に対する武力攻撃に際しての対処行動

日本外務省や防衛庁による激しい抗議を受けて、米政府高官は「間違いだった」と、発言を撤回した。しかし、制服組の疑念が消えたわけではない。

数年後、尖閣を含む南西諸島の防空を担う沖縄県・那覇基地に赴任した航空自衛隊の幹部は自問した。

「尖閣諸島防衛の計画を、自衛隊は持たなくていいのか」

ある日、*米軍嘉手納基地で作戦計画を担当する空軍大佐を非公式に訪ねた。

「尖閣や南西諸島防衛の共同研究をやる必要があるのではないか」

大佐の答えは素っ気なかった。

「そうした計画はない」

やはりそうか——。この空自幹部は独自に動き始めた。モンデール大使発言をきっかけに陸自や海自でも「尖閣防衛」研究の機運が高まっており、それぞれの立場で作業が進められた。

◇

例えば空自のある部隊は、沖縄本島の南西約３００キロにある下地島を戦闘機の中継基地として利用する構想を描いた。

那覇基地から尖閣諸島までは４００キロ余り。中国や台湾のほうが近く、戦闘機を尖閣諸島上空に飛ばされた場合、自衛隊が航空優勢（制空権）を確保できるという見通しがなかったからだ。下地島は３千メートルの滑走路があり、対空火器などを置くスペースも周囲にある。実現性は度外視した内部検討ではあったが、

など③日本以外の極東における事態で日本の安全に重要な影響を与える場合の日米協力、からなっている。

冷戦終了と96年の日米共同安保宣言を受けて、97年に新ガイドラインが策定された。その構成は①平素から行う協力②日本に対する武力攻撃に際しての対処行動など③周辺事態に際しての協力の３分野。周辺事態とは、政府の定義によれば「そのまま放置すれば、我が国に対する直接の武力攻撃に至るおそれのある事態など、我が国周辺の地域における我が国の平和と安全に重要な影響を与える事態」であり、朝鮮半島や中台間の紛争などが想定されている。周辺事態で米軍を支援するため、政府は新ガイドラインに基づき「周辺事態安全確保法」を制

理想的な場所に思われた。

ところがブッシュ政権になって米国の姿勢は、またも変わる。

3月の上陸事件の直後、米国務省の副報道官は明言した。

「尖閣諸島は日本の施政の下にあり、日米安保条約は尖閣諸島に適用される」

だが、さすがに制服組に浮かれたような気分はない。

海自幹部がこういぶかる。

「米国は、日本以上に中国を大国とみている。これだけ相互依存が深まった時に、尖閣諸島で中国と本当に事を構えるだろうか」

尖閣諸島をめぐる米国の姿勢の変遷は、日米同盟のきずなも、ときに米中関係など国際情勢に左右される「変数」となることを教えている。


（岡野直）

「台湾駐在武官」

「将軍」と呼ばれる日本人が、台湾にいる。

長野陽一・元陸将補（56）。

防衛大学校を卒業して陸上自衛隊に入り、中国の防衛駐在官、北海道の第1特科団長などを歴任。退官後の2003年1月、台湾で大使館機能をもつ民間団体

定。米軍に対して、自衛隊が補給、輸送、修理・整備、医療、通信、空港・港湾業務、基地業務を提供する。

米軍嘉手納基地　嘉手納町、沖縄市、北谷町にまたがる広さ約2千ヘクタールの米空軍飛行場。米軍が東アジアで持つ最大の3700メートル級の滑走路2本があり、F15戦闘機を擁する第18航空団を主力に空中給油機やヘリコプターなど約100機が常駐する。1945年に旧日本軍の飛行場を米軍が占領したのが始まり。ベトナム戦争では出撃基地となり、イラク戦争では所属部隊が派遣された。嘉手納弾薬庫地区、陸軍貯油施設が連動して所在しており、米空軍を中心に海軍及び海兵隊が共同使用する米国によるアジ

「交流協会」の主任に着任した。

　1972年の日台断交以後、日本は中国に気を使い、台湾と一定の距離を置いてきた。元自衛官の赴任は日台断交後、初めてだ。

◇

　2003年12月12日、台北市内の高級ホテル。

　交流協会が開いた天皇誕生日を記念するパーティーに、長野主任は台湾国防部（国防省）幹部や米仏韓などの元軍人を招いた。全員、背広姿。10人ほどの輪の中心に、長野がいた。

　台湾で軍服着用が許されるのはハイチやセネガルなど、外交関係がある中南米やアフリカを中心とした27カ国に過ぎない。集まった元軍人の母国は台湾ではなく中国と国交を持つが、台湾の軍事情報や武器売買には国益が絡む。その思惑を背景に、私服の元軍人、つまり事実上の「台湾駐在武官」として勤務している。

◇

　陸将補は旧軍でいう少将に相当する。長野主任の起用は、1996年3月の台湾総統選を牽制《けんせい》して中国軍が行ったミサイル演習が一つのきっかけだった。

　防衛庁は発射ミサイルを十数発と予測、「中台は低レベルの武力紛争に陥る可能性がある」と首相官邸に報告した。が、米空母2隻の急派が中国の反応を抑制し、結局、ミサイルは4発に終わった。台湾独力の防衛に危機感を抱いた当時の*李登輝《リートンホイ》総統は改めて「国家安全会議」に指示した。

ア戦略の一大総合拠点基地といわれている。

李登輝　1923年1月、台北県三芝郷の農家の生まれ。旧制台北高校を経て京都帝国大学農学部で学んだが、日本の敗戦で台湾に戻り台湾大学を卒業。二度の米国留学の後、故・蒋介石総統の長男、故・蒋経国氏に見込まれ政治家に転じた。行政院政務委員（無任所相）、台北市長、台湾省主席（現在の省長）を経て、84年副総統に選出された。88年1月の蒋経国総統の死去に伴い、副総統から台湾出身者として初めて総統に就任した。96年3月の台湾初の総統直接選挙で、国民党主席の李氏が、地すべり的な勝利で初代の民選総統に選出された。

「日米との安保対話を急げ」

2002年3月、台湾は国防部長（国防相）と米国防副長官との会談に成功した。だが、日本との交流は簡単には進まない。

2000年5月に登場した陳水扁《＊チェンショイビエン》総統は日本との対話重視を掲げ、「米軍に詳しい海上自衛隊の現役自衛官の派遣」を求めた。

誰を送り込むか――。

外務省は中国の反発を心配した。だが防衛庁は台湾海峡危機で「米軍頼みの情報ばかりだった」（幹部）ことを反省していた。米台の軍事的接近に関する情報収集の必要性も感じた。両者は「中国に誤解を与えず、軍事情報に精通した人間を送り込む」ことで折り合い、「中国通の陸自ＯＢの派遣」で決着した。

◇

中国と台湾。そのはざまで、長野主任は「仕事をしようと思うほど、苦しみが増える」と悩む。

中国は水面下で、この人事に抗議してきた。

小泉純一郎首相の靖国参拝で、日中軍事交流は停滞している。2001年の李登輝訪日、2003年の森喜朗・前首相の訪台……。

「中国の目には日本が台湾独立を支持しているかのように映る」（外務省

長野主任はふと、台湾軍側の冷めた視線も感じる。

「将軍に話すと、日本外務省に漏れる」

陳水扁　1951年2月、南部の台南の貧農の家に生まれ、苦学して台湾大を出て、弁護士になった。80年には美麗島事件で逮捕された民主活動家の弁護をして名をあげた。86年には自らも誹謗《ひぼう》罪で投獄された。民進党内では中間派に属し、台北市議、立法委員（国会議員）を経て、94年に台北市長に。クリーン市政を看板に、政策を進めた。98年の市長選で敗北。00年3月の総統選で当選。02年7月に民進党主席に就任。04年3月の総統選で再選、5月に就任。

中国まで数キロの台湾・金門島。海岸線に、レールを加工した上陸防止用の障害物が設置されている

島嶼防衛のためにできた陸自西部方面普通科連隊のヘリボーン訓練＝長崎県佐世保市の相浦駐屯地で

そんな警戒のまなざしだ。

英米などと異なり、日本の在外公館では、暗号を使った公電をいったん外務省に集める取り決めがある。軍部が独走した戦前への反省からだ。

外務省と防衛庁の覚書によれば、防衛駐在官が防衛庁と直接やりとりできるのは電話やファクスによる事務連絡程度だ。

◇

2003年9月4日、台湾の宜蘭で陸海空総合演習「漢光19号」があった。陳総統が観閲するなか、アナウンスが流れた。

「中国偵察艦と日本偵察機が現れた……」

中国と同様、日本もまた仮想敵国とみなすような空気。総統府高官は、日本の防衛力強化を「日本の狙いが分からないので心配だ」と話す。

東アジアの複雑な地政学の中で「台湾駐在武官」をどう位置付けるか。正面から議論する動きは、日本政府や国会にもない。


（牧野愛博）

新シナリオ

「2008年以降、危機の可能性が高まります」

防衛計画の大綱　日本の防衛力のあり方やその具体的な整備目標など、防衛力の整備、維持、運用に関する政府の基本的指針。1976年に初めて策定され、冷戦後の国際情勢の変化をうけて95年に改訂。さらに04年12月に新しい大綱が閣議決定された。陸上、海上、航空自衛隊の基幹部隊の規模、編成および主要装備の上限量が「別表」として示されている。

中期防衛力整備計画（中期防）　防衛力のあり方を示す「防衛計画の大綱」に基づき、5年間の防衛力整備の内容を示す計画。防衛力整備の方針や主な内容、経費などを示す本文と、主要装備の規模を示予言めいた言葉が新しい「防衛計画の大綱*」と中期防衛力整備計画*（中期防）づくりの過程で語られていた。

防衛庁幹部は２００４年11月、ある根回しのために与党安全保障プロジェクトチームの額賀福志郎・座長らを訪れた。その中での話だ。

「北京五輪のある08年以降、中国と台湾の戦力バランスは中国優位に転じます。最新鋭のロシア製戦闘機スホイ27、スホイ30を増やすからです。台湾に近い南西諸島も影響を受けかねません」

南西諸島が攻撃された場合、どちらが何時間、航空優勢（制空権）を保っていられるのか。戦闘機の数、搭載ミサイルの性能などから、日中の優劣をシミュレーションした。

「日米と中国では、航空自衛隊と在日米空軍が優勢ですが、数年後は分かりません」

そんな予測も伝えた。

「ですから――」

この幹部が示した「対策」は、航空自衛隊が沖縄に配備している旧式のＦ４戦闘機をＦ15戦闘機*に代え、南西諸島上空での戦闘機の滞空時間を延ばすことだった。航続距離などが優れ、４倍の滞空時間を確保でき、「敵機」に対し優位を保てる。

それにしても日中間でどんな軍事衝突のシナリオがありうるのか。幹部の答え

す別表からなる。中期防をもとに、単年度の予算が組まれる。２００４年までの中期防は01～05年度の防衛関係費の総額の上限を約25兆１６００億円とし、装備では戦車91両、護衛艦５隻などを整備すると定めている。新大綱策定に伴い、04年12月に閣議決定された中期防は05年度から09年度を対象にしている。

Ｆ15戦闘機　米マクドネル・ダグラス社が開発。米空軍の本格的な制空戦闘機で１９７２年に初飛行、74年から就役。すぐれた運動性能を備え、長距離捜索、下方監視、目標選択、空対空射撃などが乗員１人で可能。航空自衛隊は80年度から取得開始。空自が使用しているのはＦ15Ｊタイプと、複座式のＦ15ＤＪ。

はこうだった。

「現実に起こるというわけでなく、外交力の下支えとして戦闘機は必要なのです」

◇

だが、これまで自衛隊が「外交の下支え」として認知されてきたとは言い難い。F15部隊の沖縄移転は、1995年にそれまでの防衛大綱を見直した際にも提起された。

「中国を仮想敵視するのはよくない」

そんな声が政府内から出て、実現しなかった。

陸上自衛隊も1990年代半ばに、南西諸島の防衛を本格的に検討した。

「中国が1992年に尖閣諸島などの領有をうたった領海法を制定し、危機感を持った」

陸幕長経験者はこう振り返る。

2002年に離島防衛を担当する西部方面普通科連隊*ができた。だが、配備先は長崎県・相浦駐屯地だった。熊本市に司令部のある西部方面隊は管区内に約2600の離島を抱える。その中には、台湾に近い南西諸島も含まれる。有事の際はヘリコプターで移動する想定だが、途中、給油できる施設のある島はほとんどない。

「西方普通科連隊の配備先としては沖縄も検討したが、地元の反対も考慮した」

西部方面普通科連隊　離島でのゲリラ攻撃に備える専門部隊で、師団に属さず初めて方面隊直轄の普通科連隊にしたのは、機動性を重視したため。

新大綱は、軍事動向を注目すべき国として「中国」を初めて明記した。「島嶼部に対する侵略への対応」も新しい任務に位置づけた。中期防で、沖縄の陸自部隊は混成団（約１８００人）から数百人多い旅団*に格上げされる。

防衛庁はＦ15部隊を沖縄に移転させる方針だが、大綱や中期防の説明資料にはあえて入れていない。受け入れ先の反発も予想され「地元との調整がこれからだから」との理由だ。

◇

それでも防衛庁内には楽観的な空気が強い。

「今、中国への『懸念』を述べて、反発する国民は少ないだろう。与党からも反対はなかった」

新大綱作成にかかわった幹部は言う。

背景には、中国の海洋活動の広がりがある。日本の排他的経済水域（ＥＥＺ）内での海洋調査に加え、２００４年11月には中国原潜による領海侵犯事件が起きた。防衛庁幹部は「原潜は海底地形を熟知していた」という。たどった航路は、海自が持つ海底地形図では海底に衝突しかねない水深だった。にもかかわらず、原潜は一度も浮上することなく、速度を保って母港のある中国東北部へ帰還した。

◇

とはいえ、外国の軍事力の予測や評価には、あいまいさがつきまとうのも事実だ。防衛庁が示した中国の戦闘機の増加も、「今の導入のペースが続いた場合」

旅団　師団を小型化した部隊単位。通常は３千人から４千人規模。旅団長は陸将補の場合が多い。

というただし書きがつく。

中国側はこうした自衛隊の新たな態勢に「台湾に日本との軍事協力がありうると、誤ったメッセージを与えかねない」（在京中国大使館）と反発する。

軍事力の増強がもたらす互いの不信——。それをやわらげるのが政治と外交の力だが、同時に制服レベルの防衛交流も欠かせない。ロシア海軍と海上自衛隊の艦艇は1996年から毎年、相互訪問している。

日中間でも1998年の久間章生・防衛庁長官が訪中したときに、相互訪問が合意された。だが、小泉純一郎首相の靖国参拝問題もあり、6年たっても実現していない。

（岡野直）


【インタビュー】

江畑謙介（拓殖大学海外事情研究所客員教授）

——自衛隊の防衛力・装備は適正ですか。

「軍隊の役割が変わってきました。冷戦時代までは敵の軍事力を破壊すること。今はそれだけではなく、平和維持活動と人道支援を遠隔地で行える能力が要求さ

れます。基本的に自衛隊は、こうした『国際貢献』用の装備、例えば大型輸送機や高速多目的輸送艦などの導入と、情報通信システムの整備を進めるべきでしょう。この分野に防衛調達費の3割くらいかけてもおかしくはないと思います。イラクに派遣された隊員はいつでも好きなときに家族と電子メールで交信できるようになって、士気が高まりました。ブロードバンドの通信を応用すれば、ハイビジョン衛星画像を見て遠隔地から治療の指導をすることもできます」

――諸外国と比較して、いかがですか。

「アメリカや欧州諸国は、戦車の調達をやめたり減らしたりして、重装備よりテロ対策や緊急展開用の部隊に力を入れています。日本は、『ソ連の脅威』につい最近まで、あまりに長くとらわれていたと言えるでしょう。もっと早く冷戦時代の思考から抜けて、安く効率の良い装備に転換すべきでした。結果として、国民・納税者は、今とこれからの世界に対応できない『見てくれの良いおもちゃ』のために長く税金を支払い続けることになってしまったのです」

――具体的に説明してください。

「既存装備の近代化を無視してきました。例えば、74式戦車*は1974年の導入当時から全く変わらなかったし、そのため旧式化してしまったからという理由で開発された90式戦車*は、重量が50トンと重すぎて日本の道路を思うように走れません。しかも、その戦車をまだ造り続けています。さらに、ロシアからの航空攻撃対処用に造ったイージス艦4隻も、『けがの功名』的に弾道ミサイル防衛に使

江畑謙介　1949年生まれ、上智大学大学院理工学研究科機械工学専攻博士課程修了。81年から01年まで英国の防衛専門誌「ジェーンズ・ディフェンス・ウィークリー」の日本特派員。防衛問題に関する著作多数。

74式戦車　陸上自衛隊の主力戦車。1974年に導入されたため「74式」と呼ばれる。105ミリ戦車砲のほか、重機関銃などを備える。4人乗りで、重量は約38トン。最高速度は時速53キロ。

90式戦車　陸自の最新鋭主力戦車。戦後の戦車では第3世代にあたる。セラミック、チタンをあわせた頑強な複合装甲で高い防御力を持つ。自動装填装置と油気圧式懸架装置

えるようになりましたが、冷戦が終わった時に建造計画を見直すことなく、さらに2隻も造ったのは民主主義国の防衛計画としてはおかしいと思います」

――今後の防衛力整備のあり方は。

「正面装備・ハードウエアは現在のままでも、ネットワークで結べば非常に効率が良くなります。例えば今、F15戦闘機のレーダーを取り換えていますが、古いレーダーであっても情報をネットワークによってリアルタイムで共有できれば、脅威の認識が早くなり、結果的にレーダーを換える以上の効果が得られます。『軍艦が何隻必要か』という考え方も古いと言えます。ネットワークで結べば、5隻必要だったのが3隻で済むかもしれないでしょう。また、陸自と空自が別々に輸送ヘリを持つ必要があるでしょうか」

――モデルになる国はありますか。

「アメリカばかり見ている時代でもありません。例えば国防費を大幅に削減しつつ、ネットワーク化を進めるスウェーデンが参考になります。民間情報インフラを使って2005年に大規模な実験をして、2010年ごろに実用システムを完成させる構想を進めています。アジアでは一番シンガポールが進んでいると思います。日本ほどぜいたくな装備を持っていなくても、IT（情報技術）国家の特性を生かして装備の調達・改良をしています。さらに台湾も、指揮・通信分野に多くの予算をあてています」

――日本周辺の安全保障環境から見て、今後、重視すべき点は。

で様々な態勢での射撃が可能。またパッシブ方式の赤外線暗視装置で夜間でも昼間同様の射撃ができる。乗員3人。重量は50トン。

「日本周辺にはまだ、朝鮮半島に不安定な冷戦構造が残っていますが、北朝鮮には日本に直接侵攻できるだけの能力はありません。当面必要なのは弾道ミサイルに対する防衛と沿岸の監視態勢でしょう。極東ソ連軍を考えたような重装備は不要です。平和維持・人道支援活動にも応用がきく『市街地戦』とか、『島嶼防衛』のための装備や訓練施設の整備を積極的に進めていくべきでしょう」

（２００３年12月　聞き手・田井中雅人）

第5章　進む「改革」

コード「5055」

自衛隊と米軍が朝鮮半島有事をめぐって、「5055」というコードネームを付けた日米共同作戦計画を策定し、調印していた。最高度の秘密区分である「機密」扱いだ。

朝鮮半島で戦う米軍への支援と同時に、数百人規模の武装工作員の日本への侵入を想定し、その場合には自衛隊が単独で対処する。2004年末に閣議決定された新「防衛計画の大綱」も、この作戦計画を前提にしている。

ただ、朝鮮半島情勢の急変に備えて早く作成することを優先させたため、警察など関係機関との調整が不十分なままの内容となっている。

◇

「5055」は、1997年の「日米防衛協力のための指針（新ガイドライン）」を受けて生まれた、共同計画検討委員会（BPC）で作成された。自衛隊の統合幕僚会議事務局長や在日米軍副司令官が中心メンバーだ。

新ガイドラインでは共同作戦計画に加え、警察の運用などが対象となる相互協力計画の検討が盛られているが、「５０５５」に一本化することになり、２００２年に密かに調印された。

「５０５５」は、９・11同時多発テロ後に日米の制服組が調印したものとしては、初めての共同作戦計画だ。その構成は、

①攻撃を受けて遭難した米軍人の捜索・救難など米軍への直接的な支援

②米軍が出撃や補給をする拠点となる基地や港湾などの安全を確保

——などからなっている。

◇

想定されている一つのケースに、北朝鮮の武装工作員ら数百人による上陸がある。陸上自衛隊は警護対象として、米軍基地や日本海沿いの原発など重要施設１３５カ所をリストアップした。

海上自衛隊は原発などの沖合に護衛艦や哨戒機などを待機させ、工作船などを警戒する。また、浮遊機雷を掃海するなどして朝鮮半島と九州北部とを結ぶ輸送ルートを確保する。航空自衛隊は早期警戒管制機での情報収集や、Ｃ１３０輸送機などで朝鮮半島からの避難民の輸送支援をする。

日米間でこんな議論があった。

自衛隊「数千人の武装工作員が日本に上陸しうる」

米軍「多くても数百人だろう。これはわが国の専門家の分析だ」

日本側が歩み寄り、基本的に自衛隊単独で対処することになった。

◇

これをきっかけに、自衛隊は侵略対処の重点を、ゲリラや武装工作員に移した。年ごとに改定される防衛計画でも、2004年度から、北海道にある20余りの連隊のうちの半数が首都圏防護のために移動し、重要施設を警護する計画が盛られた。「武装工作員の首都圏侵入」に対応するためだ。

新防衛計画の大綱策定をめぐり、最大の焦点となったのが陸自の定数削減だった。財務省は4万人削減を主張したが、陸自が強硬に反対した。「5055」で想定されているゲリラ・工作員対処が、「最も人手のかかる作戦」（陸自幹部）という理由が大きかった。

防衛庁は定数問題の折衝のなかで、1996年に韓国で起きた北朝鮮工作員ら二十数人による侵入事件で、韓国軍が最大6万人を動員して対処に約50日間かかった例を挙げた。

新大綱には、工作員などが侵入した地域にすみやかに部隊を派遣する「中央即応集団」も新設された。

◇

「5055」が2002年に調印されたのは、「朝鮮半島情勢が急変する可能性は常にある」（米軍関係者）との懸念があったからだ。結果として国内の関係省庁や自治体との調整作業は積み残しとなった。

これまでの日米共同作戦計画

完成の年	コード番号	シナリオと主な作戦
1984年	5051	極東ソ連軍の侵攻。北海道への陸上部隊の集中。
1995年	5053	中東有事の日本への波及。海上交通路の防衛など。
2002年	5055	朝鮮半島有事。米軍への支援、重要施設の警護など。

※米軍の作戦計画のうち5000番台はアジア太平洋地域が対象。朝鮮半島有事では、米韓共同作戦計画「5027」などが知られている。

陸自は２００２年から各道府県警と治安出動を前提とした図上演習を行っている。だが、米軍基地や他の重要施設の警護で、どこを優先し、どう任務を分担するかという協議は遅れている。米軍支援も、港湾や空港の警備など警察や国土交通省などが管轄する分野は空白で、「穴だらけの計画」（防衛庁幹部）となっており、日米間で改定を続けることになっている。

新大綱で、陸自の定数は５千人削減されたが、現在の実数と比べれば、やや上回る水準だ。新大綱で示された自衛隊の姿は、マンパワーでみる限り現状維持に近い。

冷戦後に欧米の軍は、大規模な削減努力を続けてきた。日本とは安全保障環境が異なるとはいえ、１９９０〜２００３年の間、自衛隊の２％減に対し、欧米の軍は30〜51％も減らしている。

自衛隊が冷戦時代からの規模にこだわる理由の一つに「５０５５」がある。

（自衛隊50年取材班）

ゲリコマ

ゲリコマ――。

聞き慣れない言葉だが、陸上自衛官で知らないものはいない。

破壊工作のために国内に侵入するゲリラ＊（不正規兵）とコマンド＊（特殊部隊）の略だ。日本列島の各地で今、その対処訓練が行われている。

《武装工作員7人が宮城県内に潜入し、石巻市で県警のパトカーを携帯用ロケット砲で爆破した。政府は「重要な施設を破壊しようとしている」と判断し、治安出動＊を発動した。南東北を担当する第6師団の部隊が、潜伏している工作員を追いつめるため派遣された。》

２００３年11月、宮城県・王城寺原演習場での「武装工作員対処訓練」は、こんな想定で行われた。

工作員が潜んでいるとみられる山を、ヘリや車両を使って大きな輪を描くように取り囲み、じわじわと輪を縮めていく。緑と黒の迷彩を顔に塗った隊員たちは、無言のまま。合図はすべて手信号。

突然、枯れ葉の下に隠れていた敵兵役の2人が躍り出た。北朝鮮兵にそっくりの軍服を着た相手との空砲同士での銃撃戦が始まる。ナイフで襲いかかる別の敵兵には素手で挑み、組み伏せて生け捕りに。10分余りで「制圧」した。

◇

ゲリコマ対策を始めたきっかけは、１９９６年の北朝鮮潜水艦乗員の韓国侵入事件や、99年の能登半島沖での不審船事件だった。

ゲリラ（不正規兵）　不正規の武装団体が行う変則的な戦闘行為や遊撃戦。あるいはその組織をいう。スペイン語が語源で、もともとは小戦闘を意味している。

コマンド　特別に訓練された小規模の部隊が敵の戦力圏に入り、重要施設の破壊、情報収集などを行う。元来は、特別に訓練された兵士からなる英軍部隊を指し、その後、戦略的な目的で行う襲撃行動を意味する英軍用語となった。米国のレンジャー部隊に相当する。南ア戦争（１８９９〜１９０２）で、英国軍を奇襲によって苦しめたブール人の農民たちにつけられた名前が「コマンド」だった。

治安出動　自衛隊の主な行動

防衛庁と国家公安委員会は２０００年、武装工作員の潜入に警察と自衛隊が共同で対応するため、治安出動での連携を定めた協定を改正した。

それまで陸上自衛隊の訓練は、旧ソ連軍が戦車などの地上部隊を北海道に上陸させて攻めてくる「着上陸侵攻」を想定したものだった。向き合う脅威は大きく変わりつつある。テロ対策の年間訓練時間の割合は２００２年には2年前の14・3倍にまで増えた。

だが、新しい訓練での戸惑いは多い。自衛隊の本来の任務であり、敵の侵攻から日本を守る「防衛出動」では相手を撃退するため、殺傷をためらうことはない。治安出動は、警察官の役割を自衛隊が果たすことになるため、使用する武器も相手と同レベルにするのが原則。だから第6師団の訓練では、相手の攻撃が銃撃からナイフの格闘に移った途端、隊員は小銃による応戦をやめ素手の格闘に切り替えるという不思議な場面もあった。

若手の鈴木克明・2曹が言う。

「治安出動では、どうしてもオーバーキル（過剰に殺傷すること）が、心配になります」

◇

旧ソ連の崩壊から12年たった２００3年、防衛庁はようやく防衛白書で「着上陸侵攻の可能性は低い」と書いた。代わって、テロや弾道ミサイルなど「多様で複雑な脅威」への備えを重視するようになった。

として、防衛出動のほか、自衛隊法78条で「命令による治安出動」、同81条で「要請による治安出動」がそれぞれ定められている。「命令による治安出動」とは、間接侵略その他の緊急事態が起き、警察力では治安を維持することができないと認められる場合に、内閣総理大臣の命令によって自衛隊が出動する。国会の事後承認が必要。自衛隊による武器使用は警職法が準用され、相手を殲滅する「武力の行使」とは異なる基準で武器が使われることになる。「要請による治安出動」は、都道府県知事が治安維持上、重大な事態であると認め、内閣総理大臣に要請。それを受けて総理大臣が命令を下す。武器使用などは「命令による治安出動」と同じ。１９６０年の安

ゲリコマ、離島防衛、米軍基地警備……。様々な事態に備えるため、陸自は訓練メニューを増やすようになった。ただ、部隊の戦闘能力は、大型火器を総合的に使う対着上陸侵攻訓練で養われる、とする考え方が隊内には根強い。新しい訓練が増えても、同時にこれまでの訓練もこなさなければならない。

冷戦後、「コンパクト化」をめざした政府の方針によって、陸上自衛隊の13の師団のうち最初に部隊の規模が縮小されて旅団編成となった第13旅団（司令部・広島県）は、隊員の定数が師団時代の7千人から4千人に減った。

冷戦時代には、北海道がソ連に侵攻された場合に真っ先に派遣される増援部隊として位置づけられていた。旅団となった後も、そのための訓練は継続している。だが、13旅団が受け持つ中国5県は、日本海をはさんで北朝鮮と向き合う。受け持ち地域の海岸線は250キロ。過去に北朝鮮の工作員が潜入したこともある。原発や米軍の弾薬庫を抱え、テロに対する警戒任務も重みを増している。

同旅団幹部はこう語った。

「ゲリコマ対処から着上陸侵攻の大型火力を使った訓練まで、多様で幅広くやらなければならない。イラクを意識しているわけではないが、自爆テロを防御する訓練までもだ」

ポスト冷戦期のいま、なお具体的な脅威の姿が一つに像を結んでいない。

（谷田邦一）

保闘争の際に、政府は治安出動を検討し、自衛隊もそれに備えたが、当時の赤城防衛庁長官の反対によって命令が下されることはなかった。治安出動は、自衛隊が守るべき国民に対して銃を向けることになるため、極めて慎重に判断される必要がある。このため、54年の自衛隊発足以来、一度も発動されていない。

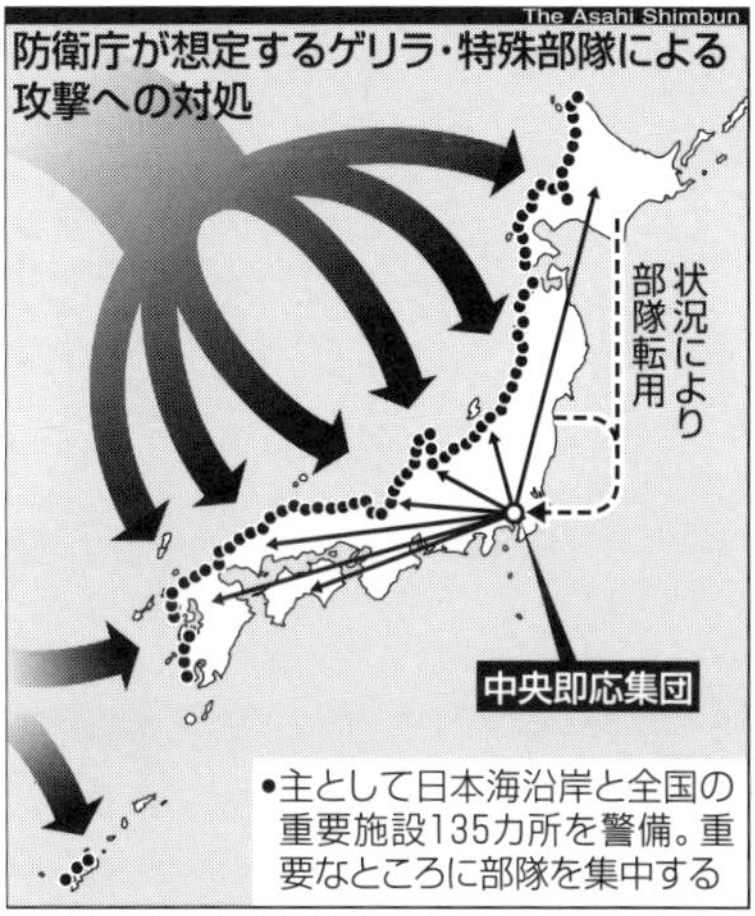
The Asahi Shimbun
防衛庁が想定するゲリラ・特殊部隊による攻撃への対処
状況により部隊転用
中央即応集団
•主として日本海沿岸と全国の重要施設135カ所を警備。重要なところに部隊を集中する

実戦さながらの模擬戦を繰り広げる第13旅団の隊員たち＝広島県海田町の海田市駐屯地で

特警隊

自衛隊は秘密の多い組織だ。中でも最近生まれた、ある部隊の「秘密の壁」は抜きんでて高い。

海上自衛隊の特別警備隊（特警隊）。

2001年3月に発足したが、一度も公開されておらず、詳細な説明もない。防衛庁は外部からの問い合わせを想定し、こんな応答のマニュアルをつくった。

問「公表できないことばかりだが、秘密組織にするのか。それで国民の信頼を得られるのか」

答「可能な限り誠実に回答している。だが、一部は作戦や能力などに直結し、我が国の安全保障に影響を及ぼしかねないので公表を控えている」

◇

特警隊は、1999年3月の能登半島沖の不審船事件*をきっかけに、政府の対策の一つとして誕生した。

海保だけでは不審船に対応できないと認められる場合、政府は「海上警備行動*」を発動し、自衛隊が出動する。特警隊は、不審船に立ち入って武装解除を求める、といった危険な任務を担う特殊部隊だ。

基地は広島県江田島町で、部隊規模は約70人。英国の特殊空挺《くうてい》部隊（SAS）などを手本にし、必要な語学力や空中や海上からの強行突入術、狭く暗い場所で

能登半島沖不審船事件　99年3月23日早朝、警戒監視活動中の海上自衛隊の哨戒機P3Cが、日本海の佐渡島西方と能登半島の東方の領海内で2隻の不審船を発見。海上保安庁に通報するとともに、護衛艦「みょうこう」「はるな」を派遣した。海上保安庁は不審船に対して停船命令、威嚇射撃を実施したが、いずれも無視して高速で逃走を続けた。翌24日午前0時45分、小渕恵三首相が海上警備行動の発動を承認。同50分、野呂田長官が海上自衛隊に対して、自衛隊創設以来初めての海上警備行動を発令した。これを受けて護衛艦は停船命令、警告射撃やP3Cによる警告としての爆弾投下を行った。不審船2隻は午前3時から6時にかけて、日本の防空識別圏

の射撃術などを習得する。

「特警隊に秘密兵器はない。何人のチームで動くか、夜間はどうするか。相手にわかった途端に不利になる。だから訓練は見せられない」

初代隊長を務めた海上幕僚監部の山口透・運用課長はこう話す。

海上自衛隊にとって特警隊は、苦い記憶の所産でもある。能登半島沖で海上警備行動が発動された際、一つのドラマが繰り広げられた。

不審船を追尾していた護衛艦「はるな」の食堂に、16人の乗員が立ち入り検査要員として集められた。銃撃戦が予想され、屈強の柔剣道の成績優秀者らが選ばれた。だが、彼らに手渡された武器は、士官用の9ミリ拳銃1丁ずつ。防弾チョッキもない。突然遺書を書き始める隊員もいた。

状況を見守っていた海幕幹部の一人は祈った。

「沈没するか逃げるか、どっちかにしてくれ」

◇

実は、日本にはもう一つ、不審船に対応できる特殊部隊が存在する。

1996年に発足した海上保安庁「特殊警備隊」だ。爆発物などを使った海上テロや船舶乗っ取りなどへの対処が任務だ。

2003年9月、オーストラリア沖のサンゴ海。米豪海軍や沿岸警備隊などが参加した大量破壊兵器の輸送阻止訓練に、特殊警備隊は姿を見せた。

サブマシンガンで武装し、顔全体を覆うヘルメットと防弾チョッキに身を包ん

の外に出たため、防衛庁は護衛艦による追尾を終了した。その後、不審船が北朝鮮の港に入ったことが確認されたため、政府は北朝鮮による工作船と断定し、北朝鮮に対して抗議した。

海上警備行動　自衛隊法82条では、「海上で人命もしくは財産の保護または治安の維持のため特別の必要がある場合」に、内閣総理大臣の承認を得て防衛庁長官が発令する。通常、海上保安庁では対応できない事態が発生した場合に、自衛隊の出動が想定されている。

だ隊員が、ヘリからロープを通じて次々に輸送船に降りていく。

この特殊警備隊も秘密の部分が多い。隊員の名前はもちろん、関連予算額も「装備の内容を想像させる」という理由で公表していない。

なぜ、同じ目的を持つ二つの秘密部隊があるのか。

海保は能登半島沖で不審船を追いきれなかった。２００１年12月の奄美沖での武装工作船事件では、海上自衛隊からの情報を受けた海保の幹部は、すぐさま海幕防衛部長に電話で伝えた。

「今度は絶対に、我々が最後までやり抜きます」

再び不審船を取り逃がせば海上保安庁の存立意義が問われる。切迫した危機感が海保を突き動かす。

かつて日本にとって最大の脅威だったソ連は消滅した。「新たな脅威」である武装工作船は、海自と海保それぞれに秘密部隊を抱えさせ、その領域を近づけている。政治による裁定がないまま、脅威を奪い合うかのような光景に映る。

（牧野愛博）

統合運用

１９９９年３月、能登半島沖で起きた不審船事件。

野呂田芳成・防衛庁長官は防衛庁地下の中央指揮所に入った。

あぜんとした。

「何だ。首相官邸とも運輸省とも連絡がとれないじゃないか」

中央指揮所は、長官が有事の際に作戦指揮をとる部屋だ。各部隊と結ぶ電話は盗聴されないよう特殊な「秘匿回線」となっている。それを一般電話回線に変えるのに手間取った。それまで官邸にかけたことがなかったのだ。

やむなく長官や幕僚長ら自衛隊の幹部約10人は長官室へと移った。指揮所より手狭だが、よほど使い勝手は良かった。

◇

野呂田長官は小渕恵三首相の承認を得て、史上初めて海上警備行動を発令した。不審船を追う護衛艦と海自の哨戒機P3Cは、警告のための射撃や爆弾投下を繰り返した。不審船はことごとくかわした。

長官室には大きな地図が張り出された。不審船の位置は、刻一刻と報告された。地図上にプロットされた不審船の航跡は、朝鮮半島の方向を示していた。

どこまで追跡すればよいのか――。

「北朝鮮の領海手前まで行くべきだ」

そんな意見も出た。空気が次第に重くなる。

平岡裕治・空幕長が立ち上がった。

「防空識別圏*のラインで打ち切りましょう」

防空識別圏　空からの奇襲に備えて、領土から400～500キロを線引きし、その空域を利用する航空機には飛行計画の提示を求めている。それがないと国籍不明機として航空自衛隊機が緊急発進する場合がある。

防空識別圏は、外国機の領空侵犯を防ぐために設けられた空域だ。

「その外まで行けば、北朝鮮の戦闘機が出てきかねない」

と、考えたのだ。

野呂田長官が命令し、護衛艦が引き返し始めた。その直後だった。

「北朝鮮からミグ21戦闘機が発進しました」

長官室にかけこんだ若手の幹部が報告した。北朝鮮の戦闘機4機がラインの向こう側で威嚇するように旋回を続けた。

野呂田は今、振り返る。

「ぐずぐずしていたら戦闘になっていたかもしれない」

◇

事件は自衛隊に重い宿題を残した。

北朝鮮の動きを探るために発進した海上自衛隊の偵察機は、航空自衛隊の早期警戒機Ｅ２Ｃ*がＦ15戦闘機とともに近くを飛んでいることを知らなかった。

高性能レーダーを持つＥ２Ｃは、数百キロ離れた戦闘機の動きも探知でき、実際にミグ21の動きをつかんだ。だが、近くにいる海自機にはミグ21が迫る危険を直接伝えられなかった。Ｅ２Ｃが搭載していた通信機器は、空自の地上施設との連絡を優先する設定になっていたからだ。

海自の偵察機が得た情報は、空幕長には伝わっていなかった。

冷戦時代なら陸海空３自衛隊の運用がばらばらでも、さほど問題にならなかっ

早期警戒機Ｅ２Ｃ　１９７６年９月、ソ連のベレンコ中尉が操縦する戦闘機ミグ（ＭＧ）25が函館空港に着陸し、アメリカへの亡命を求めた。航空自衛隊の奥尻レーダーサイトはミグ25を発見し、千歳基地から要撃戦闘機２機が緊急発進したが、ミグ25が低空飛行に移ったため姿を見失い、領空侵犯と空港への強制着陸を許した。この事件をきっかけに、早期警戒機の導入が決定され、プロペラ機のＥ２Ｃが13機配備された。もともとは米海軍の大型艦載機用早期警戒機として開発され、米海軍は74年から運用を開始。空母艦載機用に開発されたため、主翼がおりたためる。米グラマン社製で乗員は５人。４時間の哨戒飛行が可能。

た。国土防衛では、作戦領域が必ずしも重ならなかったからだ。空自は日本へ攻めてくる大量のソ連機を遠方で阻止することを目指した。海自は米海軍との共同作戦を第一に考え、通信装置も米軍仕様のものを導入した。陸自、空自はそれぞれ独自の通信体系をつくった。

防衛庁は新庁舎となり、中央指揮所の通信機能は高まった。海自機とE2Cとの間での直接交信の訓練も頻繁になった。だが、海自機や空自機の出動は、あくまでそれぞれの自衛隊の判断に基づいていた。

◇

不審船事件から3年たった2002年4月。防衛庁は3自衛隊が一体となって作戦に臨む「統合運用」の検討を始めた。構想では各自衛隊の通信網をネットワークで結び、接近する戦闘機の情報もリアルタイムで共有できるようになっている。

米軍をはじめ、イラク支援や国連平和維持活動に参加する各国の軍の多くが統合を進めている。国際任務の場で、自衛隊だけ調整の窓口が陸海空ばらばらではまずいという事情もあった。

2006年には、これまで3自衛隊の調整役の性格が色濃かった統幕議長に代わって、「統合幕僚長」（仮称）が誕生し、名実ともに制服組のトップとなる。統幕議長の倍のスタッフ約500人も抱えるようになる。米軍の統合参謀本部議長に似た強力なポストだ。

ただ、「統合運用」がうまく機能する見通しが立っているわけではない。

「やってみなけりゃ、わからない」

ある制服組幹部はそう言う。

3自衛隊は作戦のテンポが異なる。秒単位の空自機、時間単位の海自護衛艦、日単位の陸自部隊。その調整は容易ではない。不審船で問われたのは海自と空自の協力だが、さらに陸自も加わる離島防衛ともなれば、調整はより複雑にならざるを得ない。その検討はこれからだ。


（岡野直、牧野愛博）

米軍再編

2004年11月末の感謝祭前。

米西海岸のワシントン州フォートルイスにある米陸軍第1軍団司令部の一角で、イラクから戻った同軍団主力部隊、第3旅団の帰還式典が行われた。

砂漠用の迷彩服に身を包んだ兵士を前に、軍団司令官がその健闘ぶりをたたえた。

テロやゲリラなどの新たな脅威に備えるため、新型装甲車ストライカーが重点配備され、通称「ストライカー旅団」と呼ばれる。輸送機で96時間以内に世界各地の紛争地に展開し、デジタル通信で司令部や偵察機とも戦術情報が共有できる。ブッシュ政権が進める米軍変革・再編（トランスフォーメーション）の産物だ。最新鋭部隊ゆえのイラク投入だった。

第３旅団は、兵力４８００人のうち、死者20人、負傷者約４００人の犠牲を出した。現在は軍団から司令部要員約１００人と、第３旅団と入れ替わりの別のストライカー旅団が派遣されている。

司令部の各部署は空席が目立つ。駐屯地では戦死者が出るたびに葬送式が行われる。

「陸軍である限り、イラク任務は避けて通れない。頭の中は今、それでいっぱいだ」

軍団関係者は、そう説明する。

◇

米軍再編をめぐり日米間で最大の焦点となっているのが、この第１軍団司令部を在日米陸軍司令部のあるキャンプ座間（神奈川県）に移そうという計画だ。

東アジアから中東に至る「不安定の弧*」を潜在的な紛争地域とみなし、より現場に近い「弧」の東端にある日本に、陸軍の戦略拠点を置く狙いだ。

軍団幹部は、日本とフォートルイスとの17時間の時差、航空機で13時間の距離を縮める重要性を強調する。

「陸軍は、同じ時計を見ながら、同じ場所で一緒に行動したがるものだ」

不安定の弧　バルカン半島からパレスチナ、ソマリアとエチオピアなどのアフリカの角、ペルシャ湾岸地域、南西アジア、東南アジア、朝鮮半島に至る地域。米政府が、将来の紛争地域として最も警戒している。２００１年6月には、米国防大学の国家戦略研究所が発表した「グローバルな世紀での課題」が、こうした「不安定の弧」への対応を考慮に入れて前方展開態勢を再検討すべきであると提言している。

第1軍団司令部が日本に移ることで、自衛隊にどんな変化が起きるのか——。陸上自衛隊は陸幕防衛部と研究本部を中心に、担当者たちが検討や議論を重ねている。

在日米陸軍司令部は、その機能を担っていた第9軍団司令部が1995年に廃止され、トップも中将から少将に格下げとなった。米本土の部隊と行う共同訓練で、伝達ミスや情報の遅れが目立ち、アフガニスタンやイラクでの米軍の軍事作戦についての情報も十分に伝わらなかった。

このため、歴代の陸幕長は訪米時には決まって米陸軍参謀長を訪ね、「司令官を（軍団司令部トップのような）中将に格上げしてほしい」と求めてきた。

日本に駐留する米軍のうち第5空軍司令官、第7艦隊司令官はともに中将。

「中将でないと在日米軍の陸海空のバランスがとれなくなり、それは我々のバランスの問題にまで及ぶ」

元陸幕長はそう考えた。

それだけに陸自内には、第1軍団司令部の移転について、それがもたらす「存在感」に加え、陸自に欠けている「経験と情報」を補ってくれるとの期待が強い。

だが、懸念がないわけではない。

いずれは「不安定の弧」への共同対処を求められないか。

「米軍は我々との接点を『不安定の弧』と考えているのだろうが、陸自が彼らに協力するために中央アジアなどに出て行くなんて考えられない」

ある陸自幹部はそう言う。

◇

米軍の変革を視野に入れ、陸上自衛隊も緩慢な速度ながら、日本型トランスフォーメーションに踏み出そうとしている。

2004年12月にできた新しい防衛大綱は、冷戦時代の大規模侵攻に代わり、テロやゲリラを新たな脅威と見なすようになった。陸自も即応性や機動性に重点を置く部隊改編に着手する。

例えば、道北の第2師団、東北の第6師団に実験部隊を作る。戦車や軽装甲機動車、隊員と司令部をそれぞれデジタル通信網でネットワーク化し、指揮や情報のやりとりをする。

狙いは作戦のスピードアップにある。イラク派遣部隊も使う軽装甲機動車を現在の3・6倍、約2千両態勢にする。

米軍の姿に一歩近づくことになるが、連携は今は想定されていないという。1990年代からハイテク化を進めてきた米陸軍とでは、格差がありすぎるためだ。

だが、陸幕の中からはこんな声も聞こえる。

「今から準備しておかなければ、第1軍団のようなネットワーク化された部隊が来ても、日米の連携がうまく機能しない」

日本防衛での協力にとどまるのか、あるいは「不安定の弧」へといざなわれるのか。米軍再編がからむ将来像は、まだ見えない。

（谷田邦一）

一体化

茨城県沖の太平洋上空、高度約７７００メートル。

米空軍のＫＣ１３５空中給油機の両翼の先に2機ずつ、日の丸をつけたＦ15戦闘機が、寄り添うように飛んでいる。

給油機からの合図を受けて、そのうち1機がゆっくりと給油機の下に回り込み、定位置につく。給油機から送油管が伸び、戦闘機の主翼部分にある給油口に接続すると、ただちに給油が始まった。1分40秒かけて約2千リットルが送り込まれる。送油管がはずされると、燃料が白い霧のように散った。

◇

２００４年5月11日に行われた日米合同の給油訓練の様子だ。

日本が06年度から空中給油機を導入するのに先立ち、航空自衛隊の戦闘機パイロットに給油を受ける技術を習得させるのが狙いだ。米軍機は沖縄から約3時間かけて飛び、わずか20分余りの訓練に協力した。

空自のＣ１３０輸送機のクウェート派遣に向けても、「米軍から受けた助言はかなり大きいものがあった」と津曲義光・航空幕僚長は話す。地上からの攻撃に備える防御装置の装着から実戦的な飛行方法まで、ワスコー在日米軍司令官（空軍中将）が自ら窓口になって、懇切丁寧に教えてくれたという。これまでも同盟のパートナーとして支援していたが、最近の積極姿勢は際だっている。

その背景には、「テロとの戦い」に自衛隊の参加を求める米側の期待だけでなく、一連のインド洋、イラク派遣を経て自衛隊に対する米側の評価が高まったこともある。日米安保に長く携わっている米政府高官は、「士気は高く、能力も向上した。運用の考え方も現実的になってきた」と褒めちぎる。

◇

アフガン戦争で最初の爆弾を落としたのは、米国内から飛び立ったＢ２爆撃機だった。途中、空中給油を受けながらの作戦行動だった。

ワスコー司令官は「テロとの戦い」で、空中給油機が果たす役割の大きさを指摘したうえで、こう言葉を続ける。

「航空自衛隊が導入したら一緒に訓練したい。非常に価値の高い軍事技術であり、両国が共有できたらよいと思う」

空自が導入を計画している給油機は計４機。あくまで自衛隊機への給油を想定したものだが、防衛庁幹部は、現在米軍に対して行っている「後方支援」のその先の段階として、米軍機への空中給油も視野に置いていることを明かす。

２００３年12月、１年後の防衛計画の大綱の改定に向けて「我が国の防衛力の見直し」が閣議決定された。その中には、今後、自衛隊が持つべき能力として「即応性」「機動性」「柔軟性」「多目的性」などの言葉が並んでいる。米軍が最近のトランスフォーメーション（変革・再編）で達成しようとしている目標と酷似しており、ここでも「変わる米軍」について行こうとする姿勢が読みとれる。

◇

「ＤＰＲＩ」（防衛政策再検討イニシアチブ）――同時多発テロを受けて２００３年、耳慣れない名前の戦略協議の場がひそかに立ち上げられた。日本の外務省・防衛庁、米国の国務省・国防総省から審議官、次官補代理クラスが参加する。

「対外的に説明できないことを話し合うので、存在しないことになっている」

関係者がこう言うほど秘密のベールに包まれている。

生みの親の一人、アーミテージ国務副長官は「兵力構成にとどまらず、日米それぞれの世界における役割など幅広く話し合っている」と言う。

中国や北朝鮮を視野においた戦略調整や、それに基づいた在日米軍の再編・再配置に関する協議が主に行われているが、この場の討議の柱の一つはやはり、米軍と自衛隊との連携強化だ。

「日本国内で日米連携を強化する余地はあまりない。目は海外での共同行動に向いている」

関係者の一人はそう明かす。

しかし、米軍との連携強化を通じて何を目指すのか、どのような地域秩序を作

イージス艦「みょうこう」には日章旗の傍らに巨大な星条旗が翻っていた＝アラビア海で

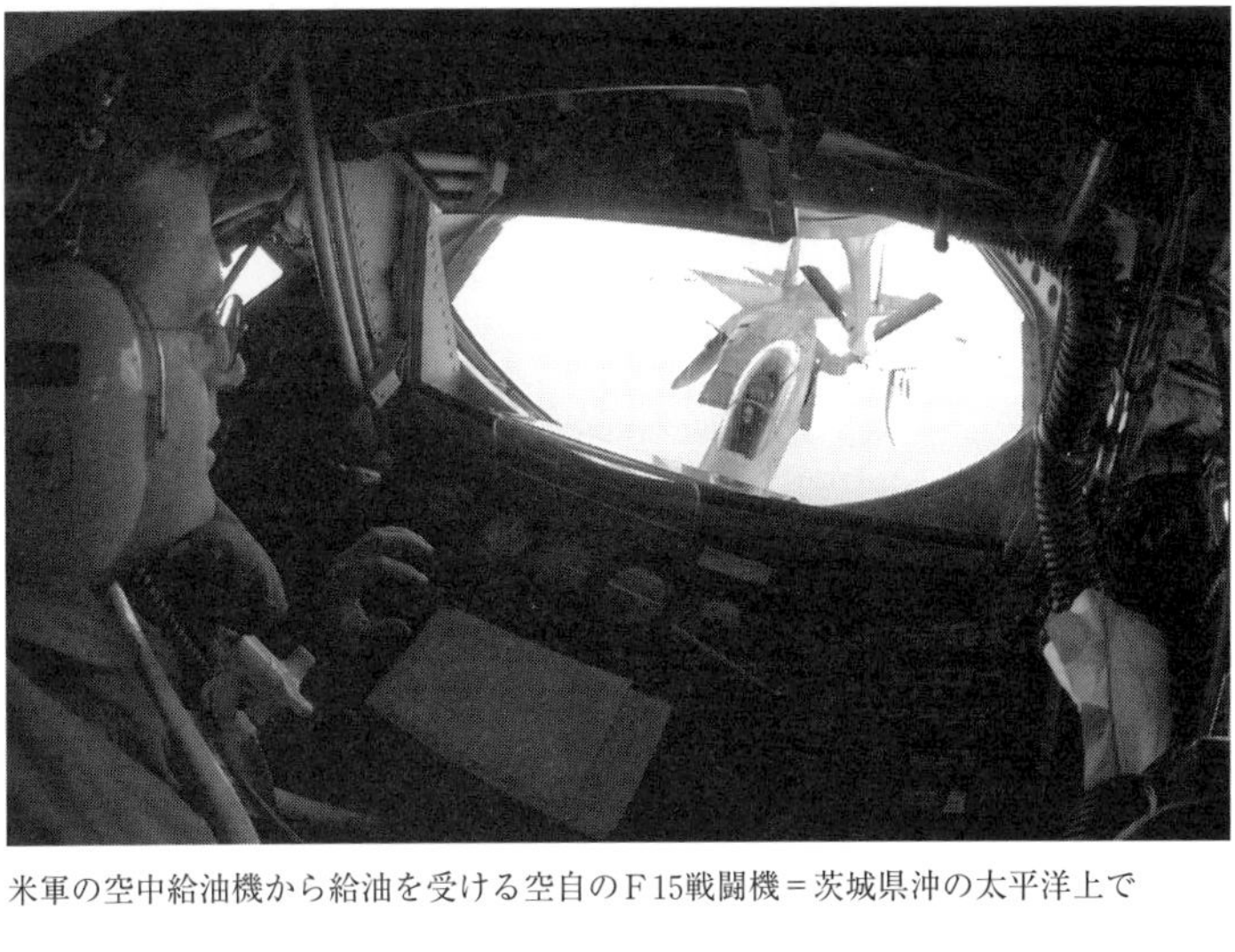

米軍の空中給油機から給油を受けるＦ15戦闘機＝茨城県沖の太平洋上で

ろうとしているのか。この最も肝心な点について政府部内にはっきりとした合意はない。

国民からは見えないところで、冷戦期の日米同盟に代わる新たな一体化に向けた動きが進んでいる。


（加藤洋一）

文民統制

異変が起きた。

２００３年８月に閣議報告された２００３年版防衛白書――。

日本のシビリアンコントロール（文民統制）[*]を説明する部分で、四半世紀近く踏襲されてきた次の一節が削除されたのだ。

「（防衛庁では）基本的方針の策定について長官を補佐する文官の参事官が置かれている」

◇

政治が軍事を統制するシビリアンコントロールは、戦後日本の防衛政策の柱の一つだ。旧軍が暴走して日本を破滅に導いた苦い経験に基づいている。白書での記述は１９７９年版からほぼ同じだった。

文民統制　シビリアンコントロールとも言い、民主主義国家における軍事に対する政治優先、もしくは軍事力に対する民主主義的な政治統制を指す。戦前の日本では、軍に関する事項について、内閣の統制が及ばない範囲が極めて広かった。このため、戦後は厳格な文民統制の制度を採用し

「参事官」とは、防衛局長や官房長ら内局の局長級幹部10人を指す。彼ら「背広組」が防衛庁の政策を事実上決定してきた。削除された記述には、政治によるコントロールが不十分な場合、参事官ら背広組がその役割を果たすという意味が込められていた。

そうした官僚による統制は、自衛官の目には「背広組が制服組を支配しようとするもの」と映る。

その不満が2002年版白書の原案をめぐって噴き出した。陸海空の幕僚監部は「長官を補佐するという点では各幕も同様だ」などと、削除を求める「意見」を内局側に示した。

結局、その年は原案通りでおさまったが、白書決定の2カ月後に長官に就任した石破茂は、2003年版での削除を決めた。

「内局と各幕は一体でなければならない」「軍事を統制するのは政治だ。文官ではない」

これが石破の持論だったからだ。内局幹部は沈黙せざるを得なかった。

◇

インド洋からイラクへ。自衛隊の活動の舞台は広がり、困難で危険な役割を担う局面が増え続けている。それが安全保障を担う政治家―背広組―制服組の関係を変質させている。

2003年6月。深緑色の制服姿の陸上自衛隊幹部が国会議事堂隣の議員会館

ている。例えば①自衛官の定数、主要組織などは法律、予算の形で国会が議決するほか、防衛出動などについても国会の承認を必要とする②自衛隊の最高指揮監督権は、憲法上文民でなければならない内閣総理大臣が有している③自衛隊の隊務を統括するのは、憲法上文民でなければならない防衛庁長官、など。実際には政治家の防衛問題に対する認識や理解が不足していることから、それを補うため、防衛庁の文官である「背広組」が「制服組」を監督する構造が事実上できていた。しかし、自衛隊の国際任務が増えたことで、制服組の防衛庁内での発言力は強まっており、その力関係に変化が生まれている。

に前原誠司・衆院議員（民主党）を訪ねた。前原は小泉政権の外交・安保政策を鋭く追及してきた。

「今のイラクの状況を知っていただきたい」

幹部は懐から取り出したメモ用紙とペンで、部隊がイラクに展開する場合の図面を描いた。

「やれと言われれば、我々はやります。でも、法案審議はできる限り慎重にお願いしたい」

幹部は安全保障の勉強会を通じ、前原と旧知の間柄だった。

翌月、提出されたイラク特措法案をめぐる国会審議で、前原は質問した。

「自衛隊が危険な地域に行ってどんな任務を行うか、具体論でこの法案の中身を審議したい」

◇

永田町での光景を変えたのは、政治の現状に対する制服組の満たされない思いだ。

２００１年秋にテロ特措法が成立した時のこと。

政府は情報収集能力の高いイージス艦をインド洋に派遣する方針をいったん固めたが、自民党内に慎重論が強く断念した。イージス艦派遣の準備を進めていた佐世保基地の部隊は動揺し、海幕幹部が説明に向かった。派遣部隊のメンバーはこの幹部に迫った。

「派遣は米側での参戦を意味する。犠牲者が出た場合に覚悟は出来ているのか」

派遣される側の事情よりも、政党や政治家たちの思惑で派遣判断が左右される政治への不信があらわだった。

海幕幹部はこう答えた。

「その覚悟だ。だが、君らの犠牲は無駄にはしない。それで日本を変える」

イラクへの自衛隊派遣でも、小泉政権は迷走を続けた。自民党総裁選や総選挙への影響を考え、正式決定は先送りされた。防衛庁・自衛隊は政治の動きに翻弄《ほんろう》されながら、派遣準備を進めなければならなかった。ある制服組の幹部は皮肉まじりに言う。

「我々は自民党の軍隊ですから」

自衛隊は国の防衛だけではなく、イラク派遣など国民の賛否が分かれる任務も負わされるようになった。武力集団の運用は民主主義と国の針路にかかわる。だが、政治は漂流し、責任の重みに応えていない。

（牧野愛博）

ゴジラ

巨大怪獣がもし東京に上陸したら、自衛隊の出番だ。「対ゴジラ特別兵器開発法案」が国会で可決され、首相が新兵器の出動を決断する——。

2002年に封切られた東宝の映画「ゴジラ×メカゴジラ」の話だ。怪獣同士の戦いではなく、自衛隊が新兵器メカゴジラを操る。シリーズで初の設定は2003年の公開作にも引き継がれた。

ゴジラ映画の第1作公開は、自衛隊発足と同じ1954年だ。以来28作。水爆実験の影響で出現したゴジラは、日本を何度も襲ってきた。自衛隊はスクリーンで主にやられ役だったが、ここ数年で「ライバル」として確実に存在感を増している。

東宝映画のプロデューサーが語る。

「親の世代も楽しめるように、リアルな路線を狙いました」

実は、活躍シーンが増えた自衛隊の側も、様々な思惑で映画の撮影に全面協力していた。

◇

陸上自衛隊の東部方面総監部[*]報道班長、佐野伸寿・3佐(39)は、映画に登場する「特殊生物自衛隊」隊員役の若手俳優らに、レンジャー[*]訓練などを指導した。

制作者側が主演のアイドル女優に望んだのは、エリート自衛官としての完璧な振る舞いだった。だが、佐野は彼女に敬礼を教えるとき、あえて「甘さ」を残した。

「あの年代だとそれが自然ですから。まだ自衛官としての迷いも残っていますし……」

東部方面総監部　陸上自衛隊は全国の警備区域を5ブロックに分け、北部、東北、東部、中部、西部の5個方面隊を置いている。それぞれの方面隊は、方面総監部、師団、旅団、直轄部隊などで編成されている。方面総監部は、方面隊を指揮する方面総監(階級は陸将)の幕僚機関。東部方面隊は、茨城、栃木、群馬、埼玉、千葉、東京、神奈川、新潟、山梨、長野、静岡の11県都を警備区域とし、その司令部となる東部方面総監部は東京都練馬区にある。

レンジャー訓練　自衛隊の訓練の中で最も厳しいものの一つとされているのが、陸上自衛隊のレンジャー課程。10〜12週にわたり、野外訓練、サバイバル訓練、リペリング佐野がこだわるのは、ヒーローよりも「等身大の自衛官」の表現だ。

１９９０年に防衛大学校を卒業し、92年に厳しい訓練が必要な「幹部レンジャー」になる。転機は94年だった。在カザフスタン大使館に出向して文化担当になる。以来、地元監督らとカザフの日常を描く映画４本を制作し、東京国際映画祭などで数々の賞を得た。

東京と埼玉県にまたがる朝霞駐屯地で現職に就いてからは、仮面ライダーなどテレビ番組の撮影にも協力する。自衛官が初めて主人公となるウルトラマンの２００５年公開映画でも、カメラ位置や撮影の段取りを助言した。

「自衛隊が当たり前に存在する姿を示せば、駐屯地がある地域での信頼感が高まると思うんです」

◇

防衛庁広報課は、映像メディアを通じた自衛隊のＰＲに力を入れる理由をこう説明する。

「若者や女性への情報発信が重要ですから」

防衛庁は、１９８８年以降３年ごとに行ってきた自衛隊に関する政府世論調査で、若者と女性の関心が低い傾向に注目してきた。２００３年１月調査では、自衛隊・防衛問題に関心のある人は、男性が71％に対し女性が49％。60歳代は69％だが、20歳代は37％だった。

特に若者の関心を高めることは隊員確保の点で切実だ。１９９３年以降には平

（ロープ降下）訓練などを受ける。レンジャー課程の修了者にはレンジャー徽章が授与され、自衛隊の中で一目置かれるようになる。

和維持活動（ＰＫＯ）など海外での活動に注目が集まったため、「車の両輪」（同課）として、ゴジラ映画をはじめ、本来の任務である本土防衛に携わる自衛隊を描く作品への協力を進めた。

自衛隊の映画制作協力は、１９６０年代にさかのぼる。敗戦の記憶と冷戦の緊張が色濃い当時、国会では社会党議員が「戦争映画を作る営利事業に自衛隊がただで協力している」と批判していた。ゴジラ映画への協力は影を潜めた。本格的な協力再開は、冷戦が終結した１９８９年だった。

だがその後、自衛隊の描写に防衛庁から細かい注文がつき始めた。当時ゴジラ映画４作品で監督や脚本を務めたある関係者は、「隊員の動作や階級、組織を現実に即して、とうるさくなった」と振り返る。「出動前に閣議決定の場面が入らないと協力は難しい」という要望もあったという。

制作者側は、２００２年公開作制作のため防衛庁に協力を求めるにあたって、過去の作品をめぐる交渉を調べた。閣議決定の場面を求められた経緯などをふまえ、文民統制の表現に配慮した。シナリオには最初から「対ゴジラ特別兵器開発法」が成立する場面を盛り込んだ。

組織編成も含めリアルな自衛隊の描写にこだわった姿勢は、防衛庁側のハードルを下げた。東宝映画のプロデューサーは振り返る。

「こんなに協力してもらえるんだ、と驚いた」

防衛庁広報課の担当者はこう説明する。

「例えば『地球防衛軍』だと、どうして自衛隊のＰＲになるの、という面はありますから」

◇

米国の場合、国威発揚を念頭に置いた軍とハリウッドとの協力関係は常識だ。同時多発テロ後には大統領政治顧問が映画産業トップと懇談した。米国版ゴジラ映画（１９９８年）では、ニューヨークの摩天楼を襲うゴジラを米軍が兵器を駆使して倒した。そのリアルな映像に、日本のゴジラ映画関係者は新鮮さを感じたという。

防衛庁には、１９６０年にできた映画制作協力に関する内規がある。基本条件は①防衛庁の紹介となる　②防衛思想の普及高揚となる――の２点。これを満たせば無償で自衛隊から人とモノを提供する。

ただ、「内規はあくまで大枠で、協力はその時の防衛庁長官らの判断で決まる部分もある」（防衛庁広報課）。趣旨が合わないとして協力要請を断った例もある。

「等身大の自衛官」の描写にこだわる佐野は、最近のゴジラ映画での自衛隊の「やられ役よりヒーローに近い像」に複雑な思いだ。自衛隊と映画制作の現場をともに知る立場から、こう語った。

「メディアの立場に立てば、自衛隊と慣れの関係を作ることが本当にいいことなのかなと思う。自衛隊にはいいことでしょうが」

（藤田直央）

オーストラリアの軍改革

オーストラリア軍は、新兵の募集から武器の補給まで多くの分野で、民間への外部委託（アウトソーシング）を実施している。際だつのは、軍の戦略や財務状況を積極的に公表することで、国民の理解を得ようとする政治の姿勢だ。

◇

シドニー郊外のオーストラリア国防軍の新兵募集事務所――。

2004年6月下旬、緊張した面持ちの合格者5人がホールに集まった。

「これから訓練キャンプに行ってもらいます」

派遣社員が、軍人に代わって、説明した。

志願兵制のオーストラリアでは年8500人の新兵を採用するが、募集難が続く。

1年前、国防省は国際的な人材紹介会社「マンパワー」と正式契約した。それまで募集業務を担当していたのは制服組250人を含む約460人。このうち制服組約130人が派遣社員と入れ替わり、人手不足の一線部隊へ再配置された。

シドニーの北約200キロにあるシングルトン演習場。

東京ドーム約360個分の広さを持つ演習場の管理は、5年前から民間警備会社の社員R・バリー（51）が1人でしている。

6月26日は陸軍の七つの部隊が実弾砲撃などの演習を行った。バリーは管理事務所に張り出された地図上で演習の区域を割り振る。演習部隊とは常に無線で連絡を取る。

「砲弾が落ちる地域に他部隊が紛れ込まないよう気を使います」

◇

オーストラリア国防軍は、兵力約5万4千人、国防費は1兆2千億円（03年度）。いずれも自衛隊の2割を上回る程度だ。２００４年7月現在、イラク復興支援に８５０人、治安維持の目的で東ティモールに１００人、南太平洋のソロモン諸島に４４０人を派遣。中東、アフリカでのＰＫＯも含め計約２千人が海外に展開する。

冷戦後、軍縮が進められる一方、こうした国際的な任務が増え、国防予算を圧迫している。政府が１９９１年に「戦闘など軍人以外にはできない分野を除き、すべて市場導入とアウトソーシングを探る」との方針を打ち出したのは、このためだ。

国防省によると、91年から２００３年の間、検討対象となった１２１種類の仕事のうち、80が外部委託された。節約できた額は、国防費の約1割にあたる12億オーストラリアドル（９２６億円、２０００年度レート）。２００４年度も、補給部門を中心に約1千人を削減するなどし、国防省の人件費の約３％を節約する計画だ。

軍人側には慎重論もある。同演習場に来ていた第3歩兵大隊の大隊長、フィンドレー中佐（38）は言う。

「海外で民間人が補給業務をする場合、戦闘が始まったら、帰国するだろう。我々は作戦を続けられなくなる」

7月1日から、武器などの倉庫での保管や部隊への運搬を、軍に代わって民間企業がやるようになった。オーストラリア国内に限られるが、将来は、海外での補給業務へ広げる可能性もあるという。

◇

もう一つ、オーストラリアの国防政策の大きな特徴は、政策立案の過程で一般市民に丁寧に説明し、市民の意見をなるべく反映しようとする姿勢だ。

国防省は2000年、「将来の国防軍（国防白書）」という文書を発表した。冷戦後の戦略目標を初めて再定義し、具体的な武器調達の計画を、国防費節約の方策とともに示したものだ。

その策定では国防省内の執筆チームの発案で、3カ月間、全国の主要28都市でタウンミーティングを開催。あらかじめ配った白書の原案の資料をもとに、数千人の住民から意見聴取した。戦闘機など主要装備を更新するための国防費増額への理解を得る狙いもあったが、122ページの白書には34件の市民らのコメントが付けられた。

オーストラリアは国土が脅かされるような直接の脅威は当面ない。その中で軍事組織をどのように使うかを決めるには、市民の理解が欠かせないのだ。

タウンミーティングを組織した元防衛官僚のP・ジェニングズ・オーストラリア戦略政策研究所副所長は当時をこう振り返った。

「アジアでわが国が果たす役割について強調する意見が印象に残った。東ティモールのような安定化支援がわが国の防衛と重なるということだ」

◇

ヒュー・ホワイト*（オーストラリア戦略政策研究所長）

オーストラリアは大英帝国の一部だった19世紀以降、安全保障を英国に依存してきた。第2次大戦後、米国が英国に取って代わってからも、大国とともにグローバルな問題に関与する姿勢を続けた。朝鮮戦争、ベトナム戦争に派兵したのはその表れだ。一方、インドネシアをはじめとする近隣地域の安定も国益に直結する。

国防費が限られる中で、この二つのどちらに重点を置くかが、戦略上の課題となってきた。

9・11同時多発テロ後、国際的な任務を重視し、海外への本格的な展開能力を持った軍に再編すべきだとの機運が生まれた。ヒル国防相が代表格で、2002年、近隣地域への関与を重視する安全保障のあり方に疑問を提起した。テロとの戦いをはじめグローバルな課題に重点を移すべきだというのだ。

一方、ハワード首相は地域への関与をより重視する。首相の意向を受け、同国防相も2003年11月、「国防と（近隣）地域の課題が防衛力整備の主たる

ヒュー・ホワイト　有力紙シドニー・モーニング・ヘラルド紙記者を経て、1985年から90年まで、ホーク政権のキム・ビーズリー国防相補佐官。90～91年にホーク首相の上級顧問を務め、93～95年に国防省国際政策部長。2000年にはオーストラリアの防衛戦略を定めた政府の基本文書「国防白書」の執筆チームを率い、主要な部分を書いた。01～04年に政府系シンクタンクのオーストラリア戦略政策研究所長。04年10月から現職のオーストラリア国立大学戦略防衛研究センター長。

基準になるべきだ」と述べ、軌道修正した。閣内でかなりの論議があったと思われる。

首相にとっては、1999年に東ティモールで多国籍軍を主導し、安定化させた体験が大きい。オーストラリア軍は予想以上に効果的に任務を達成し、国民の支持も高かった。

また、2003年のイラク派兵*をめぐり、国民の間では、必要性は認めるものの、関与しすぎるべきではなく、派遣部隊も小規模にとどめるべきだという意見が強かった。ベトナム派兵で多くの犠牲を出したため、不成功に終わりかねない米国の軍事作戦にひきずりこまれたくないという心理もある。ブッシュ政権が先制攻撃ドクトリンを唱えるなか、首相は国民の支持を失うリスクを考慮したのだと思う。

オーストラリア軍は自衛隊に比べて、重装備は少ない。しかし、近く重戦車約60両や2万6千トン級の揚陸艦2隻を導入する。特殊部隊以外にも目につく国際貢献をすべきだという軍内の意向を反映した。だが、こうした重装備は南太平洋の島嶼国家などでは使いづらい。オーストラリアのような規模の国家にとり、戦略上の優先順位を明確にするとともに、軍事予算を効率的に使うことが不可欠だ。

（岡野直）

オーストラリアのイラク派兵

ハワード首相は2005年2月、イラク南部サマワに駐留する自衛隊の護衛のために450人の増派を発表した。日豪関係を強化する狙いがあったとみられる。オーストラリアはそれまで、イラク周辺に陸海空で約880人を派遣。このうち、540人は海上や空から警戒し、危険性が高いイラク本土の活動は、バグダッドの大使館警護やイラク警察の訓練などにあたる計340人にすぎなかった。

ドイツの軍改革

日本政府は自衛隊の国際活動を国土防衛と並ぶ「主たる任務」に格上げしようとしている。だが、ドイツ政府はさらに進んで、その位置づけを逆転させた。

２００４年１月、ドイツ国防省は「トランスフォーメーションプラン」（連邦軍再編案）を発表した。基本法（憲法）が軍の目的とする「祖国防衛」を主任務から外し、今後は紛争対応や、ＮＡＴＯ（北大西洋条約機構）などでの国際活動を優先させる計画だ。

◇

１９９０年の東西ドイツ統一によって、ドイツ連邦軍は67万もの軍人を抱え、兵力の削減を進めてきた。周辺に脅威となる国はなく、軍事組織を維持する目的とあり方が問われ続けてきた。１月の再編案は、コソボ紛争や９・11米同時多発テロなども踏まえたうえで出された回答だ。予算上の裏付けを経て２００４年秋、正式な政府計画となる。

再編案の柱は次の通りだ。

①２０１０年に定員を現在の28万５千人から25万人へと削減
②文官も12万８千人から７万５千人に削減
③現在の陸海空と統合支援軍、衛生軍の「５軍制」を維持しつつ、各軍が要員を出し「国際介入部隊」「国際安定化部隊」「支援部隊」を編成

今後6年間で8万8千人を削減するとともに、国連やNATO、欧州連合（EU）の要請に応じて、速やかに派遣できるよう「待機軍」化させるというのが、最大の特徴だ。

「国際介入部隊」は3万5千人規模。情報収集や輸送能力に優れた最新武器を装備し、NATO軍などと完全な互換性を持った本格的な戦闘部隊。基本的に多国籍軍での行動を想定している。

7万人規模の「国際安定化部隊」は、アフガニスタンやバルカン半島ですでに実施しているような平和構築のための多国籍軍や国連平和維持活動（PKO）への参加を想定している。

「支援部隊」は13万7500人規模で、7万人の文官を含む。衛生、補給などが任務となる。

介入部隊すべてと安定化部隊の2割の計4万9千人の常時海外派遣を考えている。連邦軍全体の2割に及ぶ。

◇

再編案の大きな狙いは、米国に対する発言力を高めることだ。その背景には、こんな事情がある。

ラムズフェルド米国防長官は2002年秋、「NATO間の戦力格差の是正」のために、「NATO即応部隊（NRF）」の創設を唱えた。2006年に2万2千人の部隊が稼働を始める。最短2日で世界各地に展開。空軍であれば1日200

回の出撃が可能な力を持つ。

ドイツの再編案では、介入部隊のうち1万5千人を交代でＮＲＦに派遣し、その主軸を担う。

米欧の軍事力格差は発言力の差になって現れてきた。ユーゴ空爆では、米軍がほぼ１００％、爆撃目標選びを主導した。米国のネオコン（新保守主義）の論客ロバート・ケーガンは、米欧の役割分担を著書『ネオコンの論理』*で「米国が料理をつくり、欧州が皿を洗う」と表現した。連邦軍のＮＲＦ参加は「皿洗い」から脱する試みだ。

◇

今回の再編案の先駆けとなった、人道支援のための部隊がある。２００１年に発足した軍民協力専門部隊「ＣＩＭＩＣ（軍民協力）第１００大隊」。

ＣＩＭＩＣは難民の発生を抑え、帰還を促す環境整備が目的だ。ドイツはユーゴ紛争で難民が急増した際、欧州では最大規模の30万人以上を受け入れた。多数の難民の滞在はドイツ社会の負担となり、帰還を進める支援措置が求められていた。

ＣＩＭＩＣ第１００大隊は、世界各地の言語や習慣、宗教事情などに詳しい陸海空軍の少尉から中佐クラス１１６人がメンバー。現地に先乗りして、当該地域の政府や非政府組織（ＮＧＯ）と調整し、学校建設、給水などの人道支援を指導する。経済や法律を専門とする約３００人の予備役も控えている。

『ネオコンの論理』 邦訳は、２００３年、光文社刊。

2006年までに大隊を300人、予備役も800人規模に拡大し、情報分析機能や即応能力を高めたCIMIC部隊作戦中央本部をつくるという。

再編案と通じるのは、国防から離れた分野で軍の編成を柔軟に変え、活用していく発想だ。同時にそれは、国家間の戦争の危機が遠のいた地域で、軍事組織を維持するための便法でもある。

与党の90年連合・緑の党で防衛政策責任者を務めるナハトバイ議員はこう言う。

「軍は暴力で暴力を抑止する装置から、平和をつくる組織に変わった」

◇

テオ・ゾンマー*（独週刊紙『ツァイト』前共同発行人、元連邦軍改革諮問委員）**

なぜ国際貢献が国土防衛より重要なのか。

これは簡単な話で、昔の脅威がなくなったからだ。防衛軍としての必要性がなくなってしまった。連邦軍は完全に変わらなければならない。改革はむしろ3年遅れているぐらいだ。

これまでは国内かNATO域内しか動員されることはなかった。しかし、派遣規模も大きくなり、派遣距離も長くなった。私たちが必要としているのは大型の長距離輸送機、偵察衛星の能力、精密爆撃が可能な武器などだ。

輸送用のエアバスや（EU独自の全地球測位システムのための）ガリレオ衛星などを導入し、精密爆撃兵器もまもなく導入される。これはトランスフォーメーションの一部でもある。

テオ・ゾンマー　ドイツのリベラル週刊紙『ディ・ツァイト』で主に外交、軍事問題を担当。1972年、編集主幹。92年からシュミット元首相と共同発行人を務めた。

「抑止のための軍隊」は少しずつ「派遣軍」に変わりつつある。

変革は少ない予算という経済的な困難の中で行われている。２４３億ユーロ（約３兆４３０７億円・２００５年4月12日現在）という年間予算規模は、４～５年は変わらないだろう。新しい装備の代価は、長い時間をかけて払っていくことになる。

もちろんドイツにも、「米国の間違った戦争に巻き込まれるのではないか」という不安、恐怖心がある。しかし、シュレーダー首相は小泉首相と違い、「イラク派兵はノーだ」と言った。最初から「米国は戦争には勝てるが、平和は勝ち取れない」と考えていた。ドイツには冷静な判断があった。

一方、シュレーダーが「ノー」と言えたのは、ドイツに直接の脅威がないからでもあった。

国外派遣のコンセンサスづくりには議会の果たした役割が大きかった。カブールやコソボへの派遣では議会は与野党がほとんど一致し、大多数の意思によって派遣された。

ハンブルクには６００年前から民主主義の伝統がある。市民は「税金の額」「戦争の開始の是非」の二つについて決定権を持っていた。国家の存在にかかわる問題は王といえども任せられないという考えだ。

国外派遣の形は、ロシアのマトリョーシカ人形に似ている。ある時にはＥＵの旗を持った小さな人形が、ある時にはＮＡＴＯの旗を持った大きな人形が出てくる。ただ、絶対にドイツは単独で国外に出ることはない。

（牧野愛博）

【インタビュー】
石破茂（前防衛庁長官）

――防衛庁長官として在任中に、防衛大綱の計画の見直しのために庁内で「防衛力の在り方検討会議」を精力的に開いたと聞いています。どれくらい開いたのですか。

「大臣室でやった会議だけで、2年間で延べ200時間ぐらいやったのではないですか」

――石破さんがこの検討会議で議論した際の一番の問題意識は何ですか。

「従来の基盤的防衛力構想というのはとにかくやめたいということです。大臣になった時からそうでした。基盤的防衛力構想というのは、ずっと日本の防衛政策がとって来た考え方で、日本には脅威というものはない、東西の力のバランスによって平和は保たれている、しかし、日本が防衛力整備を怠って真空地帯になってしまったならバランスが崩れるので、少なくとも真空にならないための基盤的

石破茂　1957年2月生まれ。衆院鳥取1区選出。自民党橋本派に所属。「政治改革」で政界が燃えさかった90年代前半、若手の論客として注目を集めた。宮沢内閣の不信任決議案に賛成して自民党を飛び出し、新生党、新進党と渡り歩いた。防衛副長官も務めており、若い世代の「新

な防衛力を持っていましょう、というものです。それは違うでしょう。今は東西のバランスのもとに平和が保たれているという時代ではない。ミサイルが飛んでくるかもしれない。テロリストが攻撃を仕掛けてくるかもしれない。そうだとするならば、そういう考え方は改めなければならないということです」

――基盤的防衛力構想は1976年に生まれた最初の防衛大綱で明確に打ち出されたわけですが、冷戦後の1995年に見直されて出来た次の防衛大綱でも採用されました。そのこと自体に問題があったということですか。

「前の大綱が基盤的防衛力構想の古い頭で作られたものだという評価をするつもりはありません。それはそれなりに時代にフィットするものだったと思いますが、9・11同時多発テロ後の世界というのはまた違う世界ですから、それに見合った大綱でなければいけないという意識はありましたね」

――基盤的防衛力構想ではだめだという点はだいぶ議論したんですか。

「それはしましたけど、最初から『基盤的防衛力の考えかたは改めます。また、今までの大綱は期限が定められてない。期限はきちんと区切ります。見直しの規定というものをきちんと具体的に入れます』と、言いましたから」

――見直しの規定とは、米国が4年ごとに行っている国防計画見直し（QDR）をモデルとしているのですか。

「ええ、それも私の頭にありました」

――9・11テロというのは、日本の防衛大綱を考える上で、あるいは安全保障

国防族」のリーダー的存在。超党派の議員でつくる拉致議連会長も務めたことがある。

戦略を考える上で、大きな出来事だったのでしょうか。

「私はそう思いますね。テロとは何だろうか。テロというのは自由とか民主主義に真っ向から反対するものだという定義がまずあって、もう一つはいつ誰が誰からなぜどのようにして攻撃を受けるか分からないというものですね。そういうものに備える能力を持つということは、今まであまり考えたことがなかったですよ。つまり冷戦時代とか、9・11テロ以前は、いつ攻撃が仕掛けられるのか、誰が仕掛けてくるのか、どのような方法によって行われるのか、どういう理由なのか。そういうことが相当程度予測可能だったのが、今はそうではない。防衛力が多機能を果たすものでなければならないと、私は思っています」

——基盤的防衛力構想に対比する新しいキーワードは何ですか。

「一言で言い表すのはなかなか難しかったんですね。私が考えていたのは、『多機能実効的』ということ。多機能というのは今説明したことです。実効的というのは、例えば戦車、戦闘機、艦艇の一つ一つが何のためにあるのか、それで何ができるのか、それをどれだけ持つのか、ということをすべて検証しようということでした」

——新大綱には「重大な不安定要因」として北朝鮮がはっきり名指しされています。そして「注目していく必要がある」対象として中国という国名も入っています。これはどういう経緯だったのでしょうか。

「非常に不思議なことですけど、ソ連が非常に強かった時代に、『わが国に脅威はないんだ』と……」

――冷戦時代に国会答弁でそう言っていましたね。

「脅威というのは、能力と日本に対する敵対的な意図の掛け算だと言われていま す。例えば米国は凄い能力を持っていますが、日本を侵略しようという意図はゼロですから、掛け算すればゼロになっちゃう。だけど、北朝鮮は間違いなくミサイルを持っていて、それは何のためかといえば、中国を撃つとは考えられないし、米国まではまだ確実には届かないし、東南アジアに撃っても意味はないし、だとすれば日本しかないじゃないか、とも考えられる。そして日本に対して、日本人を拉致したり、あるいは非常に挑戦的な言動があったりする。能力も持っている、意図も明確ではないけれども絶対にゼロという信頼は置けない。やはりこれは『重大な懸念材料』として、我々は念頭においておく必要がある。仮に急に意図が明確になった場合でも、日本国民の生命や財産に被害が及ばないようにきちんと備えておくのは当たり前だと思っています。中国については、やはり軍事力というものは非常な近代化の途上にあるわけですよね。そしてこの間の原子力潜水艦のような事件もあった。航空機も近代化されている。海軍は外洋海軍として変質を遂げようとしている。だけれども、日本に対して侵略、侵攻の意図があるかというと、それはない。しかし、能力を作るのにはものすごく時間がかかるが、意図は簡単に変わることがある。その意図が変わった時にどう備えるか、あるいは変わらないために我々はどのような備えを持つべきかという意味で、『注目していく必要がある』と書いた。それは中国を脅威と見ているわけではない。それが脅威とならないために、あるいは万が一のことがあったときに、日本国民の生命と財産を守るためです」

――北朝鮮は脅威なんですか。

「脅威でしょうね。もうそう言ったほうがいいと思います」

――ただ、大綱ではそういう言葉は避けていますね。

「そういう言葉は避けています。日朝交渉や6カ国協議を行っているわけだし、外交的な努力を最大限やったうえでどうなるかということですが、外交努力をするときも、侵略や攻撃に対して守る力はゼロですよということであれば外交になりませんよね」

――そういう国際情勢認識、基本的な構想のもとに、では防衛力をどう再編するかですが、一番の柱は何ですか。

「北方を重視した体制から、南西方面にシフトするということはもちろんあります。しかし、では南西方面に駐屯地をやたらに置けるか、人員をやたらに割けるかといえば、それは現地の受け入れ状況などがあって難しい。また南西方面というのはあまり訓練する地域がない。そうすると、大事になってくるのは機動力。どうやって機動力を高めて南西方面にシフトしていくかということ。もう一つは、陸海空自衛隊がバラバラに動いていたら力を発揮できない。統合ということをどう考え、どのような事態に陸海空が統合で対応していくか。そのために情報ネットワークをどう整備していくかを考えました。もう一つは、テロにどう対応していくかを考えたときに、50トンもあるような戦車で対応するのは難しい。どうやって重くて大きくて遅いものから、小さくて軽くて速いものにシフトしていくか。そういう基本的なコンセプトだったと思います」

——言葉では易しくても、実際に自衛隊を変えていくのは大変だろうと思います。石破さんは陸上自衛隊の5方面総監部の制度は廃止した方がいいという考えだったと聞いています。その通りですか。

「これはトラック3台分ぐらい反対論が来ましたよ。『絶対だめだ』『軍事を知らないものの妄言である』というような形でね。なんで総監部が必要なのか、そこの議論は詰め切れなかったんですよね。しかし、例えば海であれば自衛艦隊司令官を通じて命令を出す。空であれば航空総隊司令官というのがある。陸は何でこのような『総司令官』というものがないのだろうか。陸上自衛隊が実際に行動するのはどういう場合なのか。そのときに今の5個方面総監体制というのは有効に機能するものなのだろうか。自衛隊では『指揮階梯《かいてい》』というんですがね、どういう風に指揮命令を伝えていくか。これをもう一回見直してみるべきではないかという問題提起は、私はしておきました」

——5年後の見直しには、そういう宿題が入っているということですか。

「入っています」

——「トラック3台分の反論」というのは、なかなか面白い表現ですが、それだけの反論書が来たということですか。

「そうですね。『総監部を廃止するのは間違いです』という反論の根拠を記した資料が、トラック3台分というのは誇張ですが、これだけ来ましたね（1メートルぐらいの高さを手で示す）」

――新大綱のもう一つ重要なポイントは、ミサイル防衛（MD）の導入だと思います。これは2002年12月に石破長官がワシントンに行った時に、ミサイル防衛局長から米国の導入方針を聞いたことがきっかけだったのですか。

「米国が実際に実戦配備するということを聞いて、日本もやらなければいけないなと思ったのはあの時です」

――このMDは大変な額ですね。制服組の話を聞くと、MDの導入ということが、その予算を防衛費の別枠にしないのだということもあって、十分に自衛隊の中で納得が得られていないような気がします。新大綱をめぐって財務省と陸上幕僚監部の間で厳しい綱引きがあったようですが、その裏にはそうした事情があったのではないですか。

「それは別枠にすれば楽でよかったと思います。でも別枠にするのは今の財政事情から絶対無理というのは分かっていた。MDにかかる金を捻出するために合理化しなさいということは、私は言わなかったですよ。合理化して、合理化して、合理化して、捻出できないということであれば、それは正直に言うべきだし、合理化の結果として捻出できれば良いことだしと言ってきました。それからMDの金を作るために、愛の共同募金じゃあるまいし、陸海空同じだけ負担しましょうねという話には成りませんということは言ってきました。ですけれど、ＭＤを入れたことによって、無駄はないか、効率化できる部分はあるんじゃないか、今の新しい防衛環境にそぐわない部分は改変していくべきじゃないかという議論にドライブがかかったことは、結果として事実だと思います」

（２００４年12月　朝日ニュースター「各党はいま」で放映　聞き手・本田優）

第6章　ミサイル防衛

MDの衝撃

2002年12月17日——。

それは突然の発表だった。ブッシュ米大統領が米国政府として初めて、ミサイル防衛（MD）の初期配備を行うという声明を出したのだ。

「私が大統領に就任したとき、米国の国家安全保障戦略と防衛能力を21世紀の脅威に合うように変革すると約束した。今日、こうした脅威に対抗する重要なステップとして、米国とその友好国、同盟国を守るためにミサイル防衛能力の配備を始めることを公表する」

「私は国防長官にMD能力の初期配備を進めるよう命じた。我々はこの初期配備のミサイル防衛を2004年から2005年にかけて始動させることを計画している」

同時にミサイル防衛局が発表した初期配備の内容は次の通りだった。

●地上配備の大陸弾道ミサイル*迎撃システム20基（アラスカ州フォートグリー

弾道ミサイル　放物線を描いて飛翔するロケットエンジン推進のミサイル。長距離にある目標を攻撃することが可能であり、速度が速いのが特徴。射程1千キロメートル以下の短距離弾道ミサイルでも大気圏への再突入速度はマッハ3から9に達する。これに対し、「巡航ミサイル」とは、ジェットエンジンで推進する航空機型の誘導式ミサイル。低空飛行が可能だが速度は遅い。飛行中に経路を変更できるため命中精度が極めて高い。

リー陸軍基地に16基、アラスカ州バンデンバーグ空軍基地に4基）
●海上配備のイージス艦搭載短中距離ミサイル迎撃システム（SM3）20基
●パトリオット改良型短中距離迎撃ミサイル（PAC3）
●地上、海上、宇宙のセンサー

実はその前日に、ブッシュ大統領は一通の機密文書に署名していた。

「弾道ミサイル防衛の国家政策に関する国家安全保障大統領令」

そこには、MDシステムの配備に二つの重要な方針が明記されていた。第1に、あらかじめ最終的なシステムの全体像を定めずに、可能なものから配備しつつ不断に改善を進める「漸進的アプローチ」をとること。第2に、MDを「緊密な同盟国との関係の特性であり、新たな友好国との関係を築く重要な手段である」と位置づけて、同盟国や友好国とその防衛産業の協力を取り込む戦略であった。

◇

偶然の一致だったのか、それとも米政府には計算ずくの日程だったのか。

その16日の夕、日米安全保障協議委員会（2プラス2）に出席するためワシントンにいた石破茂・防衛庁長官と守屋武昌・防衛局長は、郊外にある米国防総省ミサイル防衛局を訪問した。短時間の表敬訪問のつもりだった2人は、ケイディシュ局長の一言にくぎ付けになった。

「明日、MDの初期配備方針についての大統領声明を発表します」

守屋局長は「えっ？」と思った。あと3、4年はかかるだろうとみていたからだ。日本はどう対応するべきか、その場で石破長官と相談した。

「北朝鮮のミサイル脅威を考えたら朗報ではあるが、日米間でMDの情報にギャップがありすぎる」

それが2人の一致点だった。

石破長官が米側に提案した。

「米国のMDが日本防衛にとっても有効かどうか、直ちに検証する必要がある。協力を求めたい」

「全面的に協力する」

ケイディシュ局長はそう答えた。

◇

防衛庁は急きょMDの調査分析チームを作って、日米間を何度も往復させた。米国で開発中のMDが日本の防衛でも有効なのか。シミュレーションを繰り返し、駆け足の検討を経て、2003年12月19日にイージス艦搭載の迎撃システムとパトリオット改良型迎撃システムの導入を閣議決定した。

「弾道ミサイル攻撃に対して我が国国民の生命・財産を守るための純粋に防御的な、かつ、他に代替手段のない唯一の手段であり、専守防衛を旨とする我が国の防衛政策にふさわしいものである」

トップダウンの「高度な政治決定」（自衛隊幹部）だった。

だが、この内容に今度は日本の防衛産業が驚いた。

日本の弾道ミサイル防衛構想*
防衛庁が立案した当面の整備計画は以下の5つ。①イージス艦4隻への弾道ミサイル防衛対処能力の付与②パトリオットPAC3システムを16個隊に導入③防衛庁技術本部が開発した新型レーダー4基の導入④既存レーダー7基の能力向上⑤指揮統制通信システム（バッジシステム）の改修。

防衛産業が期待していたライセンス生産ではなく、日米の政府間を通した輸入（FMS）による導入となったからだ。

日本の防衛産業のリーダーである三菱重工の幹部は嘆く。

「我々はライセンス生産*のつもりだった。まるごと米国から買えば、我々の仕事はゼロになり、技術もだめになる」

2004年度の防衛費の正面装備契約額は、例年並みの8010億円。この約12％がMD関連だ。その金は、ほとんど米国企業に渡ってしまう。

防衛庁幹部はこう釈明する。

「ライセンス生産にするには、導入決定の数年前から米国と交渉しなければならない。今回は導入が先決だったから、事前には交渉しなかった」

日本の防衛産業は、F15などの歴代の主力戦闘機の導入に見られるように、米国製のライセンス生産で技術を学び、生産ラインを維持してきた。

その構図が揺さぶられている。自国の技術覇権を守るためには、たとえ同盟国相手であれ、ライセンス生産を容易に認めない。米国の戦略的な姿勢がはっきりしてきた。MDの導入は、日本の兵器体系を根本から変える可能性をはらむだけに、その衝撃は大きい。

MD導入の翌2004年に入って、防衛庁はようやくライセンス生産に向けた対米交渉を始めた。だが、関係者からは厳しい見方が出ている。

「仮に途中からライセンス生産が認められるとしても、システムの補修などごく

ライセンス生産　民間企業が外国の企業と技術導入契約を結び、工業所有権の使用料を払い、許諾を得たうえで国産すること。

一部ではないか」

◇

2004年5月4日、米国防総省。

日米の安保専門家の会合でワシントンを訪れた久間章生・自民党幹事長代理は、ラムズフェルド国防長官に食い下がった。

「ライセンス生産でいいじゃないですか」

「これからの議論で強く主張してください」

国防長官は笑いながら、そうかわした。

この後、久間は国防総省関係者に会うたびに打診したが、返ってくるのは「検討中」という言葉ばかりだった。

米国発の軍事変革で、日米の一体化に拍車がかかる。日本の「安全保障の基盤」を支えてきた防衛産業も、変質を余儀なくされている。そこに同盟の熾烈な現実がのぞく。

（本田優、松井健）

最前線の基地

ツンドラの雪原に、巨大な通気口のようなミサイル発射口が並ぶ。地下には、すでに5基の迎撃ミサイルが格納されている。

ブッシュ政権が「軍事変革の中核の一つ」と位置づけるミサイル防衛（MD）の最前線――米アラスカ州の陸軍基地フォートグリーリーを取材した。

◇

アラスカ州第2の都市フェアバンクスから、車で南へ約2時間。アラスカ山脈を遠望し、石油パイプラインも通る要衝の地デルタジャンクションは、時ならぬ建設ブームにわいている。

町の郊外の原野に、陸軍基地フォートグリーリーが広がる。

この基地は実は、冷戦後になって米軍の縮小のあおりを受け、1990年代末にいったん閉鎖が決定していた。一時は保守要員数十人を残すだけで、ゴーストタウン寸前の状態まで追い込まれていた。

それが息を吹き返したのは、ミサイル防衛の早期配備を掲げたブッシュ政権の誕生がきっかけだった。

ブッシュ大統領が2004年〜05年の配備をめざすよう命じた「地上配備迎撃システム」で、迎撃ミサイルを発射する基地として選ばれたのがここだった。大陸間弾道弾（ICBM）の脅威から米本土を守る最前線となる、というふれこみだ。

◇

ミサイル発射場となった約800エーカー*の土地は、5年前に大規模な原野火災があった土地で、焼けこげた木立が続くばかりの荒野だった。

エーカー　1エーカーは約1224坪。800エーカーは約98万坪の広さとなる。

ＭＤ基地の建設には、３億ドル以上の資金がつぎ込まれ、ボーイング社やベクテル社など軍事産業大手が受注した。２００２年６月に工事が開始された。零下50度に達する厳寒期も、30度を超す酷暑でも、最大時千人近い労働者が昼夜交代で働き続けた。

その結果、２００４年夏には、地下にサイロ*が埋め込まれたミサイル発射台、防衛衛星通信システム棟や指揮管制棟など、13の新しい施設が姿を現した。ハーフコースのゴルフ場まで建設する計画だという。

基地管理を担当する基地編成部長のノルガード大佐は、

「アラスカの厳しい自然条件を考えあわせると、前代未聞の偉業だ」

と手放しでたたえる。その一方で、

「これは到達点ではない。まだ始まったばかりだ」

とも話し、表情を引き締めた。

発射サイロ群には、２００４年11月の段階で、迎撃ミサイル５基が据え付けられた。隣接地では第２次サイロ群の工事も始まっている。

◇

数十メートル距離を置いた場所から、近づくことは禁じられた。サイロは通気口のようにしかみえない。外見だけでは「ミサイル防衛の基地」というより、ただの工事現場という印象だ。

基地編成司令の広報担当、マクソン少佐が言った。

サイロ　貯蔵倉庫のこと。地下にあるミサイル発射施設のこともさす。

「現状ではここで迎撃実験は予定されていない。アラスカの自然環境へのインパクトが大きすぎる」

そして、こう付け加えた。

「実際にここからミサイルを発射するような事態が来ないことを願っている」

（梅原季哉）

長官の信念

2001年9月11日朝、米国防総省の一室。

ラムズフェルド*国防長官は、与党・共和党の下院議員らと朝食をとりながら会談していた。

議題は、ミサイル防衛（MD）だった。上院で多数派を占める野党・民主党（当時）が、MD予算案を削って対テロ予算に振り向けようとし、委員会採決にかけるところまで持ち込んでいた。どうすれば、それに対抗できるか。

長官はMD推進の持論を熱心に展開した。

彼はクリントン政権下の1998年7月、弾道ミサイルの脅威に関する議会調査委員会（いわゆるラムズフェルド委員会）を率いてこんな警告した。

「5年以内に弾道ミサイルで米国への攻撃能力を持つ国家が出る」

ラムズフェルド国防長官　ドナルド・ラムズフェルド。1932年7月、イリノイ州シカゴ生まれ。プリンストン大卒。海軍を経て、30歳で共和党下院議員。ニクソン政権の大統領補佐官、北大西洋条約機構（NATO）大使、フォード政権の大統領首席補佐官の後、75年から77年にかけて史上最年少の国防長官を務その直後に、まるで裏付けるかのように北朝鮮のテポドン試射が起きた。

この経緯はワシントンの政界に鮮やかな印象を残し、ブッシュ政権での国防長官ポストを射止めることにもつながった。

◇

この日の朝食会でも、ラムズフェルド長官は弾道ミサイルを「究極のテロ兵器」と呼んだ上で、こう予言した。

「また何か事故が起きるだろう」

ニューヨークの世界貿易センターに最初のハイジャック機が突入したのは、まさにその瞬間だった。

同時多発テロは弾道ミサイルではなく、テロリストが手にしたカッターナイフで起こされた。

NBCテレビのキャスター、ラサートはこうコメントした。

「ミサイル防衛だけでアメリカを守るのは無理だということが裏付けられた」

そう受け止めた人は少なくなく、計画のお蔵入りも予想された。

だが、ラムズフェルド長官は逆に、MD推進への信念をいっそう強めた。

「弾道ミサイルを開発しようとしているのはテロ支援国家だ」

9・11テロから1カ月半後の記者会見でそう強調した。

結局、米国中が「あらゆる脅威に備えるべきだ」という空気に包まれる中で、民主党もMD予算案の削減をあきらめる方針に転換した。


めた。レーガン政権の中東特使。医薬品メーカーのG・D・サール社長など民間企業の経営歴も豊富。日米諮問委員会のメンバーも務めた。米本土に対するミサイル攻撃の脅威を調べるために議会が設けた「弾道ミサイル脅威評価委員会」の委員長を務めた。委員会は98年7月に、北朝鮮やイラン、イラクによる長距離弾道ミサイル開発は、中央情報局（CIA）の見通しよりもはるかに切迫している、との報告書をまとめた。直後にイランの中距離ミサイルや北朝鮮の「テポドン」の発射があったため、報告書はクリントン政権の米本土ミサイル防衛（NMD）政策に大きな影響を与えた。NMDの主唱者でもある。

長官は自らのビジネス体験から、「まず配備、後で改良する」という「らせん状開発方式」を提唱し、ＭＤ推進の特別扱いを実現させた。実験が不十分ではないかという批判に対しては、こう皮肉るのが口癖だ。

「飛べるかどうか分からないと言っていたら、ライト兄弟は決して成功しなかった」

イラクの泥沼など、ペンタゴンを取り巻く状況は厳しい。ラムズフェルド長官がブッシュ政権２期目も、４年間その座に留まるかどうかは論議が分かれる。だが、「彼が長官でなかったら、ＭＤは今の段階まで来ていなかっただろう」という評価は、衆目の一致するところだ。

（梅原季哉）

◇

専門家の論争

ミサイル防衛（ＭＤ）で対抗しなければならない弾道ミサイルの脅威は、実際にどれほど差し迫っているのだろうか。それに対して現在のＭＤはどこまで対抗する能力があるのか――。こうした疑問点について、米国の専門家たちの間でも議論は分かれている。

◇

弾道ミサイルを保有する国家の数は、増える一方だ。防衛庁の資料によると、1989年の冷戦終結時には15カ国だったが、2002年には46カ国に膨れ上がった。この「ミサイル脅威の拡散」が、MD推進派の根拠の一つになっている。だが、カーネギー国際平和財団のシリンシオーネ不拡散部長は指摘する。

「全体としてみた弾道ミサイルの脅威は確かに深刻だが、限定されたものだ」

弾道ミサイルの脅威に関する議会調査委員会（ラムズフェルド委員会）は1998年に、北朝鮮とイランについて「5年以内にも」米国に届く大陸間弾道弾の開発の可能性に言及したが、この予測に反して両国ともまだ成功していない。米国の事前探知能力が落ちて、奇襲されてしまうかもしれないとの警告もあったが、これまでのところ具現化していない。

ただし、北朝鮮が保有するノドンのような中距離ミサイルに関しては、MD批判派の科学者たちですら、脅威が実在することに異論はないのも事実だ。

コイル元国防次官補（実験評価担当）はこうみる。

「北朝鮮は中・短距離ミサイルをトンネルや洞穴に隠す能力があり、事前の警告時間は十分ないかもしれない」

ブッシュ大統領がMDの必要性を訴える際によく使うのは、「テロの脅威」だ。

「テロリストはミサイルを使って我々に死をもたらそうとしている」

そうした論理に対して、懐疑派が集まる「憂慮する科学者同盟」（UCS）のグロンルンド博士、ライト博士らはこう言い切る。

『テロリストが弾道ミサイルを手に入れるかもしれない』、などといった推進派の論議の立て方は、まったく無意味だ。ミサイルは巨大で隠すことはできない。どこから撃ったのかも明白で、テロ集団の手に余るはずだ。彼らの目的にとっては、ミサイルを使うよりも、大都市での自爆テロの方がはるかに効果的なはずだ」

◇

アラスカに配備されたミサイル迎撃システムは、米本土を弾道ミサイルから守る、とうたい文句だが、実際にどの程度の迎撃能力を持つのか。

ユージン・ハビガー元戦略軍司令官は２００４年９月、ＭＤに批判的なカーネギー財団主催の公開シンポジウムでこう断言した。

「私がこのシステムを使わなければならない立場なら、辞表を提出する」

軍人や国防総省関係の「プロ」で、表立った批判をしない人たちの間でも、実効性に関して懐疑の念を根強く持つ人は珍しくない。

技術面での最大の問題は、大気圏外を高速で飛来する弾道ミサイルがおとりの風船や金属片をばらまくと、それを確実に識別する手段がないことだ。

コイル元国防次官補はこう批判する。

「これまでの実験は、事前に振り付けられた動きをしただけ。技術の進展はないのに政権の自信だけが強まった」

ミサイル防衛局（ＭＤＡ）は２００４年末、２００５年初めと、複雑な条件設定のないはずの迎撃実験に相次いで失敗した。ブッシュ政権が当初２００４年内を確実視していたミサイル防衛の運用開始宣言は、めどが立たない状態に追い込まれた。

◇

では、日本が導入を決めている、イージス艦搭載のスタンダードミサイル3（SM3）と地上からのパトリオット改良型（PAC3）ミサイルの組み合わせであれば、例えば北朝鮮のノドン・ミサイルに対抗できるのだろうか。

マサチューセッツ工科大学（MIT）のジョージ・ルイス教授の分析は厳しい。

「運が良ければ迎撃できる可能性はあるが、現実の環境では実証されていない。それにイージス艦1隻では日本全土をカバーできないし、パトリオットにいたっては、防御できるのは数十キロの範囲だけだ」

憂慮する科学者同盟のライト博士も限界を指摘する。

「ノドンを迎撃しようとするのなら、切り離された弾頭に命中しなければならない。ところが、米海軍はこれまでの実験では、本体と弾頭が切り離されていない、ずっと大きな標的しか撃墜できていない」

PAC3については、米陸軍がイラク戦争中、「ほぼ完全に迎撃に成功した」と発表していた。

だがこれも、軍事シンクタンクの国防情報センター（CDI）の分析では、迎撃が試みられないまま着弾してしまった件数は勘定に入っておらず、やや誇張された戦績になっているという。

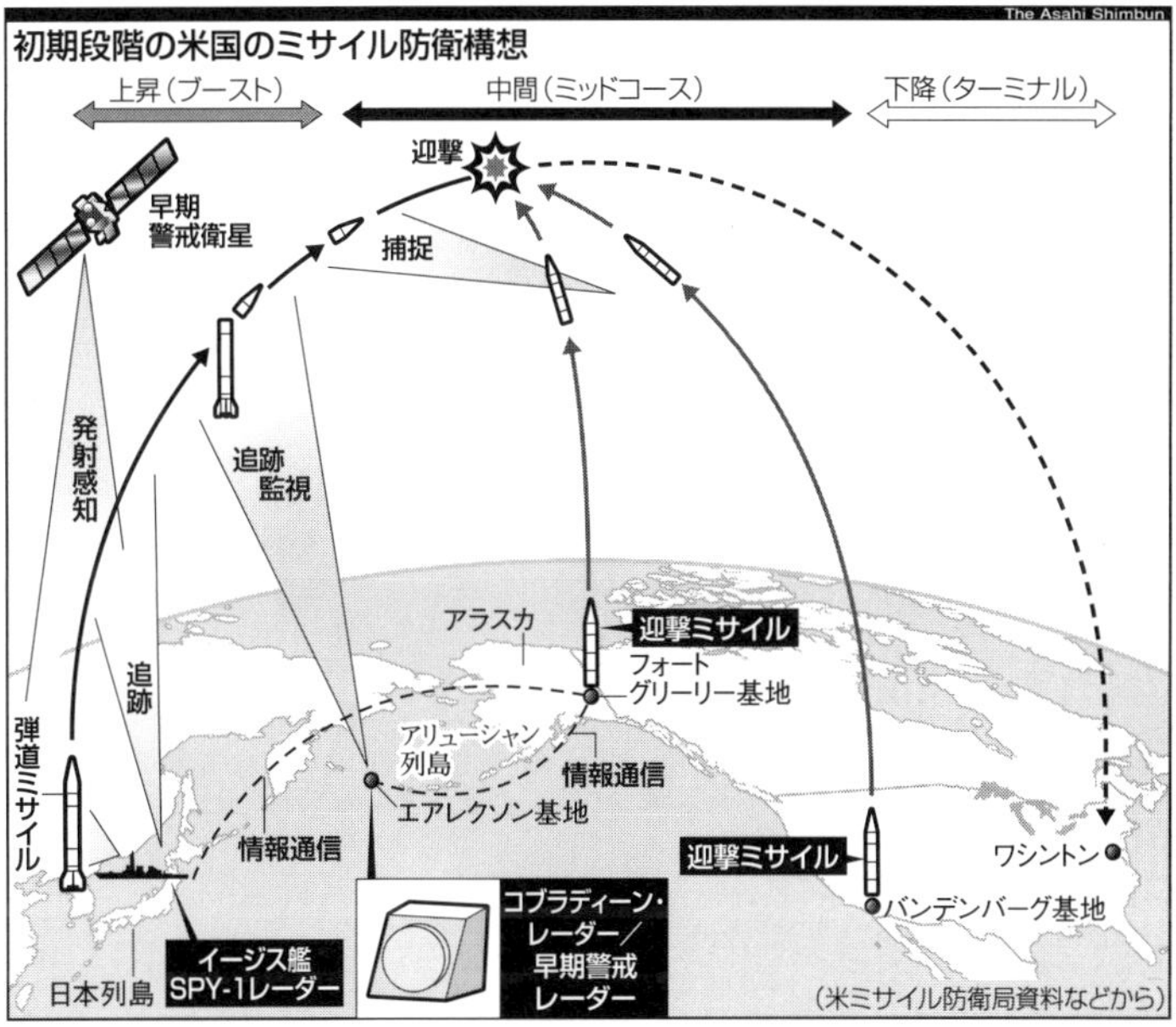

ミサイル防衛をめぐる各国の主な動き

日本　03年、米国型MDシステムの導入を決定
オーストラリア　04年に米国とMD協力の覚書署名。共同開発に加え、将来的な共同運用の可能性を示唆
イスラエル　米国と共同開発した短距離弾道ミサイル用のアロー2を実戦配備
英国　03年に米国とMD協力の覚書に署名。米国の要請でイングランド北部ファイリングデールズ基地の早期警戒レーダーの機能向上を約束
デンマーク　米国の要請でグリーンランドのツーレ基地にある早期警戒レーダーの機能向上を協議中
カナダ　04年に米国とMD協力の政治的意思を確認。具体的な参加形態は協議中
ドイツ　96年から米・伊と中距離拡大防空システム（MEADS）を共同開発中
イタリア　96年から米・独とMEADS共同開発中。仏と中距離地対空ミサイル「SAMP」を共同開発中
フランス　MEADSを共同開発する覚書に署名したが、後に自国の防衛産業を保護したいとの思惑で撤退
NATO　欧州防衛に関する研究が進行中。05年に方針を提示

（防衛庁資料などから）

しかも、イラクがこの戦争で発射したのは、速度が比較的遅く、射程も150～200キロの短距離ミサイルだった。ノドンのような、より速い中距離ミサイルを迎撃する能力については、未知数といえる。

◇

MDの開発・配備が本格化するのは、これからだ。

ミサイル防衛局高官によると、初期運用に備えた監視任務のため、米イージス艦の日本海への展開は始まっているが、2005年からは艦上発射型SM3ミサイルの発射態勢が整うという。2006年までに太平洋海域で駆逐艦15隻、巡洋艦3隻がMD任務に就く予定だ。

アラスカの地上配備システムも、迎撃ミサイルを追加の上、探知能力を大幅に向上させたXバンドレーダーが2005年末までに加わる。高官はこのレーダーの能力をこう説明した。

「米西海岸で野球選手が打ったホームランボールを、東海岸からとらえ、その回転速度まで割り出せる」

その一方で、開発が遅れているのが、ミサイル発射直後のブースト（上昇過程）段階での迎撃計画だ。この段階のミサイルを撃ち落とすのに、有効な技術ではないかと期待された航空機搭載レーザー（ABL）は、1996年に開発が始まったが、完成のめどが立っていない。逆に、コストばかりがふくらみ、米会計検査院（GAO）によると、当初の約10億ドルが倍増し、さらに数億ドル必要になる可能性も出ている。

米連邦政府のMD関係予算は、2005会計年度で約100億ドルに達した。今後5年間は、ほぼ同規模の歳出が見込まれているが、その勘定には、システムを稼働させた後の維持管理コストは含まれていない。

米連邦議会は2005年現在、MDを旗印に掲げるブッシュ政権を支える与党共和党が上下院で多数派を占めているため、関連予算が大幅に削られる事態は、今後2年間はまず考えにくい。

一方、開発や維持コストは増加し続ける。その負担を、日本を含む同盟国に求める声が出てくることも予想される。

（梅原季哉）

割れる意見

「エンゲージ　オーダー（攻撃せよ）」

艦長の命令で、甲板の垂直発射装置が開き、迎撃ミサイルSM3が火炎を吐いて飛び出した。艦内の大型スクリーンに、標的の中距離弾道ミサイルとSM3の位置を示す二つの輝点が重なり、消える。

「ターゲット　キル（目標撃墜）」

艦内は歓声に包まれた。

２００２年11月21日、ハワイ沖の米海軍イージス艦レイク・エリー。米国単独で開発した海上発射型のミサイル防衛（ＭＤ）システムの4回目の実験だった。乗員・実験関係者４５０人の中に１人、日本から派遣された海上自衛隊幹部の姿があった。

◇

この頃、日本政府は「開発と配備は改めて判断する」との公式見解のもとで、米国と共同で迎撃ミサイルの技術を研究していた。

だが、米国側は、日本側がＭＤを導入する時期について口を濁し続けることにいら立ちを募らせた。レイク・エリーでの実験をつぶさに見せたのは、日本にミサイル防衛導入を促す意向の表れでもあった。

この実験から半年後の２００３年5月、小泉首相は米クロフォードでの会談でブッシュ大統領にこう約束した。

「ＭＤは日本の防衛の極めて重要な課題であり、日米同盟の信頼性の強化にも資する。我が国としても検討を加速する」

事実上の「ＭＤ導入宣言」だった。

閣議決定で正式に導入を決めたのは、その7カ月後だ。

◇

かねて米軍からＭＤ導入を迫られてきた自衛隊幹部たちは、「同盟の強化につながる」と喜ぶ。だが自衛隊は推進論一色ではない。ミサイル防衛がもたらす「負の側面」に顔を曇らせる人たちもいる。

防衛予算は年約４兆８千億円だが、そのうち武器・装備の購入費は約９千億円。一方、ＭＤは当面の配備計画だけでざっと７千億円が必要とされる。イージス艦によってＭＤの主要部分を担う海上自衛隊幹部からも懸念する声が漏れる。

「７千億円というが、それがどれほど確かなのか分からない。バランスのとれた防衛力整備ができなくなるのではないか」

概算要求で、防衛庁は「任務が増えるなら予算も増やすべきだ」と主張した。従来の防衛費と別枠で扱うよう求めたのだが、財務省側に突っぱねられた。

「それほど重要というのならばＭＤも含めた新しい防衛力のあり方を示してください」

◇

２００４年５月下旬。防衛庁・自衛隊の担当者たちが、ワシントン郊外の米ミサイル防衛局を訪れ、ＭＤの運用に関する日米協議がスタートした。

日本側はこの協議の焦点のひとつを「米国の言いなりにならない主体的なシステムが作れるかどうかだ」（自衛隊幹部）としている。

制服組のなかには「衛星や電波情報で勝る米国との情報共有は不可欠だ。米軍の情報を知ることで、日本が主体的な運用もできる」という見方がある。一方で、「短時間で処理しなければならず、これが『集団的自衛権*の行使だ』『行使じゃな

集団的自衛権　国連憲章51条は、それまでの自衛権を個別的自衛権と呼び、新たに集団的自衛権を加え、主権国家には個別的自衛権と集団的自衛権があることを認めた。集団的自衛権とは、ある国が武力攻撃を受けた場合に、被害国と密接な関係にある他国が自国への攻撃とみなして共同して防衛にあたる権利を言う。日米安保条約もその前文で「両国が国際連合憲章に定める個別的または集団的自衛の固有の権利を有していることを確認し」と記している。日本政府は戦後一貫して憲法９条との整合性を保つ必要から、「集団的自衛権は保有はしているが、『憲法が認める必要最小限の武力行使』を超えるため、その行使は許されない」との見解をとってきた。

い』と判断する余裕があるだろうか。集団的自衛権の問題をなし崩しにするのは賛成できない」と指摘する声もある。

ＭＤは同盟の結びつきを深めようとしている。だが、米戦略に一段と同化する恐れはないのか。

防衛庁がまとめた内部資料には、「米国の対日期待」として、こんな記述がある。「（米国は）ミサイル防衛は単なる日米協力の域を超えて、将来の日米同盟のあり方全体にもかかわる重要な課題と位置付けている」

（牧野愛博）

費用対効果

「ミサイル防衛の最新状況」

米国防総省ミサイル防衛局のオベリング副局長（当時）が、こんなタイトルの38ページの文書を携えて来日した。２００４年6月のことだ。

文書には、２０１２年までの米国のミサイル防衛（ＭＤ）戦略などのほか、ＭＤ搭載イージス艦の配備計画などが詳述されていた。

それによれば、２００６年までのレーダー改修や迎撃ミサイル搭載が決まっているイージス艦16隻のすべてが、横須賀、ハワイ、サンディエゴに配備されている米太平洋艦隊の所属だ。北朝鮮の弾道ミサイル向けに日本海にも配備される。財界関係者らとの非公式会合で、この文書を配布して計画を説明したオベリング副局長はこう語った。

「日本と緊密に協力していきたい」

◇

文書に明示された16隻のうち唯一、2004年中に弾道ミサイル迎撃能力を持つとされているのは、ハワイ沖で迎撃ミサイルSM3の発射実験に使われてきたイージス巡洋艦レイク・エリーだ。

米国がMDの初期配備を開始して間もない2004年10月11日。そのレイク・エリーが初めて新潟東港に姿を現した。24時間の滞在中、乗組員は博物館や専門学校での交流行事に参加した。

「乗組員と新潟の人たちとの親交が寄港の目的だ」

ホーン艦長はこう話し、今後の拠点にするかどうかについては答えなかった。だが、米軍関係者は、将来のMD実戦配備に向けた「地ならし」であることを明かした上で、こう説明する。

「日本海側ではこの港は水深が深く、接岸しやすい。乗組員の休養場所にも最適だ」

◇

MDの早期実現をめざす米ブッシュ政権に突き動かされ、日本政府が慌ただしく導入を決めてから1年。2004年末に策定された新しい「防衛計画の大綱」

でも、自衛隊が取り組む五つの「新たな脅威や多様な事態」の筆頭に「弾道ミサイル攻撃」を掲げた。

日本のMDは、海上自衛隊のイージス艦がSM3を放ち、大気圏外で弾道ミサイルを迎撃。それで防ぎきれなかった場合に、地対空のパトリオット改良型（PAC3）によって近距離で撃ち落とすという2段構えの構想だ。

新大綱に基づき、MDのためにイージス艦4隻が改修され、航空自衛隊の6個高射群の半分がミサイル防衛部隊となる。2004年度から約1千億円の関連予算がついており、2007年度には「こんごう」（母港・佐世保）がMD一番艦に生まれ変わる。

だが、イージス艦4隻のうち、常に2隻は訓練や定期修理で実戦配備できない。1隻がカバーする範囲が半径数百キロと格段に広いため、残りの2隻で十分だというが、それも相手のミサイル発射を察知し、適切に配備されていれば、の話だ。また、PAC3の迎撃範囲は半径数十キロ。ごく限られた施設しか防護できず、政府施設や米軍・自衛隊の基地が優先されるとみられる。仮に迎撃に成功しても、その破片が落下して地上の住民に被害を与える可能性はある。

◇

防衛庁幹部はこう説明する。

「いいものをつくろうと思ったら、きりがなく、国家財政が破綻してしまう。どのくらいの範囲で我慢するか。それは我々ではなく政治が考えるべきことだ」

ＭＤ配備には１兆円以上の経費がかかるとみられる。その結果、国民はどの程度、安全になるのか。その費用対効果について、明確な説明はない。

政府は、弾道ミサイルの迎撃は「武力攻撃事態での防衛出動」（防衛白書）と位置づけている。迎撃ミサイルの発射は、戦後日本にとって初めての武力行使となるかもしれない。その重大な局面で、最高指揮権者である首相の権限と判断は、一線の司令官に事実上、委ねられることになる。

北朝鮮が弾道ミサイル「ノドン」（射程約１３００キロ）を日本に向けて発射した場合、防衛庁のシミュレーションでは、日本に着弾するまでの時間は約11分。日本海に配備されたイージス艦がミサイルを探知して弾道を分析するのに約３分。データを防衛庁に送信するのに約１分――。

それから先のマニュアルは、まだ固まっていない。

（田井中雅人）

武器輸出三原則

「武器輸出三原則*が、日米技術協力の発展を妨げている」

日本経団連の西岡喬・防衛生産委員長（三菱重工業会長）が訴えた。

「日本の技術維持や米国との関係強化のため、三原則の見直しが必要だ」

武器輸出三原則　当初は佐藤内閣が１９６７年に表明したもので、①共産圏諸国②国連決議により武器等の輸出を禁止されている国③国際紛争の当事国、またはその恐れのある国には武器の輸出を認めない、という内容だった。76年、三木内閣が三原則対象地域以外の国についても武器輸出を「慎む」として、以後、武器は原則輸出禁止とされた。中曽根内閣の83年、米国に対する武器技術の供与に限って三原則の例外としたが、武器そのものの対米輸出は従来通り三原則で対処することとした。

自民党の有力な国防族の一人、久間章生・総務会長も口をそろえる。

２００４年11月12日、国会近くの憲政記念館で開かれた日米同盟に関するシンポジウム――。

会場の別室には、米国の軍事メーカーがミサイルの模型などの展示を並べていた。

米国製兵器のライセンス生産が難しくなってきた今、日本の防衛産業が「活路を開くカギ」と注目するのが、武器輸出三原則の緩和だ。佐藤内閣が１９６７年に定めた三原則は、三木内閣時代の１９７６年に「一切の武器輸出を慎む」と改められた。

「米国に技術を提供しないと生産の分担がもらえない。三原則見直しによる共同生産が重要だ」

大手メーカー幹部は本音を漏らす。

ミサイル防衛（ＭＤ）で始まった日米の共同研究*を、共同開発や共同生産に発展させて、国内の技術力と生産ラインを確保しようというのだ。

◇

九州の山あいにある小さな工業団地。

昼間というのに町に人影は少ない。広がる水田の上空でトンビの鳴き声ばかりが響く。

この団地に集まる約10社のなかでも比較的小規模な、赤さびた鉄骨スレート造

次世代ミサイル防衛用迎撃ミサイルの日米共同研究　米政府の強い要請を受け、１９９８年12月に安全保障会議で共同技術研究への着手を決定。共同研究は①大気中を飛翔中に空力加熱から赤外線シーカーなどを保護するノーズコーン②赤外線を利用して標的の識別・追尾を行うシーカー③標的に直撃し、運動エネルギーで破壊するためのキネティック弾頭④全３段のロケットモーターの２段目ロケットモーター、の四つからなる。そのうちノーズコーンと２段目ロケットモーターは主に日本が開発を担当している。

りの建物。そこに、日米防衛協力の最先端を担う製造現場があった。

専門用語で「ノーズコーン」と呼ばれる。宇宙空間を飛ぶ弾道ミサイルを迎撃するMDの弾頭を、空気抵抗から守る円錐形の合金カバー。チタン合金でできたこの部品は、1千度超の高温に耐える丈夫さと、必要なときに速やかにチリひとつ出さずにスパッと割れる、という性能を兼ね備えなければならない。しかも、空気抵抗を最小限に抑える流線状に成形する必要がある。

MDシステムの成否を左右しかねないノーズコーンの日米共同研究を請け負ったのが、三菱重工だ。といっても、自社にその製造技術があるわけではない。全国各地の下請けメーカーをしらみつぶしに探し、船舶用ディーゼルエンジンの過給器（ターボ）の製造ノウハウをもつ九州の町工場に白羽の矢をたてた。

九州の片田舎で結合された長さ1メートル超の金属部品が、米国中南部の米空軍基地に運ばれて実験にふされた。電気信号が伝わった瞬間、結合部は火薬の力を借りてきれいに二分された。成功した。2003年秋のことだった。

◇

「日本の技術力を支えているのが町の中小企業の製造ノウハウ、というのは民生品も防衛装備品も変わらない」

防衛庁幹部はそう語る。

これまでの三原則のもとでも、米国にこの技術を渡すことはできる。だが、共同開発、共同生産につなげるには、三原則の緩和が必要だ。

「過去に川崎重工のヘリ部品や東芝の電子部品などにも、開発の打診や輸出の引き合いがあったが、断った」

経団連関係者がそんな経緯を明らかにした。

「スリー・プリンシプルズ（三原則）」という言葉は、2003年に入って、米国側もよく口にするようになった。

「日本が決めることだが、MDの共同開発に障害になる」

米国防総省関係者はそんな言い方で日本側に圧力をかけた。

ただ、米政府は「日本の三原則を基本的に支持する」（米軍事コンサルタントのルービンスタイン）という立場で、全面的な武器輸出解禁を求めているのではない。狙いは、あくまで米国主体の共同開発への参加を促す点にある。

米国が進める「第5世代戦闘機」、米ロッキードマーチン社のF35JSFの開発には、すでに欧州各国が参加している。3兆円ともいわれる開発費の高騰が背景にある。参加できない日本の防衛産業には「このままでは技術で取り残される」という危機感が漂う。

◇

2003年夏。防衛庁、外務省、経産省は三原則見直しの検討に水面下で着手した。「米国の働きかけが影響した」と、複数の政府関係者が証言する。

MDの日米共同生産をいかに実現するかが議論の契機だった。しかし、政府内の議論は、ほどなく米国との共同生産以外にも広がった。

外務省「防弾チョッキなどの防御的装備や暗視ゴーグルなどテロ対策の装備は、三原則の対象から外すべきだ」

経産省「現在も必要な手続きをとれば輸出はできる。目的外に使用されないようにどう担保するか、という問題がある」

もともと政府の一部や自民党、防衛産業内には「一切の武器輸出を慎む」という方針に根強い抵抗感があった。このため関係省庁間の協議では、MD以外の日米共同生産や、欧州なども含めた多国間の共同生産、中古艦船の輸出なども検討課題に挙げられた。一方、経産省などで輸出管理を担う部局は、抜本的な見直しには慎重な姿勢だった。

こうした政府内の意見の違いに加え、与党内でも、大幅見直しに積極的な自民党と慎重な公明党という立場の違いがあり、議論は紆余曲折をたどった。

◇

2004年12月、政府は武器輸出三原則を緩和する官房長官談話を発表した。MDの共同開発・生産は武器輸出三原則の例外扱いとしたうえで、MD以外の米国との共同開発・生産や、テロ・海賊対策支援に資する輸出については、「個別の案件ごとに検討のうえ結論を得る」というものだった。

自民党幹部の一人は「まずはMDの共同生産から始めて、段階的に見直していけばいい」と言った。

もっとも三原則を緩和しても、日本の防衛産業に都合の良い結果ばかりとは限らない。

「三原則は鎖国のようなもの」と、防衛庁関係者が指摘した。

「それを解いたら、米企業が技術を持つ日本の中小企業に接触してくる可能性がある。日本の防衛産業がそこまで『国が守ってくれる』と考えていたら、甘い」

（大島隆、吉田博紀）

「最後の保護産業」

左右対称のはずの飛行機の、右の翼に三つ目のエンジンがぶら下がる。あたかも虎の子を守るように、このエンジンの前面だけに黄色い網状の移動式フェンスが設置されている。

２００４年11月、岐阜県各務原《かかみがはら》市にある航空自衛隊岐阜基地――。国産開発が進む次期固定翼哨戒機ＰＸ用のエンジンの空中試験が始まろうとしているのだった。

◇

「日本周辺には、水深の深い日本海もあれば浅い東シナ海もある。日本の特性に適した国産機は自衛隊の悲願です」

30年近く哨戒機の開発・運用一筋に携わってきた自衛隊将官が語る。

自衛隊の航空機は多くが米国からの輸入か米機のライセンス生産だ。防衛庁は１９８０年代に、地対空支援戦闘機ＦＳＸの国産開発をめざしたが、米国政府の圧力で米戦闘機Ｆ16をもとにした共同開発・共同生産に変更させられた。

その日本にとって、固定翼哨戒機Ｐ３Ｃ（米機のライセンス生産）の後継機であるＰＸの開発は、輸送機Ｃ１３０（米機のライセンス生産）の後継機である次期輸送機（ＣＸ）の開発とともに、久々の大プロジェクトだ。機体の開発費はＰＸとＣＸの合計で３４００億円。防衛装備の開発予算としては最大規模にのぼる。

日本の航空機メーカー各社はこぞって参加した。

機体全体の開発のまとめ役に指名された川崎重工業は、岐阜基地の南に隣接する岐阜工場内に、２００３年度の経常利益の4倍以上になる５００億円を投じて組み立て工場を新設した。

機体以外にも、ＰＸ向けの試作エンジン「ＸＦ７」の開発に約２５０億円が投じられる。ＸＦ７の主契約メーカー、石川島播磨重工業は２００２年度までに５台を防衛庁に納入し、同庁技術研究本部が試作機に搭載する前段階の性能試験を繰り返した。岐阜基地の「三つ目のエンジン」は、その総仕上げといえるものだった。

◇

２００４年10月、横浜市で開かれた国際航空宇宙展。

防衛装備の開発責任者である防衛庁の安江正宏・技術研究本部長は、こうあいさつした。

「PX、CXもあり、将来も国産が増えるとの明るい見通しを持っている」

だが、防衛装備関連の業界団体に再就職した自衛隊OBがつぶやいた。

「楽観的すぎる」

戦車や艦艇、武器など正面装備の契約額は、冷戦が終結直後の1990年度に1兆727億円のピークを記録した後は毎年のように漸減。2004年度は新たに導入された弾道ミサイル防衛(MD)関係を除けば、6900億円に落ちた。

「PX、CXが最後の国産の大プロジェクトになるかもしれない」

ある航空機メーカーの幹部はそんな懸念を漏らした。

深刻な影はすでに業界の足元に伸びているのだ。

◇

神奈川県藤沢市の洞菱工機は、自衛隊の戦車の部品を作っている。

畑や住宅に囲まれた790平方メートルほどの小さな町工場。

金属を削って成形する大型機械がところ狭しと並ぶなかで、37人の作業員が働く。50歳代の作業工が、ピカピカに光る金属の表面をつめでなぞる。

「まだ20(マイクロメートル)はあるな」

布状のもので1時間ほど磨き上げ続け、満足そうに作業を終えた。

つめでなぞるだけで1・5マイクロメートルの凹凸を感じ取る。洞菱工機にはそんな匠《たくみ》が5人いる。

戦車の車輪や車軸の接続部は、悪路を高速で走る過酷な条件で使われるため、表面の凹凸が大きいと偏って摩耗して壊れやすくなる。このため、最低でも３マイクロメートル以内の表面精度が求められる。民生用機械で加工したら10マイクロメートルが限度で、最後は熟練工の手作業に頼るしかない。

１９６１年から戦車部品を生産し、元請けの三菱重工業に納入してきた。売り上げは80年代までは右肩上がりだった。その後に落ち込み、いまや１９９０年に比べて半減だ。先行きにも明るさはみえない。

２００４年7月末、神奈川県相模原市にある三菱重工汎用機・特車事業本部の一室で、吉田雄彦本部長は下請けメーカー１００社の経営者に宣告した。

「戦車は減る。輸入になるかもしれない」

洞菱工機は三菱重工から、２０１０年ごろに量産予定の新戦車の商談を受けた。だが、洞口芳彦社長は悩んでいる。専用設備の新設に数億円はかかる。

「売上高６億円の企業には、失敗したら倒産しかない」

洞菱工機と同じように三菱重工に戦車の部品を納入する下請けは、孫請けを入れて約１２００社ある。そのうち直接発注が来る１次下請けは２３０社だが、最近15年で10社減ったという。

◇

大企業でも、生き残りをかけた努力が始まっている。

砲弾を製造する大阪府摂津市のダイキン工業淀川製作所。

売り上げはピーク時から2割にあたる40億円も減った。このため、民生部門で補おうと、1996年から砲弾に形や素材が似た在宅酸素医療用ボンベを作って売り出した。稼働率が低下した砲弾用の生産ラインの空きを活用すれば、コストは下がるという計算だった。だが、狙いが外れた。

ラインと作業員を民生品に借用する場合、「作業依頼」を紙にまとめ、経理に提出する。1998年に発覚した、NECによる防衛装備品の代金水増し請求事件以来、コスト管理への要求が厳しくなり、借用時間や従事人数を文書で記録するようにしたためだ。借用料を1時間単位で防衛部門に計上しなければならない。

さらに、ボンベの組み立て作業には約70平方メートルの専用室を用意した。防衛庁担当と民生担当の作業工が互いの業務を混同しないようにと、3方を壁に囲まれた室内で2人の作業員が歩き回る。

「税金をいただく以上、管理徹底はわかるが、コスト削減には制約になる」

福永健治・特機事業部長はそう残念がる。

ボンベの売り上げは16億円で、伸び悩んでいる。

◇

防衛庁は1970年に定めた装備の生産・開発に関する基本方針で「国産推進」をうたった。

防衛企業の契約高ランキングも半ば固定されてきた。不動の1位三菱重工以下、20社中、過去15年で入れ替わったのは5社だけだ。

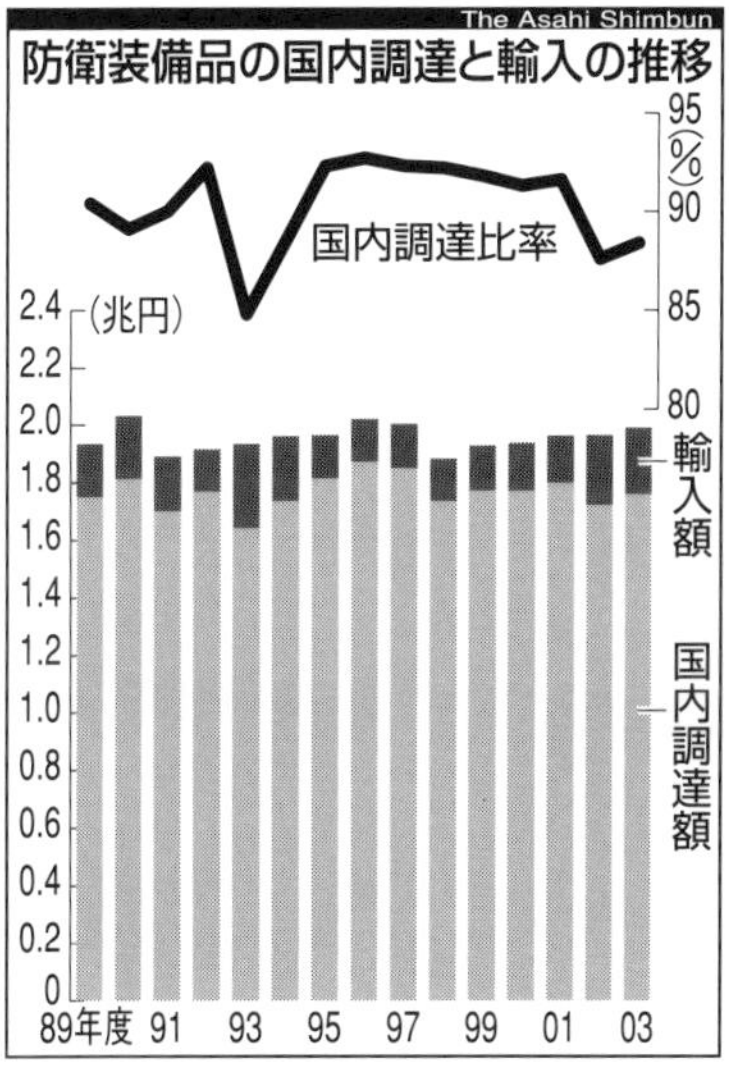

定期点検を受ける国産のＣ１輸送機。後継機の開発が進められている＝岐阜県各務原市で

国産品は国際価格より高くなりがちだ。日本メーカーは、武器輸出三原則で出荷先が国内に限定され、多品種少量生産を強いられてきた。加えて、ライセンス国産では米国など技術供与元にライセンス料を支払わなければならない。

それでも「国産」を推進してきたのは、「日本の安全保障基盤の維持」という名目があったからだ。だが、その政府方針も変わりつつある。

「仲良く入っていた風呂の水温が、毎年1度ずつ下がっている。それでもみんなで我慢しようと耐えてきたが、いつまでも続きはしない」

防衛庁幹部はいま、メーカー側にそう意識改革を訴える。

「最後の保護産業」に、軍事変革の波が容赦なく押し寄せているのだ。

兵器一つ一つの高度技術化、高額化を背景に、世界的な軍需企業の統合が進んでいる。米国の大手軍需企業は、1990年の60社が、2001年までに4社になった。

「欧米では生き残りをかけた再編が急ピッチで進められたのに、日本は手つかずだった」

同志社大の村山裕三教授はそう指摘する。

防衛庁は2003年9月、長官をトップに「総合取得改革推進委員会」を設置し、「原則国産」の方針を見直すことにした。国産を維持するのは、①戦略性②秘密性③特殊性④基盤維持の必要性、という条件のいずれかにあてはまるものに限る。2005年夏には、具体的な業種や品目ごとに対象を絞り込む方針だ。

だが、業界団体幹部は冷ややかな目でみる。
「お宅は廃業だ、というのと同じ決定を官僚だけで下せるのか。政治家だって損な役回りを引き受けるとは思えない。政府主導で改革ができるはずがない」
世界の潮流との落差は大きい。

（谷田邦一、吉田博紀）

【インタビュー】

守屋武昌（防衛事務次官）

――日本は2003年12月に米国の同盟国のなかでトップを切って、ミサイル防衛の導入を決めました。何がきっかけですか。

「一番大きな要因は、2002年12月に米国がこのシステムの導入を決めたことです。それを受けて米国における弾道ミサイル迎撃試験、各種性能試験の結果を米国からヒアリングし、そのデータをもとに我が国の地形を前提とした場合にどういうところをどういうふうに守れるかをシミュレーションして、日本にとってもミサイル防衛システムは使える技術的可能性が高いと判断した。それに撃たれたミサイルを日本上空あるいは公海領空で撃ち落とすというこのシステムの特性

守屋武昌（もりや・たけまさ）　1944年9月生まれ。東北大卒、71年防衛庁に入り、防衛局防衛政策課長、防衛施設庁施設部長や官房長などを経て02年1月から防衛局長。03年8月、防衛事務次官に就任。

が、専守防衛*という日本の防衛政策にふさわしいということで、導入を決定しました」

――米国からミサイル防衛の初期配備をすることを最初に聞いたのは、2002年12月の石破茂・防衛庁長官の訪米のときですか。

「そうです。私は当時防衛局長で、いっしょに行きました。日米安全保障協議委員会（2プラス2）があって、その後にミサイル防衛局を訪れたときに、米国としては中距離弾道ミサイル防衛の技術的可能性についての検証を終わって初期配備に踏み切るというブリーフィングを受けたのです」

――そのときの印象は。

「私はまだあと3年か4年はかかると思っていましたからね。本当にそういうレベルまでいっているのかという驚きはありました。早急に技術情報の協力を得て、我々との間の情報ギャップを埋めないといけない。すぐにその場で米国の全面的な協力を申し入れました」

――米国の反応は。

「全面協力する、と」

――欧州各国は踏み切っていないのに、日本は急ぎすぎていませんか。

「日本は現実に弾道ミサイルの脅威に直面している。北朝鮮のノドンやテポドン発射という事例がある。さらに金正日総書記が拉致と不審船を認めたことで、日本国民は脅威が現実にあることを感じた。北朝鮮の核開発をやめさせるという国

専守防衛　防衛白書によれば、「専守防衛とは、相手から武力攻撃をうけたときに初めて防衛力を行使し、その態様も自衛のための最小限にとどめ、また、保持する防衛力も自衛のための必要最小限に限るなど、憲法の精神に則った受動的な防衛戦略の姿勢をいう」。憲法9条と矛盾しないように、こうした防衛の「姿勢」が強調された。

際的な取り組みに対しても、ミサイルの脅威をちらつかせている。国民の生命財産を預かる防衛庁としては、ミサイル防衛の分析を急がざるを得なかったわけです」

――当面の配備予定とコストは。

「イージス艦4隻とパトリオット4個高射群などで構成されるシステムの調達を2004年度から始めた。その費用は全体で8千億円から1兆円。ただし、将来的な能力向上のための検討を進め、必要に応じて計画の見直しをしていく予定です」

――費用が予想よりも膨れあがる懸念はないですか。

「米国に対しては、価格問題は日本がこの事業を続けるうえで決定的に重要だ、国民の支持を失いかねないからコストアップには厳しく対応せざるを得ないと、機会あるごとに言っています」

――SM3もPAC3も、今年度分は米国からの有償軍事援助*（FMS）契約ですから、金が日本に落ちない。日本の防衛産業はライセンス生産の契約でなかったことに衝撃を受けています。

「この交渉はまだ終わったとは思っていません。毎年の契約で状況は変わる。米国とぎりぎり交渉していきます」

――日本としてはライセンス生産が望ましいという考えですか。

「そうです。大変な金がかかるし、安全保障上不可欠な中核技術の維持という視

有償軍事援助（FMS）　戦後まもなく日本は米政府から無償で軍事物資などの援助を得ていたが、その打ち切りに伴って導入された。米政府から装備品や役務を有償で調達する方式。政府間契約とも言える。

点があるから」

――武器輸出三原則の緩和を求める動きが出ていますが、ミサイル防衛が主な要因ですか。

「ミサイル防衛については、もともと米国と共同研究をしていますが、共同開発・生産に移行する場合には、三原則を緩和する必要性が生じる可能性はあります。だが、そればかりではない。国際的に共同開発や分担生産が主流になりつつある現在、中核技術維持の観点から参加を検討すべきだということは、10月に出された首相の諮問機関『安全保障と防衛力に関する懇談会』の報告書にも書かれています。海洋における秩序維持の関連で、自衛隊の中古の護衛艦を売ってくれないかという要望も東南アジアの国にある。これからよく議論すべき話です」

――イージス艦搭載のミサイル防衛などを運用すると、憲法で禁じた集団的自衛権の行使に踏み込むことになりませんか。

「弾道ミサイルは上昇過程（ブースト）段階が終われば、弾着地域が我が国の領域か否かは判明する。日本のＭＤはブースト段階が終わった後の段階で迎撃する仕組みになっているので、弾着地域が不明のミサイルを迎撃する事態は生じない。集団的自衛権の行使にはなりません」

（２００４年10月　聞き手・本田優）

【インタビュー】

ヘンリー・A・トレイ・オベリング三世（米ミサイル防衛局長）

――ミサイル防衛は有効なのでしょうか。これまで実験では能力が証明されていない、という批判が強いですが。

「その見方には、私は同意できない。研究開発や技術実験は、レーガン大統領が提唱した戦略防衛構想（SDI）時代の1984年末から続けてきているものだ。地上配備の中間段階（ミッドコース）迎撃システムは、2001年から迎撃実験して、6回中5回成功した」

「実験の設定も、計画的なやり方で現実の環境に近づけており、今年（2004年）秋にアラスカに配備しつつある迎撃ミサイルは、その成果だといえる」

「批判派の人たちは、我々が人為的な条件設定をして、実験を意図的に成功に導いていると非難する。だが、実際に実験で設定されている条件は、安全上の配慮や地理的な制約からのもので、結果を成功にみせかける意図からではない。どの条件も、実戦的な設定の範囲内にあります」

――なぜ、日本との協力が必要なのだと考えるのですか。

「過去30年間で、ミサイルは拡散した。ミサイル技術や実際のミサイルを保有している国は1972年には8カ国しかなかったが、現在そうした技術を持つのは24カ国以上。しかも友好的な国ばかりではない」

ヘンリー・A・トレイ・オベリング三世　米空軍中将。1973年、ノートルダム大卒と同時に空軍に入隊、F4戦闘機のパイロットに。80年代初めには米航空宇宙局（NASA）に派遣され、スペースシャトル計画のプロジェクト・エンジニアを務めた。その後、空軍内で宇宙・調達畑を歩み、03年7月からミサイル防衛局副局長、04年7月から現職。

「日米両国は、パートナーとして長年協力してきた。地理的条件からも協力は必要だ。北朝鮮のミサイル計画を考えれば、どう対応するか、共に憂慮するのは自然なことだと思う」

「また、日米両国は産業の面でも世界で最先端を走っており、共同研究開発は意味がある。ミサイルで脅威を与える側の国々が協力している以上、友好国として我々も協力するべきでしょう」

――具体的には。

「双方の観点から、どんなシステムの組み合わせが最善かを分析しています。今年(2004年)、日本はイージス艦配備システムとパトリオットの導入へ、相当な投資をした。日本の真剣さの表れだと受け止めています」

「我々は、共同研究開発で海上発射のSM3ミサイルの改良に取り組んでいる。担当部局には、日本の産業界の視点も入れて、どんな改善がありうるかについて、検討するよう要請しました」

――研究開発段階から配備段階に移るためには、日本側には武器輸出三原則など法的、政治的な問題があります。

「実は、我々の側にも輸出管理の法や規制がある。現行の協力枠組みの中でどう実現できるか、日米共に検討している。日本の防衛庁、外務省と協議している。日本は、世界でも最良の可能性を提供してくれるパートナーだ。変動する世界で、新たな挑戦にどう対応できるのかが問題であり、過去にとらわれるべきではないと考えます」

——日本政府から、この問題はクリアできる、と保証があったのですか。

「保証があった、とは私は言わない。だが、共に働き、追求できる様々な可能性を検討しようという意思表示は受けている」

——米国の先端技術が「ブラックボックス」になるのでは、という懸念が日本側にはあります。

「双方にとって利益のある協力は、可能だと思う。安全保障上で問題になりうるのは、特定技術が第三国に移転する可能性だが、私はこの点では日本については心配していません。もう一つは、特定技術に関する知的所有権の問題をどうするかだろうが、それは産業レベルで処理される課題です」

——共同でミサイルを迎撃するには、きわめて短時間のうちの意思決定が必要とされます。

「情報は、日本の自衛隊と米軍両方がそれを生かせる形にしたい。情報共有に向けた指揮管制・戦闘管理システムについて取り組んでいます。我々は、上昇過程（ブースト）段階の迎撃も計画を持っている。例えば、航空機搭載レーザー（ABL）は、将来期待のもてる技術であり、日本がミサイル迎撃で直面しそうな時間的制約に対しても、対応可能だと思う」

——その上昇過程段階についても日米協力を検討したいということですか。

「そうです。我々は何も除外しない」

（2004年9月　聞き手・梅原季哉）

Ⅲ　秘められた歴史

第7章　機密の「日米共同統合作戦計画」

極秘作戦の特ダネ

朝日新聞の「自衛隊50年」取材班が動き始めて1年近くたったころ、ある自衛隊のOBから、半世紀にわたって封印されてきた「機密*」の存在を打ち明ける証言がもたらされた。

自衛隊の創設直後の1955年から約20年間にわたって、在日米軍と自衛隊との間で「日米共同統合作戦計画」が毎年作られていた。その存在すら秘密という最高度の「機密」で、首相にも報告されていなかった、という。

これまで歴代の防衛庁内局幹部も自衛隊幹部も、誰ひとりとして、そんな「作戦計画」の存在を公にした人はいなかった。現役の防衛庁首脳に聞いたが、「まったく知らない」という。もちろん報道されたこともない。自衛隊の歴史から消されていたのである。

取材を続けると、れっきとした事実であることが明らかになった。

「もう時効でしょう」

機密　防衛庁は、秘密文書をレベルの高い順から「機密」「極秘」「秘」の3段階に分類している。約13万5千件あるとされている。これとは別に、2002年11月施行の改正自衛隊法では、防衛庁長官が「防衛秘密」を指定することができるようになった。対象は自衛隊員だけでなく、防衛秘密に触れる防衛庁職員や他省庁の国家公務員、防衛関連の契約業者に広がっている。

実際に「作戦計画」に携わった複数の自衛隊ＯＢが、その詳細を証言した。物証も見つかった。ハワイにある米太平洋軍司令部の秘密指定解除文書のなかに、この「作戦計画」にふれる記述があった。

なぜ、これまで秘密にされていたのかも分かった。そこに文民統制（シビリアンコントロール）の根幹を揺るがす問題が潜んでいたのだ。

２００４年7月1日——。取材班は、自衛隊創設50周年となるこの日の朝刊１面トップで、「極秘に日米作戦計画　首相に報告せず　自衛隊創設時から20年余」という見出しの特ダネ記事を掲載した。

やや長くなるが、記事の本文を以下に記す。

《自衛隊創設直後から、ソ連による日本侵攻を想定した「日米共同作戦計画」が、自衛隊と在日米軍の間で毎年作られていた。最高度の秘である「機密」指定で、存在そのものも秘密にされてきた。朝日新聞の取材に対し、複数の元自衛隊幹部が初めて証言した。また、それを裏付ける米太平洋軍司令部の秘密指定が解除された報告書も見つかった。日本政府はこれまで、共同作戦計画づくりは78年の日米政府間合意である「日米防衛協力のための指針（旧ガイドライン）」にもとづいて始まったと説明してきたが、それが完全に覆された。

この計画は、旧ガイドラインの策定が始まるまで、自衛隊の最高指揮官である首相にも報告されず、正式な「政治の承認」のないままに行われていた。政治問題化を恐れて防衛庁が内密に処理していた。自衛隊の文民統制（シビリアンコントロール）の根幹を揺るがす問題で、政治責任の軽視は、イラク多国籍軍をめぐる国会審議・承認の回避など、現在にも尾を引いている。

証言したのは、50年代から70年代にかけて、統合幕僚会議や陸上幕僚監部でそれぞれ共同作戦計画づくりを直接担当した中村龍平・元統幕議長、源川幸夫・元東部方面総監、松村劭《つとむ》・元富士学校機甲科副部長ら。その内容は、琉球大の我部政明教授が入手した米太平洋軍司令部の73年版年次報告書と一致した。

計画の正式名称は、日本語で「共同統合作戦計画」。英語では“Coordinated Joint Outline Emergency Plan”（ＣＪＯＥＰ）。日本語版と英語版の２通りが作られた。日本語版はＡ４判で数千ページ。十数部しか作成されず、防衛庁内の金庫に厳重に保管されたという。

計画は毎年改定され、統合幕僚会議議長と在日米軍司令官が署名した。防衛庁内局の防衛局長を通じ、防衛庁長官に報告される形になっていた。

「共同統合作戦計画」のシナリオは、ソ連軍が北海道に上陸侵攻。自衛隊がまず独力で対処し、米軍の来援を待つ。米軍の来援部隊は、数次に分かれて、１週間から２カ月かけて日本に展開することになっていた。

陸海空自衛隊はこの共同作戦計画を前提に、毎年度の日本防衛計画である「年度防衛警備計画」（年防）を策定してきた。

一方、米側は、こうしたソ連軍による直接の日本侵攻よりも、朝鮮半島有事が日本に波及する事態の可能性が大きいと見て、その検討を優先するよう求めた。だが、日本側は「集団的自衛権の問題に踏み込む恐れがある」と主張、具体的な検討には至らなかったという。

日米の制服間による計画づくりは日米安保条約（旧安保条約）が結ばれた翌年の52年から始まった。自衛隊の前身である保安隊の時代だった。54年に自衛隊が誕生し、翌55年に最初の計画が陸上幕僚監部と在日米陸軍司令部によって完成。57年から陸海空を統合する形で、統合幕僚会議と在日米軍司令部の間で作られるようになった。

日米ともに政府レベルでの承認は正式に行われなかった。日本側が「難しい」と拒否したためだ。米太平洋軍司令部の報告書には「極めて微妙な政治問題であるため、自衛隊の担当者は政府の承認を得ることに消極的だった」とある。

しかし、70年代に入って、米政府は日本との作戦計画の政治的位置づけのあいまいさに着目。政府承認を強く求めた。この結果、78年に計画作りの指針である旧ガイドラインが出来た。》

新聞記事のスペースは限られている。この記事に書かれているのはニュースのエッセンスである。それが意味している情報の全体像を理解するには、背景を知らなければならない。

これまで防衛庁の公式の歴史では、「日米共同作戦計画」の研究が始まったの

The Asahi Shimbun
●日米共同作戦計画での日本有事シナリオ
ソ連
稚内
北朝鮮
仙台
韓国
東京
米軍の来援
南西諸島
中国
台湾
・空軍:十数個飛行隊
・海軍:3個空母機動部隊
・陸軍:3個師団+アルファ
●日米共同作戦計画の流れ
52年 幕僚レベルでの研究開始
55 日米共同作戦計画を初めて策定
78 日米防衛協力のための指針（旧ガイドライン）日米共同作戦研究着手を公表
84 作戦計画「5051」完成（旧極東ソ連軍の北海道侵攻を想定）
95 作戦計画「5053」完成（中東などの有事の日本波及を想定）

は、1978年以降とされてきた。この年の11月27日、日米両政府は日本に対する武力攻撃が起きた際の日米間の防衛協力のあり方を示す「日米防衛協力のための指針」(旧ガイドライン)を定めた。

この旧ガイドラインのなかに「自衛隊及び米軍は、日本防衛のための整合のとれた作戦を円滑かつ効果的に共同して実施するため、共同作戦計画についての研究を行う」との一文が盛り込まれており、これに基づいて自衛隊と在日米軍の間で研究が始まったのだ。

この結果、1984年に敵の北海道侵攻を想定した作戦計画「5051」、1995年に中東などの有事の日本波及を想定した作戦計画「5053」が完成した。これらはいずれも「機密」指定で、防衛庁から首相に報告されている。

それ以前には、「日米共同作戦計画」というものは存在しないことになっていたのだ。だが、今回の自衛隊OBらによる証言と米軍文書で、それが嘘であることがはっきりした。1955年から在日米軍と自衛隊によって作られ、毎年書き換えられてきたのである。

では、旧ガイドライン以前から存在していた「作戦計画」と、その後の「作戦計画」との関係はどうなっているのか。同じものなのか、異なるものなのか。そもそも旧ガイドラインとは、いったいどういう経過で定められたのだろうか。

(谷田邦一、藤田直央、本田優)

旧ガイドラインの謎

旧ガイドライン策定につながることの発端は、１９７５年3月8日の参院予算委員会だった。

上田哲（社会党）議員が、日米の制服組による海域分担の「日米軍事秘密協定」があるのではないかという疑惑を追及した。それに対して、防衛庁は調査することを約束した。そして約３週間後の４月１日の委員会で、逆襲とも言うべき「回答」をしたのだ。

まず答弁に立ったのは坂田道太・防衛庁長官だった。

「そのような秘密協定は存在しておりません」

さらにこう付け加えた。

「日米両国は有事に際しましては日米安保条約によりまして共同して対処することになるため、……統幕並びに陸海空幕がそれぞれ随時在日の米軍司令部あるいは陸海空軍司令部の幕僚とわが国の防衛に関する意見の交換、研究等を行い、意思の疎通を図っておる状態でございます」

そして丸山昂《こう》・防衛局長が答弁に立ち、核心に触れた。

「当然日米安保条約の前提下におきましてアメリカとの間に細かい作戦の打ち合わせをやっておかなければならないのでございます。そこで現実は……その細かい取り決めというものはできてない、現在は制服レベルの研究ということに終わっておるということでございまして、この点については……根本的に解決されておかなければならない」

「制服レベルの研究」はあるが、本格的な「作戦の打ち合わせ」がない、それを始める必要があると、野党の質問を逆手にとって、新政策の表明に打って出たのだった。

約5カ月後、坂田長官はシュレジンジャー米国防長官と東京で会談し、日米政府間で有事における作戦協力を話し合う協議機関を新設することを決めた。そして、翌76年7月に「日米防衛協力小委員会」（ＳＤＣ）が発足し、約2年間かけて旧ガイドラインを作ったのだ。

今回の新証言ではっきりしたのは、この「制服レベルの研究」が、実はすでに本格的な「共同作戦計画」だったということだ。実際、旧ガイドラインの定められる前に統幕3室の担当者として作戦計画「フォーマル・ミスト」を作った源川幸夫・元東部方面総監は、取材班のインタビューに対して、「フォーマル・ミスト」と旧ガイドライン後に作られた「５０５１」の内容がほとんど同じだったことを明らかにしている。

坂田長官と丸山防衛局長の真のねらいは、それまで秘密にされ続けてきた共同作戦計画を、政治的にオーソライズして、公式のものとし、それがあたかも新しく始まったかのように見せる枠組みを作る点にあった。それが旧ガイドラインだったのだ。

なぜ坂田長官と丸山防衛局長は、そこまで踏み切ったのか。実は、その半年前の丸山防衛局長の訪米にカギが隠されていた。

丸山自身が今回、朝日新聞取材班に明らかにした話によると、彼は1974年10月に、坂田長官の前任者である山中貞則・防衛庁長官とともにワシントンを訪れた。シュレジンジャー国防長官との間で日米防衛首脳会議が開かれたのだが、その後に丸山局長は郊外のレストランで、アブラモヴィッツ国防次官補代理と昼食を共にしながら話した。

アブラモヴィッツ次官補代理はこう迫った。

「防衛首脳会談は集中的に議論が出来て実り多かった。しかし、どうも日本の政府中枢は米国との共同作戦にあまり熱心ではない。制服だけが一生懸命やっていて、防衛当局の中枢があまり関心を払っていないようだ。防衛庁長官が来て議論するのはいいことだが、何年間に1回しか行われない。地道に防衛努力を積み重ねることに意味があるのだが、日本側はそういうことに熱心ではない。その証拠に、賽の河原の石積みみたいな状態が続いている」

その約1カ月後に田中角栄首相が金脈問題をきっかけに退陣して三木武夫が首相になり、新内閣で坂田道太が防衛庁長官になった。丸山防衛局長は坂田長官に「米国との共同作戦に力を注がなければならない」と提案したのだという。

坂田長官は、白川元春・統幕議長らを呼んで、秘密裏に作られていた共同作戦計画の状況について説明を受けた。当時、統幕で実際にこの計画作りを担当し、この場にも居合わせた源川によると、坂田長官は「こんな大事なものが政治的に承認されていないとは、大変なことだ」と、驚いた様子だったという。

「共同統合作戦計画」には、統幕議長と在日米軍司令官が署名する。米国ではその存在が軍の年次報告書にきちんと掲載されているくらいだから、政府に報告されていたのだろう。日本でも、防衛庁の職務規定で、統幕議長が署名するにあたっては防衛庁長官の承認が必要であり、長官を補佐する防衛局長にも報告されることになっていた。だが、あくまで防衛庁限りの措置とされ、自衛隊の最高指揮官である首相には報告されていなかった。

証言によると、米軍は一貫して計画についての政治的な承認を求めてきたが、自衛隊側は防衛庁長官や防衛局長らの消極的な反応を見て、否定的な答えを繰り返してきた。

毎年の計画には「日本の法律上、防衛庁が単独でコミットできない条項が含まれており、承認はこうした条項が正式に解決されるであろうことを前提にしている」とのただし書きが付けられていたという。政治の責任を巧妙に回避するための苦肉の策だったのだろう。

証言や米軍資料によると、米側は73年に入ってかつてなく強い姿勢に転じ、作戦計画の「一時停止」にまで言及しながら、日本側に政治承認を求めた。アブラモヴィッツ国防次官補代理が丸山防衛局長に迫ったのも、その流れの一環だったと見られる。

その背景に何があったのか。我部政明・琉球大教授は「台湾からの米軍撤退」などをきっかけとする米軍再編のなかで、同盟国軍強化のための共同作戦計画の見直しが行われたのではないかという分析をしている。おそらくニクソン米大統領が他国への軍事関与の縮小方針を明らかにした70年のニクソン・ドクトリンも関係していると思われるが、真相は米国の新たな文書公開や米側関係者の新証言を待つほかない。

（本田優）

「三矢研究」の深層

今回の証言で、もうひとつ謎の解けた思いがしたのが、１９６５年に国会を揺るがせた「三矢研究」をめぐる佐藤栄作首相の豹変である。

「三矢研究」とは、１９６３年（昭和38年）に統幕が陸海空自衛隊の約50人を集めて行った図上演習で、正式には「昭和三十八年度統合防衛図上研究」という。「三矢」の名称は、この年度と、毛利元就の三本の矢の故事にならって陸海空の統合という意味から、付けられたという。

朝鮮半島の緊張が高まる中で、中国と北朝鮮が韓国の主要都市を奇襲攻撃し、これに対して日本が米軍と協議して防衛準備作戦に入るというシナリオだった。

有事における日本の態勢の問題点を軍事的観点から研究したものだ。防衛庁内局の事務次官らにも報告されていた。

今回明らかになった「共同統合作戦計画」は自衛隊と在日米軍によって作られた「計画」だが、「三矢」は数人の米軍オブザーバーがいたものの、基本的には自衛隊単独の「研究」だった。丸山防衛局長が1975年4月に国会で述べた言葉を用いれば、まさに「制服レベルの研究」だった。前者が「機密」指定だったのに対し、後者は秘匿度が一段下がる「極秘」だったのも、そういう理由からだろう。

この「三矢研究」が国会で問題になったのは、研究から2年たった1965年2月10日の衆院予算委員会だった。

「国会爆弾男」の異名を持つ岡田春夫議員(社会党)が、「三矢研究」の資料を入手したうえで暴露した。

「制服によっていま軍国主義の支配が進められようとしている」

舌鋒鋭く追及する岡田氏に対して、佐藤首相は顔を紅潮させて「絶対に許せない」「かような事態が政府が知らないうちに進行されている、これはゆゆしいことだ」と答えた。

この日、社会党の成田知巳・委員長はこんな談話を発表した。

「防衛庁は仮想敵国などないといっていたが、中国、北朝鮮を仮想敵国とし、国家総動員体制をとり軍事クーデターを行い、議会制民主主義を否定する意図のあることを明らかにした。これは2・26事件の軍部と同じ考え方であり……」

「三矢研究」を行った当時の自衛隊幹部は旧軍出身者だから、有事の際の日本のシステムの欠陥を探ろうとすれば、かつての国家総動員体制時代の発想が出てくるであろうことは想像に難くない。ただ、それを「軍事クーデターの意図」と断定してしまうのは、乱暴に過ぎると思われる。だが、当時の社会的雰囲気のなかでは、こうした批判がそのまま通ったのである。

佐藤首相の答弁も、そうした社会の空気を背景とするものだった。だが、その後、首相の答弁が変化する。

「防衛官僚として演習をすることは当然だ」（2月16日の衆院予算委）、「自衛隊の諸君がこの国の安全のためにもう骨身を砕きいろいろの研究をしておる。これはそのまま私ども感謝の念を持ってそれを認めてやったらどうか」（5月31日の衆院予算委）

結局、防衛庁は「秘密保全の不適切」を理由に、9月15日付で三輪義雄・事務次官ら防衛官僚2名、自衛官24名に対し、戒告、訓戒、注意などの処分をしたが、研究自体は不問にした。

この問題が提起したのは、政治が軍事をコントロールするという文民統制（シビリアンコントロール）がきちんと行われているかということであり、その意味で真の責任は「三矢」の存在を知らなかった佐藤首相や、その報告をしなかった防衛庁長官にあったのだが、そこはあいまいにされた。

ここから先は推測なのだが、この一連の過程で、佐藤首相は1955年以来の「共同統合作戦計画」の存在についても防衛庁内局から知らされたのではないか。

実は、岡田議員は3月3日の衆院予算委で、三矢関連の問題として「フライングドラゴン改定のための計画指針」という名称の文書の存在も暴露している。政府側はこれについても「幕僚研究」という形で逃げたのだが、今回の自衛隊OBの証言によると、この「フライングドラゴン」は1964年ごろの「共同統合作戦計画」のニックネームだったのだという。岡田氏が取り上げたのは、その関連文書だった。

当時、防衛庁の誰がどういう目的でこうした文書の存在を漏洩したのかは分からない。岡田氏が後に著した『国会爆弾男オカッパル一代記』（行研）によると、作家の松本清張を通じて入手したのだという。

「三矢研究」に続いて、この「共同統合作戦計画」の全容が明らかにされていたら、佐藤内閣は確実に崩壊に追い込まれていただろう。佐藤首相は防衛庁から背景説明を受けて、慄然としたのではないか。だが、この点についての岡田の追及は不十分な形に終わった。

この三矢事件の影は、関係者の処分の軽さとは裏腹に、その後防衛庁内に重くのしかかったという。それも当然だろう。決して口に出来ない「共同統合作戦計画」の存在とその過去があったからだ。

（本田優）

シビリアンコントロール

「共同統合作戦計画」が首相にも報告されないままに、日米間で20年以上にもわたって作られていたということは、表面的には「制服の独走」のように見える。だが、実態は異なる。政治が責任を回避することによって「制服の独走」という形を強いたのであった。

政治の責任放棄に等しい行為と言わざるを得ない。その「政治」とは、自衛隊の最高指揮官である首相以下の政府であり、その言動をチェックしなければならない国会のことでもある。

それにしても、なぜ「共同統合作戦計画」は、その存在までもが当初から秘密にされたのだろうか。

それを考えるには、当時の社会状況を振り返る必要があるのだろう。戦前戦中の軍国主義の記憶がまだ生々しかったころで、朝鮮戦争を機に米国の圧力で生まれた自衛隊にも、占領支配の延長線上で結ばれた日米安保条約にも、国民の強い支持はなかった。

今はOBの自衛隊員らが「我々はたたかれてきましたから。日陰者扱いだった。街に出ると『税金泥棒』とやじられたものです」と述懐する時代だった。

計画作りが始まった1955年といえば、自民党と社会党による保革2大政党による「55年体制」[*]が始まった年だ。自衛隊や安保条約を認めるかどうかでは根

55年体制　1955年、共産党をのぞく社会主義政党が合同して日本社会党を結成。一方、保守陣営も合同して自由民主党を結成した。ここで成立した政党政治の枠組みを55年体制と呼ぶ。

本的に対立したが、日本を取り巻く安保環境は安定しており、議論は観念論の色合いが濃かった。

防衛大1期生で統幕議長にもなった佐久間一が「日本は安全保障で『閉鎖空間』の中にいたと思う。東西冷戦下で、政府は西側陣営の一員であるということを分かりながら、『仮想敵国はない』とか『全方位外交』とかいうことをずっと言ってきたでしょう。国民が本当に自分たちの安全を考えないですむような環境を作ってきて、『閉鎖空間』になったと思う」と指摘している。

政府が国内で表明することと、米国との間で実際に合意していることの間には、ときに深い溝があった。核搭載艦船による寄港や、朝鮮半島有事における在日基地の自由使用をめぐる密約も、やはりこの1950年代後半から1960年にかけて結ばれている。

坂田防衛庁長官が旧ガイドラインの策定に踏み切った1975年は、日本が戦後の高度経済成長をへて経済大国となり、主要国首脳会議（G8）の一員となった年だ。坂田長官の決断の裏には、米国の圧力があったとはいえ、国際政治の現実と国内論議のギャップを埋める努力を可能にする、国内の政治環境の変化が生まれていたということなのかもしれない。

ただ、その坂田長官にしても、20年余の「日米共同統合作戦計画」の秘密を表にすることは、考えも及ばなかっただろう。表にした瞬間に、内閣を揺さぶる政治問題になるからだ。坂田長官は代わりに、シビリアンコントロールの大問題を抱えていた秘密の「作戦計画」を歴史の奥底に埋葬し、知らん顔をして政治の承認を得た「日米共同作戦計画」作りにゴー・サインを出したのだった。

１９７０年代に防衛事務次官として指導力を発揮し、多くの安全保障関係の論文を残した久保卓也が、シビリアンコントロールには2種類があるということを防衛関係誌に書いている。

「ネガチブ・コントロール」と「ポジチブ・コントロール」である。前者は、例えば防衛に関する政策を、野党の質問に答えて「内々はしない」というネガチブな形で打ち出されるような場合をいう。後者は政治の立場からみて、自衛隊の向かうべき方向、役割を示すことだという。

久保の言葉を引用すれば、冷戦時代の日本は現実とのずれを無視して「ネガチブ・コントロール」を乱用しすぎた時代だったと言えるのかもしれない。

冷戦後、とりわけ自衛隊の本格的な「運用の時代」と呼ばれるようになった昨今、この「ネガチブ・コントロール」は次第に姿を消しつつある。だが、それに代わる「ポジチブ・コントロール」の力が十分に育っているとはまだ言えない。

シビリアンコントロールは昔も今も、日本の政治にとって重大な問題を突きつけている。

（本田優）

【インタビュー】

中村龍平（元・統合幕僚会議議長）

――中村さんが1952年に、陸上自衛隊の前身である警察予備隊に入隊されたころの、警察予備隊*と米軍との関係からお聞きしたい。

「最初の配属が第3部の警備班。作戦計画でも作らせてもらえるのかと思ったら、警備とか暴動鎮圧とか治安とか、要するに警察。ちょっと話が違うなあと思った。当時かすかに希望を感じたのは、陸士卒の先輩の警備班の班長をしていた人に『中村君、僕と一緒に仙台の苦竹《にがたけ》へ来てくれ。米軍と折衝するから』と。北海道に敵が来たらどう対処するかの計画を討議すると。防衛線はどこかという話で、在日米軍は『北海道を放棄して後退し、仙台は敵に渡さないようにする。ソ連の後方兵站《へいたん》線を長引かせて、それを断ち切って頭をたたく。その時に警察予備隊は米軍とサンドイッチになって、米軍、警察予備隊、米軍という隊形で対応する、つまり米軍の兵力を補完する』と。それを聞いたとき、受け入れられないと思った。北海道にも日本国民が住んでいる。それを守らず仙台まで下がってもらっては困る。米軍は北海道にいてもらわないと。ところが向こうは、日本は戦場ではあっても米国の国土でないという発想だから」

「ただ何しろ、今の自衛隊の内局に当たるところには警察出身が多くて、彼らは旧軍人も自分たちの子分だという感じが非常に強かった。1955年ごろだった

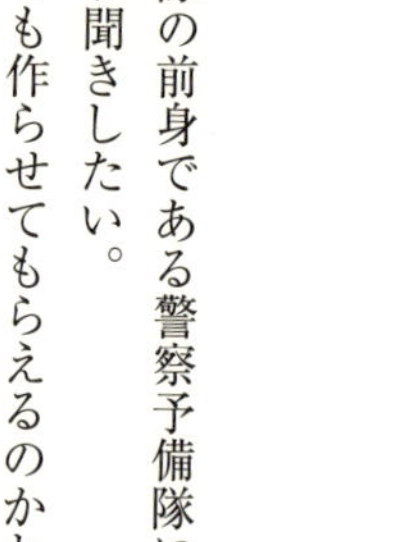

中村龍平　1916年5月生まれ、陸軍士官学校本科（第49期）、陸軍大学卒（第56期）。関東軍参謀をへて大本営陸軍参謀で終戦を迎える。52年に警察予備隊入隊、第11師団長、東部方面総監、陸幕長をへて、73年から74年まで統幕議長。

警察予備隊　1950年6月25日に朝鮮戦争が発生。在日米占領軍の大部分は急きょ、朝鮮へ出動し、日本をカバーする兵力に空白が生まれた。この事態に対処するため、連合軍総司令官マッカーサーは

と思うが、日本北部の防衛の図上戦術議論を説明したとき、幹部の旧内務官僚が『そういうことを議論すること自体けしからん』と。負けた国の兵隊だから我慢の時代だということで何とか乗り切りました」

――1954年に自衛隊になってからはどうでしたか。

「いよいよ米軍との協力関係が具体化し出した。当時は3等陸佐。1954年9月から1955年4月まで、米ジョージア州のフォート・ベニングの歩兵学校（AAOO）に留学した。入ったコースは、連隊長、連隊幕僚、大隊長、どこでも務まるという教育。もっぱら部隊指揮。そこで戦術核兵器の運用なんかも教えていて、こういうところに来させられたのはいよいよ自衛隊も軍かなあと、その時初めてはっきり感じた。帰国後、陸幕第3部防衛班に属した。そして、1955年だと思うが、在日米陸軍との日米共同の図上演習の企画をやらされました」

――米軍との本格的な図上演習*は、このときが最初ですか。

「そうだと思います。朝霞の米軍キャンプで。昔、陸軍の士官学校か、航空士官学校かなんかあったところ。それを米軍が進駐した時に使っていたと思いますね。2階建ての古ぼけた建物でやったんです。米側が50～60名。日本側が50～60名。支援をする人を合わせると150名ぐらいだったんじゃないですか。当時はロシアを仮想敵にしてですね、ロシアが北海道あたりに来た場合にどうするかっていうことを研究した」

吉田首相に「警察力の増強に関する書簡」をあて、7万5千人の国家警察予備隊の創設と、海上保安庁の定員8千人増強の権限を与えた。権限を与えるという形式をとってはいるが、事実上の指令であった。警察予備隊は同年8月に発足した。

図上演習　状況を地図のうえに示して、部隊などの指揮、運用を訓練する演習をいう。

――図上演習の内容は。

「地図の上で状況を与えて、それに対して米国はどう対応するか、日本はどう対応するかっていうのを色々研究するんですけど。両方とも腹のさぐりあいっていうのがあった。こっちの関心は、米軍が核兵器を使う意思があるのかないのか。どういう核兵器をどう運ぶのか。一方、米国はとにかく、日本の兵隊はどういうことを考えているかっていうことを探りたかったんだと思いますね。なるべく、聞き出してやろうと努力しましたけどね、無残にも敗れました。言わない。終始一貫してますね。今に至るまで核に関しては絶対に言わないですね」

――その図上演習をもとに、日米共同作戦計画を作るようになったのですか。

「年度ごとの防衛計画を作ろうという発想は、1955年に私が陸幕第3部防衛班に所属したころからだと思うが、在日米軍から出てきた。任務を与えられた以上は、日米安保条約に基づく防衛計画を作らないといかんと思ったんでしょう。彼らにしても、主敵はどこで、それに対してどこを重点に防衛するか、弾薬など後方補給をどうして、共同防衛する日本はどういう動きをするか、をある程度詰めておかないと、上司に報告できないということだろう。朝霞での図上演習は確か1955年に2回ほどで終わって、そのかわりに年度ごとの防衛計画を作ろうと。ものすごい極秘で、存在自体が秘密だった。スタッフにはそれぞれ関係書類を全部金庫に入れてもらって、私がそれを点検して回った」

――最初の日米共同防衛計画では、北海道は防衛線の内側に入ると。

「向こうは、それで結構と。図上演習でのやりとりなどもあって、防衛線を仙台にするなんて言ったら、日本は怒って何も応じないと思ったのかもしれない」

——図上演習も、共同作戦計画も、最初は陸上自衛隊と在日米陸軍でやっていたのですね。

「そう」

——海上自衛隊と航空自衛隊は。

「私は１９５７年に統幕に移った。その年が最初だったと思うが、毎年度協議して更新していく共同防衛計画を、統幕と在日米軍で、海と空の要素も入れて作った。この計画は『ＣＪＯＥＰ』と呼ばれていた。海空と言っても、当時は装備がまだまだ。海空は在日米軍と連携してといったような内容。陸は人が中心だから何とか形になった」

——核使用について共同防衛計画では。

「核については米軍は首尾一貫していた。『持っている。しかし使うか使わないかは一切ノーコメント』と。本土に持っているか、艦船に持っているかもノーコメント」

——それだと共同計画には書けない。

「一切書いてない。書けないということが共同計画になっている。抑止だから。いつどこで使われるかわからないのが、相手にとって大きな脅威になる。抑止と同時に、米には核使用に対する自由の保持という面もあった。どこにあるか、使うか使わないか、種類は何か、一切わからないのが米核戦略の基本」

——計画はどのくらいの分量だったのですか。

「部屋一杯に広げるような地図もあったからね。東アジア全体とか、朝鮮半島とか、北海道だけとか。それに通信、補給、弾薬とかいろいろな計画の文書が加わる。かなりの量になった」

——どうして機密に。

「それは政治が決める問題で、僕ら部隊が言う必要ないんでね。部隊ではできるだけ秘密にする。相手に伝われば対応処置を講ずるわけだから」

——計画の決裁は誰がしたのですか。

「それが問題なんですよ。陸幕長、海幕長、空幕長、統幕議長も了承しますよね。ところが防衛庁長官のところへ持って行くと問題が起こってくる。長官はなかなか決済しなかったと思いますね。統幕議長がこれでやる、ということを長官のところへ押し付けに行って、長官はしょうがないから、時間がないから、それやれ、というふうになるということは、大体そのころの通例だったわけですね。長官が時の総理大臣のところへ行ったら、どうなっていたか。おそらくね、度胸を決めてやってくれっていう総理は、なかなかいなかったんじゃないですか」

——米軍は一時、共同作戦計画作りの停止を求めているんですね。

「私が統幕議長になった1973年に、作戦関係を担当していた源川君が『議長大変ですよ』と。『どうしたの』って聞いたら、『サスペンド（一時停止）です』

と。計画に政治的お墨付きが出ないことが理由だと思った。だから僕は在日米軍司令部に行って、司令官に『防衛庁長官その他に言ってやってもらうから、何とか続けてくれ』と。その計画を作るのに私は初めからかかわっとるからね。何十年もやって自分が統幕議長の時にやめるなんて恥ずかしくて。そしたらしばらくして、先方から『サスペンドはやめました』と言ってきました」

――その時の長官は。

「山中貞則・長官だったと思いますね。あの人はね、やると言ったら、やりますよ。そこが、頼もしかったですね」

――実際、山中長官はどの程度やったんですか。

「うーん。なかなか向こう意気が強い方ですからね。だから、かなり私はやったんじゃないかと思いますよ」

――これはまさに自衛隊の歴史ですね。

「歴史ですよ。だから、その辺ははっきりしてもらわなきゃいかんわけでね。隊員の生死がかかっていますから」

（２００４年５月〜６月　聞き手・藤田直央、本田優）

【インタビュー】
源川幸夫（元・東部方面総監）

――統合幕僚会議にいた1972～75年の間、日米共同作戦計画にどのようにかかわりましたか。

「当時、統幕3室に指揮調整班という部署があって、その幕僚として日米関係を担当していました。ちょうどベトナム戦争の終末期で、米国のアジア戦略が大きく変わっていく時期でした。日米防衛協力のための指針（旧ガイドライン）ができる直前で、『フォーマル・ミスト』など三つの作戦計画の策定を担当しました」

――日本の防衛に対し、米軍は当時どう考えていたのでしょう。

「米国が日本を守らないといけないと本気で考え出したのは、ベトナム戦争以降です。それまでは日米安保条約さえあれば、ソ連は攻めて来ないと考えていた。日米安保条約の6条（極東有事）に基づいて米軍がいつでも来れるような体制を作っておけば、それで十分抑止効果を出せると米国は考えていた。だから5条（日本有事）は形骸化していたようなものでした」

――共同作戦計画は、自衛隊にとってどんな意味をもっていたのでしょう。

「自衛隊はソ連が攻めてきた場合に備えて、防衛計画を作らなければならない。しかし米軍抜きに、日本の防衛作戦は成り立たない。だから研究は、どのくらい

源川幸夫（げんがわ・ゆきお）　1933年生まれ。53年、保安大学校（現・防衛大）に入校、陸上幕僚監部広報室長、統合幕僚会議第3室長、第7師団長、東北方面総監、東部方面総監を歴任し、90年に退官。

の米軍兵力がどんなスケジュールで来てくれるかが中心。来たらどこに展開するか、受け入れはどうするかが共同研究の主要部分だった」

――自衛隊が毎年、独自につくる作戦計画の「年度防衛警備計画（年防）」と共同作戦計画とは、どんな関係だったのですか。

「日本にとっての作戦計画は、あくまで年防だったんです。年防の中には、米軍の来援を『対Ｂ（米）期待』として、共同作戦計画の内容を取り込んでいた。だから米軍がどう行動してくれるかが、年防の前提になっていた。そこで日本側は共同作戦計画のことを『前提』とコードネームで呼んでいて、どのくらいの兵力がどのような時程で日本にやってくるかなど、具体的な数字で年防に記述されていた」

――それほど重要なものだったのに、なぜ秘密裏に作業しなければならなかったのでしょう。

「もともと軍事的に秘匿性が高かったのが、１９６５年に国会で三矢研究が暴露されて大きな政治問題になったからです。この研究は軍事だけに限らず、政治や住民の問題まで広範にわたって研究の対象とした。それがシビリアンコントロールを逸脱するとして問題になった。共同作戦計画の内容は三矢研究にも取り入れられていたが、この事件をきっかけに、政治的な機密の意味合いが大きくなり、そこからゆがんでいっちゃった」

――ところで作戦計画上、米国が考えていた派遣規模は、どのようなものだったのでしょう。

「米太平洋軍が投入可能としていた兵力は、毎年少しずつ変わったが、だいたい陸軍は3個師団に加えて1個ないし2個旅団、海軍は3個空母機動部隊。空軍は十数個飛行隊くらい。例えば、海軍の場合は1週間後には1個機動部隊、3週間後には2個機動部隊、1カ月後には3個部隊といった具合に、順次やってくることになっていた。この兵力は日本に限らず、極東有事に際して派遣される米軍の初期来援兵力だった。統合参謀本部の承認も得ており、軍の中ではある程度、オーソライズされていたようだ」

──作戦計画には、具体的な部隊名も入っていたのですか。

「来援する米軍兵力の部隊名は入っていなかった。このくらいの兵力が来るというだけ。どこの部隊が来るのかと尋ねても、米軍側は言わなかった。だからいざ発動になっても、果たしてこの通り来るかどうかあいまいなところがあった。また作戦についても、大まかなところは自衛隊はこうする、米軍はどうすると決めていたが、詰めた作業はしていなかった。だから計画自体は、いざとなったら使い物にならないだろうな、と懸念するところもあった」

──それなのに、なぜ最高度の秘の「機密」に指定されていたのでしょう。

「軍隊の作戦計画だから当然、軍事的な意味合いの秘密もあったが、当時は国会対策などむしろ政治的な意味での秘密でした。こんなものが表に出たら、内閣が吹き飛ぶんだから。米国政府にも迷惑がかかってしまう」

——そもそも共同作戦計画は最初、どんな形で始まったのですか。

「日米安保条約ができたらすぐに幕僚研究の形で始まったと聞いています。１９５２年のことです。最初は、占領軍が日本から撤退した後の自衛隊の編成や配置をどうするかが中心で、１９５４年に自衛隊が発足してから本格化した」

——計画立案にあたり、自衛隊と在日米軍の考え方は一致していたのでしょうか。

「いや、我々は日本単独有事を想定するよう主張したのに対し、米国は朝鮮半島有事に日米がどういう形で協力するのかに強い関心があった。ソ連が単独で直接、北海道に攻め込むことはありえない、というのが米国の言い分だった。もちろん理屈では我々もわかっていた。しかし朝鮮半島有事を研究すれば、日米間の集団的自衛権の問題に踏み込まざるをえない。後方支援基地を提供するのだといって言い逃れしても、もし提供施設を作戦基地と取られれば、明らかに事前協議の対象になったりする。日本の政治事情ではそこには入れなかった。だから防衛研究の主体は常に日本単独防衛に限定した。また60年代までは、北海道防衛の重要性を米側に理解させるのは極めて難しかった」

——それでは朝鮮半島有事の際、自衛隊は米軍からどういう役割を期待され、計画の中ではどうすることになっていたんですか。

「それには触れなかった。そこに米国はすごい不満をもっていた。朝鮮半島有事をやらなきゃ意味がないんだと。日米安保条約上は、日本がやることは基地の提供などで、自衛隊が直接やることはあまりない。朝鮮半島有事で米国が期待しているのは、日本が後方支援基地になると同時に作戦基地になること。作戦基地として機能しなければ、朝鮮戦争の経験からいっても米国は朝鮮半島で作戦が展開できないんですよ。ところが安保条約6条には、そこまでは書かれていない。だから僕ら担当レベルでは、よく激論を交わした。『たとえ軍人同士の研究であっても、今の日本の政治状況ではとてもできない』と。それで朝鮮半島有事については、項目は作ったものの、やることはなかった」

——実際の計画では、軍事的な侵攻の想定はどうなっていたのですか。

「想定は、ソ連が直接、日本に侵攻する場合と朝鮮半島有事が日本に波及する場合と二つです。直接侵攻とは、『北日本侵攻』といって、北海道や津軽海峡を挟んだ青函地域が侵攻されるという場合。ただ米国は朝鮮半島有事の方をやりたくて、自衛隊がどんな協力をしてくれるかに一番関心があった。しかしそこに踏み込むと集団的自衛権の問題に入らないと計画ができない。それは我々の権限を超えているということでやらなかった」

——日本有事では、日米はそれぞれどんな作戦をすることになっていたのでしょうか。

「陸の場合でいえば、ソ連軍の侵攻があれば、米軍が来援するまで陸自の北部方面隊は、少なくとも北部北海道くらいは何とか持久作戦で守る。陸自はその間に、内地から4～5個師団を北海道に転進させ、米軍の来援後に反撃するというのが一貫した構想だった。陸自が総反撃をする際の一部の兵力として、米陸軍の部隊が参加してくれるということ。だけど実行するとなると難問ばかりで、希望的なところも多分にありましたがね」

――計画の立案作業は、実際に日米間でどのような形で進められたのですか。

「統幕と在日米軍との作業は、横田基地と当時、東京・六本木にあった防衛庁でやっていて、1週間のうち3日くらい通っていた。在日米軍司令部の担当幕僚は日本語ができる日系2世で、顔をつき合わせてやったものだ。こちらが用意した日本文を英語にして、英訳後、逐一その意味を問いただしていた。米軍の方も、頻繁に統幕にやってきた。年に1度はハワイの太平洋軍司令部と統幕の間で相互に会議をやった。ふだんは担当の幕僚同士が1対1でひざ詰めで激しくやり合うんですが、最後は日本の憲法問題になっちゃうことがしばしば。『今の日本国憲法をつくったのはお前らじゃないか。こんな憲法を作るからこうなったんじゃないか』と、けんか腰でやりあったものです」

――自衛隊内での作業はどうやって行われたんですか。

「機密中の機密だから、かかわる人間はものすごく限定されていた。同じ統幕3室でも、ほとんど知らなかったはず。だから印刷なんかも、統幕の一室に施錠して締め切ってやっていた。英文はタイプだったが、和文の方は手書きで十数部をガリ刷りし、配布したのも統幕と陸海空の幕僚監部だけだった」

――作戦計画の文書の性格は「研究」だったのですか、それとも「計画」だったのですか。

「米国の場合はあくまでも計画。軍のレベルではオーソライズされていた。しかし日本側は、少なくとも65年に国会で暴露されてからは研究ということになっていた。だから英語のタイトルを翻訳すれば『計画』になるが、日本側は『前提研究』と呼んでいた」

——共同作戦計画の中には、米軍が展開する飛行場や港湾なども具体的に書き込まれたのですか。

「それはなかった。具体的な施設名は計画そのものには書き込まれなかった。ただ、計画そのものとは別に、『使用可能な施設』として具体的な施設名が入ったリストをつくって米側には渡していた」

——例えば、来援する米陸軍3個師団が、日本でどう展開し作戦活動するのかなど具体的な内容は盛り込まれていたのでしょうか。

「具体的なことは書かれていない。ただ来るというだけだった」

——共同作戦計画での日米の指揮関係はどうなっていたんですか。

「根本的には、日米はそれぞれの指揮系統でやって、指揮調整所で調整するという形だった。陸上作戦なんかでは、一つの攻撃目標に対し日米両部隊が調整して敵を攻撃するなんてことは実際的でない。だから、『調整』はあくまでも政治的な配慮からのこと。そんな微妙な問題だったので、作戦計画では指揮については触れていなかった」

――防衛庁の内局には計画のとりまとめについて報告していたのですか。

「ええ。作戦計画の更新の前に統幕議長と在日米軍司令官がそれぞれ内容確認のためのサインをするんですが、その前に、必ず防衛局の運用課長と担当部員に説明していた。でも防衛庁の公式文書ではないので、年防などと違って文書登録はしなかった」

――計画の見直しは、日米間で毎年行われたのでしょうか。

「日本の年防も毎年変わるので、共同作戦計画も限られた範囲だったけれど毎年更新していた。一つの儀式というか、ユニフォーム同士が神経を使い、作業を続けていくということに意味があった。日米安保のパイプは60年代までは、我々のこのやりとりしかなかった。日米の担当幕僚同士は、この仕事の重要性を深く認識し責任も自覚していた。だから幕僚レベルの結びつきや連帯感は、ものすごく強かった。それが日米安保をつないできたんだと思います」

――共同作戦計画は、米国にとってはどういう意味合いがあったのですか。

「自衛隊にとっては、日本の防衛に関する唯一の米国の作戦計画という意味合いだったが、米国にしてみれば、太平洋軍が戦域ごとに作っている計画の一つに過ぎない。だから作戦計画の位置づけは、日米間でまったく違っていた」

――何かの時に米国側がこの作戦計画を持ち出し、日本に突きつけることは考えられていたでしょうか。

「それは米国が言うんじゃなくて、日本が言うことになるのではないか。米軍が来援することを担保するものだったから。ただ政治的には何もオーソライズされていないから、持ち出された米国だって『その通りにはいかないよ』と言った可能性はある。米国に来てくれと言える立場でもなかったし。僕らにとっては、それがジレンマだった」

——1978年の「日米防衛協力のための指針」（旧ガイドライン）に沿って策定された日本有事の共同作戦計画「5051」と、当時の共同作戦計画はどういう関係にあったのですか。

「僕が統幕3室長だったときに、『5051』が承認された。僕たちが作った『フォーマル・ミスト』は旧ガイドラインの前提になったが、その内容と『5051』はほとんど変わらないものだった」

——旧ガイドライン前の作戦計画文書の厚みはどのくらいでしたか。

「計画本文のほかに人事とか情報、兵站など七つ八つの別冊があったから、かなり分厚かった」

——その作戦計画にもし足りないものがあったとすれば、それは何ですか。

「やっぱり政府レベルでの承認ですね。政治的なオーソライズがないので、実行される裏付けがないし、やれる範囲が非常に限られていた。我々だってこんなもんじゃや、とても有効ではないと思っていた。ところが70年代の10年で、極東ソ連軍の戦力は米国が無視できないまでに増強された。それまで米国にしてみれば、そんなもの『あればいい』くらいのものだったのが、米国も日本防衛を真剣に考えざるをえなくなった」

――ベトナム戦争を境に、米国の戦略が変化する中、共同作戦計画はどう変わったのでしょうか。

「米国がベトナムから戦力を下げると言い出したころから、具体的な動きが始まった。１９７３年のことだったと思うが、米太平洋軍司令官が就任の表敬で日本に来た。そのときに衣笠駿雄・統幕議長と会って、共同作戦研究が政治的にオーソライズされていないことを聞き、懸念を示した。その後も、在日米軍司令官が中村龍平・統幕議長に会いに来るなど、しきりに共同作戦研究の政治的な承認のことを要請するようになった」

――防衛庁内ではどんな動きになったのですか。

「中村議長は事の重大性に気づいて、当時の山中貞則・防衛庁長官に説明しました。次の白川元春・議長も坂田道太・長官のときに切り出して、改めてこの問題が庁内で取り上げられた。ある時、僕も出席して統幕のオペレーションルームで坂田長官に現況をご説明したことがある。ＯＨＰを使って説明したが、坂田さんは目が悪いものだから、机を自分でスクリーンの前まで持って来て、熱心に説明を聞いていたのを覚えている。そのときに坂田長官は『こんな大事なものが政治的に承認されていないとは、大変なことだ』といった趣旨のことを口にされ、それが旧ガイドライン策定の動きへとつながっていった」

（２００４年6月　聞き手・谷田邦一）

【インタビュー】

我部政明（琉球大学教授）

——米太平洋軍司令部の年次報告書（コマンド・ヒストリー）は現在、何年度分までが公開されているのですか。

「１９６０年度から84年度までです」

——「共同統合作戦計画」（ＣＪＯＥＰ）は１９５５年から秘密裏に作られていたわけですが、年次報告書ではこの計画についての記述が１９７３年度版に突然出てくるのですか。

「その前から『米日協力』という項目はあったが、黒く塗られていたり、その部分のページだけ削除されていたりすることが多かった。ところが73年度には『米日計画』という項目があり、５ページにわたって書かれていたのです」

——それはどういう理由からなのでしょうか。

「米国の防衛計画に対する基本的な考え方が変わったのだろうと思う。ＣＪＯＥＰは在日米軍司令部と自衛隊幕僚部との間での日米共同で行う作戦計画の『概要』、つまり大枠を決めていた。１９７２年まではこのＣＪＯＥＰがあるだけで、米軍が実行できる具体的な作戦計画がなかった。米統合参謀本部や米太平洋軍司令部において、73年度以降のアジアにおける在日米軍基地の役割を検討したとき、その点に気づいたのだろう。その結果、作戦計画のレベルを引き上げ、統合参謀

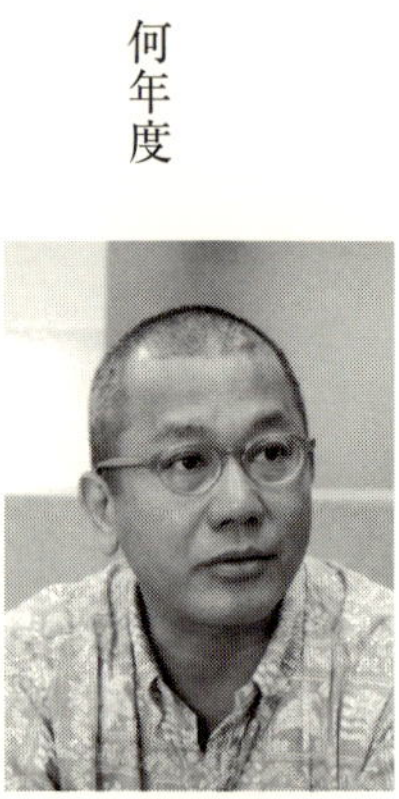

我部政明（がべ・まさあき）１９５５年2月、沖縄県生まれ。77年、琉球大法文学部卒。83年、慶応大学大学院博士課程中退。ジョージ・ワシントン大学客員研究員などを経て96年から現職。国際政治学、日米関係、安全保障が専門。著書に『日米関係のなかの沖縄』『沖縄返還とは何だったのか』など。

本部の承認を得る形で、少なくとも太平洋地域に展開する米軍が在日米軍基地にかかわれるようにしようとしたのだと思う。そのためには、日本側が政治的にも承認された作戦計画を持つことが不可欠だったのでしょう」

――「ＣＪＯＥＰ」は、"Coordinated Joint Outline Emergency Plan"の略だから、アウトライン（概略）という意味が入っているのですね。

「そう、大変弱いわけです。アウトラインだから米国は義務を負わないということですね。米国にとって法的根拠がないだけでなく、日本でも政治の承認を得てない。両方が壁を持っていて、飛び越えることはできないが、薄くブリッジをかけていたということでしょう。それを実際の作戦計画に近づける見直しが１９７３年に始まったということだと思いますね。73年から米国側で、米軍と自衛隊の関係をどう結ぶべきかという議論が始まっている。共通の目的、共通の武器を持ち、共通の考え方で作戦を行うという相似形のようなパートナーと、米軍の一部を肩代わりする下請けのような補完型とのどっちにするかと。結局、両方の関係を完備するような形で、１９７８年のガイドラインが出来たのではないか」

――60年に改定された日米安保条約には、米国は日本を防衛するという項目が入っているわけですが、これは米軍にとって日本を守る根拠になっていないということですか。

「なっていないようですね、米国内では。日米安保条約のタイトルでは『相互協力』となっていますが、米国を守るというものがこの条約に含まれてないということなのでしょう。それが米軍が日本を守る作戦計画を作っていくときに、米国の内部で実現しなかったということですね」

——それを裏付ける内容が年次報告書にあるのですか。

「米太平洋軍の作戦計画には、5千番台のナンバーがふられる。例えば、1963年度版年次報告書の『作戦計画』という項目にはリストが載っていて、5025は台湾防衛、5027は韓国防衛、5028は対潜戦と輸送船保護、5033は東南アジア大陸部防衛、……などとある。ここに日本防衛の計画がない」

——日本有事の共同作戦計画である5051は、ガイドライン後の日米共同研究を経て完成するわけですよね。

「1984年ですね。それまではCJOEP以外に何もなかった」

——1973年に米側で作戦計画についての見直しが始まったということの背景は何でしょうか。

「米太平洋軍司令部の記録を見ているだけでは、今のところ明確に言える材料はない。ただ、米中国交交渉で台湾からの米軍撤退の方針が決まり、73年から撤退が始まっていますね。それで防衛計画の見直しが出てきたのではないですか。在日米軍基地をどうやったらうまく使えるかを考えなければならなくなった。曖昧模糊とした日本との関係を整理する必要があったのでしょう」

——1970年のニクソン・ドクトリンの影響もあるのではないでしょうか。

米国の他国への関与を縮小するという方針が。

「同盟国軍の強化という形で出てきますね。韓国軍の強化もそうだし、日本では１９７０年代半ばからです。米軍を撤退させながら、その行動のフリー・ハンドを確保しつつ、地域を安定させるためには、同盟国軍を強化して体制を立て直す必要があったのでしょう」

――ガイドラインもその流れの中で出てきたのでしょうか。

「だと思いますね。ただ、それが出来た１９７８年の年次報告書には、ガイドラインという言葉が出てこない。結局、米軍にとっての関心は同盟国軍をいかに効率よく運用させていくかということに尽きるのではないか。ガイドラインそのものではなくて。実際、報告書を見ると、日米共同訓練の記述がどんどん増えている。日本の防衛ということ以上のものがたくさん散らばっている。ガイドラインというのは、日本防衛への米国のコミットメント以上に、自衛隊が米軍を支えるというコミットメントの確立がある。その部分が具体的に共同訓練の記述の増加などに出ている。５０５１が実行可能な作戦計画になるためには、さまざまなレベルの合同訓練が不可欠だった。これらの訓練内容が把握できると、米軍が在日米軍基地をどのように使うつもりだったかが明確になるのではないか」

（２００４年６月　聞き手・本田優）

◎資料

【米太平洋軍司令部年次報告書（COMMANDER IN CHIEF PACIFIC COMMAND HISTORY）1973年版】（要旨）

米日計画策定

▽1952年に始まった日米共同作戦計画策定は1973年に両国間の検証を経て、双方のパートナーシップ発展のための新基盤となった。こうした共同計画の策定は「トルーマン・メモランダム」と呼ばれる1952年4月23日の大統領覚書をゆるやかに解釈することで始められた。トルーマン・メモランダムは1958年8月3日、アイゼンハワー大統領によって無効となった。1955年に最初の計画が出され、毎年改訂されてきた。1973年計画のコードネームは「フォレージ・レイド」。日米共同統合作戦計画（Coordinated Joint Outline Emergency Plan＝CJOEP）73は「秘密」指定だった。（CJOEP73は、1973年2月23日に統合幕僚会議に承認された）

▽計画策定は日米軍事「計画調整委員会」の1963年3月31日付了解覚書に定められた手続きに基づき、同委員会によって実施された。この共同計画を知っているのは、日本側は自衛隊と極めて限られた政府関係者のみで、計画の存在自体が秘密になっていた。計画は毎年、統合参謀本部に提出され、JOPS（統合

作戦計画システム）に基づく同本部の承認を必要とした。こうした流れは１９７０年以降のことで、それ以前は米太平洋軍司令部が承認権限を有していた。ＣＪＯＥＰは大まかな概要計画で、米側の計画との整合性が担保できるよう努力した。在日米軍の各部隊の司令官たちは、それぞれの自衛隊側カウンターパートを支援するための計画を準備した。米国が相互防衛協定を結んだ同盟各国との関係とは異なり、日本の防衛計画においては米側のみの軍事計画が存在しなかったため、ＣＪＯＥＰが日本防衛に関する唯一の計画となっていた。

▽この計画は日本の防衛に米国をコミットさせるものではない。しかし、米政府に承認されるならば、防衛コンセプトを提供することで日米安保条約を支持するものである。

▽米国から見れば、計画は具体性を欠く形式的内容だ。だが、重要なのは計画自体よりも、将来の具体的な計画策定に向けた日米協議が維持されていることにある。日本側の視点では、この計画は大きな価値を持つものであり、日本防衛計画の基礎となった。米統合戦略目的推進計画の防衛庁バージョンと受け止められていたかもしれない。統合幕僚会議は、共同作戦計画を実施するための承認に限界があることを十分に認識していた。防衛庁が毎年承認する計画には「日本の法律上、防衛庁が単独でコミットできない条項が含まれており、承認はこうした条項が正式に解決されるであろうことを前提にしている」とのただし書きが付けられていた。

▽1972年10月14日、米統合参謀本部は、共同計画の策定作業を上級権限者による検証と承認がなされるまで中断するとした。米太平洋軍司令部は統合参謀本部に対し、米太平洋軍が実施してきたすべての共同作戦の内容を報告。11月7日、米統合参謀本部は、これまで同本部が承認してきた計画のリストに、日本防衛に関する共同作戦が含まれていたことを確認した。新たな計画の検討は、より高い権限者の承認が必要となった。

▽1972年12月、在日米軍は、米太平洋軍司令部のガイダンスを受けて両者間の（計画）了承手続きを一時停止。CJOEPでの共同計画における明確な日米両政府の許可がない中で計画を継続することの政治的危険性を在日米軍が危惧した結果だった。米太平洋軍司令部は米統合参謀本部に対して在日米軍の対応を報告した上で、国防長官からの許可を受けた形でフォレージ・レイド計画の継続を要請した。

▽1月11日、米国務省と国防総省の合同メッセージにて、太平洋軍司令部が適切な日本政府関係者へ接触することを了承。フォレージ・レイド計画の内容全般を説明して、自衛隊との共同計画に理解と支持を得ることを認めた。

▽政治的に難しい問題を含んでいることから、自衛隊側はCJOEPに対する日本政府の承認を得ることに消極的だった。その結果、米太平洋軍司令部は、日本政府レベルの承認を得るための時間的猶予を日本側に与えた。自衛隊側は密接な対話継続の重要性を認め、全力で日本政府からの適切な承認を得ることに同意

した。米統合参謀本部は日本政府による承認が得られ次第、ＣＪＯＥＰ計画を再開させるとした。

▽3月27日、統合幕僚会議は、計画の継続について日本政府から承認を得たことを在日米軍に報告。これを受けて在日米軍は太平洋軍司令部に対し、今後の共同計画目標を概説した。これには、日本側の国防におけるより積極的な役割と、様々な事態における在日米軍の作戦に日本側が調整的な立場から支援するとの内容が含まれた。見直された計画では、台湾や韓国、日本の防衛に対する自衛隊の支援活動の強化がうたわれ、これには日本への米軍部隊の配備（基地や施設の提供、兵站支援、物品や役務の提供、指揮統制）も含まれていた。この計画は新たな統合作戦計画システム（ＪＯＰＳ）形式でも準備されることになった。

▽米太平洋軍司令部はこうした計画目標に同意。これには、次の事項に関する現実的な理解を日本側に促す狙いがあった。

ａ　極東における日本の安全保障上の利害、戦略、目的
ｂ　同地域の相互安全保障を目的とする参加と支援の考え
ｃ　本土および隣接する海域や空域に対する脅威とその防衛に関する考え
ｄ　日本の防衛に関する日米それぞれの具体的な役割と貢献

▽日本側の承認が得られたものの、今度は米国政府側の承認にかかわる問題が再浮上した。1月11日に米国務省が作戦継続を了承したことについて、リチャード・Ｌ・スナイダー米国務次官補代理（東アジア・太平洋担当）が難色を示して

いるとする報告を在日米軍が2月下旬、太平洋軍司令部にあげた。国務次官補代理はその後、太平洋軍司令部と（米国務省）の話し合いで問題解決をみるまでは、日米間の協議を制限し、大佐級レベルにとどめることを求めた。国務次官補代理は、軍事計画が国の政策決定に介入するべきではないと主張した。これを受けて太平洋軍司令部は米国防、国務両省の代表と在日米大使館、在日米軍の参加の下、計画内容の検討や計画に関するすべての問題解決に向けた協議を開くことで一致。米統合参謀本部議長に協議開催を報告し、米太平洋軍司令部が在日米軍に了承済みの計画における課題をリストアップした。それらには、安全保障の重要性や戦略に加え、計画目標として脅威、協力関係、日本防衛での自衛隊活動の強化、北東アジアの緊急事態における共同作戦および日本側の支援、基地や施設、兵站支援、費用分担、指揮統制が示された。

▽5月に日本で開催された安全保障諮問小委員会の協議で、問題における一応の理解は国務次官補代理から得られた。協議の結果、統合参謀本部や国務省の政策にからむすべての計画検討は事前に統合参謀本部の検討の対象とされ、国防総省と国務省間での調整が必要となった。

▽7月25日、統合参謀本部は国防長官に対して、太平洋軍司令部と在日米軍が策定した計画内容および計画目標が、改訂されたCJOEPとそれによる自衛隊との共同作戦計画強化に向けた基盤になることへの承認を求めた。9月8、9両日に開かれた太平洋軍司令部との協議の中で、国務次官補代理は、計画目標の了

承は国務省としてできないだろうと忠告。計画が具体性を欠き、政治志向が強すぎるとした。協議の結果は在日米軍に伝えられ、「日米両国の関係がどこへ向かうべきなのか」をさらに詳しく定義する上で役立つような日米共通利益の分野での探求を続けることが求められた。

▽11月10日、国務、国防両省の合同のメッセージにて、日本とのパートナーシップ拡大に向けた基盤としての計画内容および目標に対する承認が太平洋軍司令部に与えられた。

▽11月16日、太平洋軍司令部参謀長代理が日本行動グループ（ＪＡＧ）を設置。ＪＡＧの設置目標は、日米間共通の安全保障を達成するための米軍のあり方を模索することだった。最初のＪＡＧ会合は11月20日、太平洋軍の主要幹部や政策顧問などが参加して開かれた。太平洋軍の計画分野の幹部は共同作戦の微妙な相関関係を強調してＪＡＧとは離して進められるべきだと主張した。2回目の会合は11月29日に開催され、具体的な分野の検討にあたる専門部会が作られた。3回目の会合は12月13日に開かれ、基地・施設や共同計画に関連する専門部会の実施機関として太平洋軍の各部局や在日米軍の担当者が参加した。在日米軍と各指揮官たちは、日本の第5次防衛整備計画に取り込まれるような、１９８０年代を見通した日米防衛協力の強化につながるような見解の提示を迫られた。

【在日米軍　年次報告書1978年版】（要旨）

第3章　計画と作戦

第1部　計画の手続きと研究

■防衛協力小委員会

坂田道太・防衛庁長官とジェームズ・シュレジンジャー米国防長官による会談合意を受けて、防衛協力小委員会（ＳＤＣ）が1976年、日米安全保障協議委員会（ＳＣＣ）下に設置された。

小委員会の目的は、日米防衛協力を公にすることで世論の理解を得ることだった。しかし、両国間の防衛協力における正当性を確保するという日本側の目的は伏せられた。軍事的事案に対する「シビリアンコントロール（文民統制）」を国民の目に見える形で主張することは補助的な目的だった。

また、日本側にとっては、関係当局間での協力の枠組みを制度化することが目的でもあった。これは統合幕僚本部と3自衛隊との関係だけでなく、防衛庁と他の省庁との関係についてもいえることだった。

（翻訳・山本大輔）

第8章　インテリジェンス

「任務艦」

「任務艦」――

耳慣れない呼び名の海上自衛隊の潜水艦があった。

冷戦時代、海自が保有する16隻のうち最も熟練度の高い1隻がそれに選ばれた。1年間にわたり海中で情報収集活動にあたっていた。

報告を受けるのは防衛事務次官や海上幕僚長らごく一部の幹部だけ。活動内容だけでなく、「任務艦」という用語そのものが秘密扱いとなっており、自衛隊内では「存在秘」と呼ばれる。出航の名目は常に「訓練」となっている。

「『敵』を最も身近に感じる、最も危険な任務です」

複数の海幕長経験者は、任務艦についてこう話す。

活動海域は、日本の領空外に設けた防空線である防空識別圏（ＡＤＩＺ）の直下を目安にしていた。だが、時には旧ソ連の沿岸部に近い海域に出動することもあった。

ウラジオストク沖でソ連海軍の演習を監視した元幹部が振り返る。

「乗員の口数が少なくなり、艦内は異様な空気となる。見つかれば国際問題に直結すると思うと怖かった」

出航前に遺書を書く乗員もいたという。

航空機や艦船の交信内容、ミサイルの誘導電波、対潜ヘリが海面捜索時に使うレーダー波、沿岸の軍事施設の映像、……。

危険と引き換えに、きわどい軍事情報を入手してきた。具体的な作戦内容と成果は、最も厳しい秘密指定となっている。

◇

1998年8月31日に起きた北朝鮮のテポドン発射実験。

実は防衛庁・自衛隊は、その3週間ほど前から米軍とともに情報収集に動き出していた。米国の偵察衛星が、平壌の工場からミサイルの部品が運び出されたのをキャッチしたのだ。海自は同月15日、舞鶴基地から最新鋭のイージス護衛艦「みょうこう」を日本海へ派遣した。

防衛庁には刻々と発射の前兆についての情報が入ってきた。ミサイルに搭載する発信器の電波テスト、沿岸警備にあたる艦艇の出入り、観測ヘリコプターの無線交信、地上の警備部隊の動き……。

「いつ発射されるかではなく、発射後のミサイルの性能の情報をとるのが最優先課題だった」

ミサイル防衛用に防衛庁が開発した新型警戒管制レーダー「ＦＰＳ−ＸＸ」の試験機
＝千葉県飯岡町で

イージス艦「みょうこう」の心臓部である戦闘指揮室（ＣＩＣ）

防衛庁情報本部の担当者はそう解説する。

31日午後0時7分に発射されたテポドンの軌跡を、イージス艦は高性能レーダーで追尾した。イージス艦の活躍ばかりが注目されたが、自衛隊関係者によれば、山口・岩国基地のＥＰ３電子偵察機のほか、広島・呉基地から潜水艦も朝鮮半島周辺に投入されていたという。

◇

こうした任務艦に代表される潜水艦の情報収集活動は、自衛隊が自らの意思で始めたものではない。

１９７０年代半ば、黄海で中国潜水艦を監視していた米潜水艦が、中国側に発見されて攻撃を受けた。この事件を機に、米軍は海自に中国艦の電波傍受を要請してきた。当初は能力がないことから断っていたが、米軍からの再三の働きかけで70年代末にはハワイに部隊を派遣し、訓練を開始。80年代に入ってソ連海軍が増強されると、「当時の海幕長がハラをくくって、やると決めた」と元海幕幹部は明かす。

任務艦の艦長経験者によると、出航前にまず米軍施設内で米軍から詳細なブリーフを受け、米側から提供された電波傍受用の通信機器を積み込む。数週間の活動の後、再び米軍の司令部へ。

「何がキャッチできたのか艦長でさえも知らなかったのではないか」

元乗員はそう打ち明ける。

潜水艦による情報収集だけではない。防衛庁情報本部は、北朝鮮のミサイルが発信するテレメトリーと呼ばれる電波を捕捉する米国製機材を購入し、通信所に設置している。米側とどのような取り決めがあるか不明だが、ある政府関係者は「このデータは、米政府の情報機関に供与されている」と証言する。

米国が同盟国を通じ、地球規模で張り巡らしている情報網――。日本がその一つとして組み込まれている構図は、冷戦後の今も変わっていない。

（谷田邦一）

偵察衛星

北朝鮮の北部で大規模な爆発が起きた可能性がある――。

韓国政府がこう発表した翌日の２００４年９月13日午前10時半。日本政府の偵察衛星は高度約５００キロの上空を秒速７キロで飛びながら、爆発が起きたとされる地域を撮影した。連日撮影し、地上に画像を送ったが、雲に遮られて様子はつかめなかった。

同年４月に起きた北朝鮮・竜川《リョンチョン》駅[*]での列車爆発でも、衛星の軌道を急きょ修正し、発生から２日後に撮影に成功。駅周辺の被害状況を確認した。

◇

北朝鮮・竜川駅列車爆破事件

２００４年４月22日、中国との国境に近い竜川駅で、１５０人以上が死亡した。中国で首脳会談を終えた金正日総書記の列車通過から７～９時間後だったため、数々の憶測を呼んだ。

内閣衛星情報センター*（東京・市谷）が運用する偵察衛星は今、北朝鮮の国内事情を探るうえで、欠かせない手段となっている。

２００３年夏、核開発疑惑がもたれている寧辺《ヨンビョン》近くの丘陵地に、大型トラックが出入り出来そうないくつもの横穴が衛星画像に映った。入り口の手前に直径十数メートルの広場があり、ミサイルの射座のように見える。周囲には高射砲の陣地が点在し、一帯が重要な軍事施設であることをうかがわせた。

内閣衛星情報センターの分析官たちは色めき立った。

「日本を射程に入れるノドン・ミサイルの発射基地ではないのか」

発射機の出入りを確認するために、上空からの監視が一定期間を置きながら続いている。

このミサイルへの恐怖が、偵察衛星保有に道を開いた。テポドン・ミサイルが日本列島を飛び越えた１９９８年８月の事件は、北朝鮮への脅威感を一気に高めた。政府はこれに乗じる形で、「情報収集衛星」との名目で独自の偵察衛星を保有する方針を決定。２００３年３月、光学衛星とレーダー衛星の２基を打ち上げた。

◇

画像を読み解くのは、米仏の専門機関で研修を受けた約80人の分析官たちだ。その大半を自衛官が占める。１９８５年から欧米の商業衛星の画像を購入してきた防衛庁・自衛隊には、一定の解析技術の蓄積があるからだ。

内閣衛星情報センター　２００１年４月に内閣府に発足。通称「内調」と呼ばれる内閣情報調査室の一機関。偵察衛星の管制や運用にあたる。政府内には、偵察衛星の情報を防衛庁に独占されたくないという意向もあり、防衛庁の組織からは切り離された。

「朝鮮半島」「中国」「ロシア」「中東その他」「日本国内」の5班に分かれ、主に軍事動向や大型公共施設に焦点をあてている。

ただ、米国と比べれば日本の偵察衛星の能力は、「大学生と幼稚園児の開きがある」(防衛庁幹部)。識別できる物体の大きさを示す分解能は約1・5メートル。10センチ前後といわれる米偵察衛星に遠く及ばず、米国の商業衛星クイックバードの約60センチにも及ばない。

計4基を打ち上げ、1日に1回は同じ地点を撮影できる態勢をとる構想だったが、2基を搭載したH2Aロケット6号機の打ち上げが2003年11月に失敗し、実現できていない。このため内閣衛星情報センターは今もクイックバードなどの画像を大量に購入し続けている。

◇

防衛庁も米軍から提供される偵察衛星の画像を最重視している。

防衛庁庁舎の一角に在日米軍司令部から派遣された空軍幹部が常駐し、自衛隊側が要求する画像を提供できるかどうかを判断している。

「偵察衛星によって情報交換の機会は増えたが、全体として米国依存の体質は変わらない」

自衛隊幹部がそう明かした。

だからといって、日本政府内から偵察衛星の構想を見直そうという声は聞こえてこない。

元防衛庁幹部は技術力に差があっても偵察衛星を持つ意義を強調する。

「米政府は自分に都合が悪いと思ったら、米商業衛星の画像売買についても制限できるのだから」

政府は2005年度に光学衛星、2006年度にレーダー衛星を1基ずつ打ち上げる計画を決定した。偵察衛星の運用開始から1年半。すでに約2500億円が投じられ、運営費に毎年約200億円がかかる。

高い代価に値する情報か。その情報を使って何をするのか。その議論は置き去りにされたままだ。


（谷田邦一）

情報本部

都心から車で約1時間。埼玉県大井町に奇妙な施設がある。

正門には何の看板もない。うっそうと茂った木々によって中の様子はうかがえない。門外から写真を撮ると、迷彩服姿の人間が「何をしているのか」と飛び出して来た。

数十メートル奥の建物玄関にはこう書いてある。

「防衛庁情報本部大井通信所」

防衛庁情報本部の大井通信所。レーダードームは高い木々によって目隠しされ、外からは見ることができない＝埼玉県大井町で、本社ヘリから

施設は、防衛庁情報本部が持つ全国6カ所の電波・通信傍受基地の一つである。首都圏にありながら、朝鮮半島や中国方面の情報収集にあたっている。情報本部の要員は2175人。このうち傍受にあたる電波部と6通信所の要員が約7割を占めている。

◇

その任務は、周辺国の軍事演習の規模や内容、ミサイル発射実験などの動きの捕捉とされているが、具体的な活動内容は一切明らかにされていない。

外務省や警察庁、防衛庁など国外情報に関係する省庁の局長がメンバーとなり、隔週で開かれている「合同情報会議」。外交・安全保障・治安にかかわる重要情報を共有するための会議だが、この場でも傍受した通信テープなどナマの電波情報が報告された例は一度もない。

「どんな電波を傍受しているのか、我々には想像もできない」

外務省幹部はそう言う。

自衛隊で傍受部門を担当したことがある元幹部が説明する。

「電波傍受の特性は、相手が取られているかどうか分からないことだ。傍受していることが分かったら意味がなくなる」

1983年9月の大韓航空機撃墜事件*で、自衛隊によるソ連機の無線傍受記録が米国の要請で公表された。

「あれで周波数を変えられて、現場は大損害を被った」

大韓航空機撃墜事件　1983年9月1日、日本人27人を含む269人が乗った大韓航空機がロシア・サハリンの西方沖で旧ソ連戦闘機に撃墜され、乗員乗客全員が犠牲になった。

秘密に包まれた電波傍受活動。その運用を外部からうかがい知ることは不可能に近い。

例えば、国内の通信・電波は本当に傍受の対象となっていないのか。

「情報本部の電波部に国内の電波を傍受する任務はない」

自衛隊関係者らは口をそろえるが、別の証言もある。

「上空の色々な電波を聞いているから、（自然に）聞こえることはある」

関係者によれば、電波部の前身である陸幕二部別室（二別）時代に、こんなことがあった。

１９７３年８月。東京都内のホテルから発信された韓国人たちの会話を、二別担当者が傍受した。金大中氏拉致事件*の実行者たちだった。傍受したのは自衛官ではなく、内閣調査室（現内閣情報調査室）の外郭団体からの出向者。

当時、勤務していた二別室員によれば、非軍事案件は内調関係者が担当し、大井通信所に独自の機材を持ち込み、国内の電波も傍受していた。内調関係者はその後ほどなく、国会での追及を恐れて二別から姿を消したという。

◇

「今後は特定できない相手に対処する必要があり、情報を集めることが重要である」

２００４年９月17日、小泉首相の私的諮問機関「安全保障と防衛力に関する懇

金大中氏拉致事件　１９７３年８月８日の白昼、都心のホテルから、韓国民主化運動の先頭に立ち、日本や米国で活動していた政治家、金大中氏が、拉致されたうえ、ひそかに韓国に連れ戻された事件。事件現場には在日韓国大使館の金東雲・一等書記官の指紋が残されており、韓国の公権力が、日本の主権を侵害した疑いは濃厚だった。にもかかわらず、田中内閣は「日韓の友好関係」を強調するだけで、金大中氏を日本に連れ戻そうとはせず、朴大統領の親書を持った金鍾泌首相が来日し、事件はあいまいなまま「政治決着」した。

談会」は、報告書のとりまとめに向けた「論点整理」を発表し、その中で情報力の強化を求めた。この方針は、政府が同年12月19日に閣議決定した新たな「防衛計画の大綱」でも、「情報機能の強化」として反映された。

こうした声に呼応するように、防衛庁はこれまで統幕会議の下に置かれていた情報本部を2005年度から防衛庁長官の直轄組織へと格上げし、態勢も拡充する。

「対象とすべき情報が軍事情報だけではなく、テロなどに幅が広がったため」防衛庁当局者は理由をそう説明している。

1997年1月に約1600人で発足した情報本部は少しずつ要員と予算を増やし、防衛庁は2005年度予算でも増員を求めている。

役割と規模を広げる情報組織。だが、その活動内容が国会で詳しく説明されたこともなければ、本格的に問われたこともない。

（牧野愛博）

影の組織

戦後、日本政府の情報組織は1952年4月9日に誕生した。サンフランシスコ講和条約が発効して、日本が占領体制から独立する約3週間前のことだ。

「内閣官房調査室」。いわゆる「内調」である。発足当時は、警察官僚の村井順室長以下わずか7人だった。

日本の情報機関に詳しい作家の吉原公一郎が内調関係者から入手したとされる極秘文書「内閣総理大臣官房調査室に関する事項」は、設立の目的と経過をこう記している。

「終戦時、情報局の廃止せられた以後、政府は情報機関を持つことなく複雑微妙な占領下の内外諸事案の処理に困難を極めてきたが、講和条約の発効を前に今後予想される内外重要国策の基礎となる諸般の情報を関係各庁と協力して収集し、これを総合調整して政府に報告せしめると共に、国際心理戦に対処する高度広報宣伝の機能を果たさしめるため、早急に内閣直属の情報機関を設けることとなり、……」

発足を決めたのは、当時の吉田茂首相。元秘書官の村井や戦時中に情報局総裁だった緒方竹虎らが進言した。

◇

その極秘文書には内調の「懸案事項」の一つとして、「外国特にソ連及び中共等の暗号電信を傍受、解読する特殊機関を設置」が盛られていた。

それを受けて6年後の1958年4月1日に公式に誕生した特殊機関が、「陸幕二部別室」いわゆる「二別」だった。

大方の要員が自衛隊員であり、傍受施設も陸上自衛隊のものを使うため、形式上は陸自に属しているが、実質は内調の下部機関である。そのため代々のトップは内調と関係の深い警察官僚だ。

「アンタッチャブルの世界ですよ」と、元防衛事務次官は言う。ほとんどの防衛官僚や自衛隊幹部は「二別」の活動内容を知らされなかった。

米ソ冷戦のなかで「二別」は組織拡大を続け、1970年代には室員が千人を超えた。1978年に陸上幕僚監部の編成替えに伴って、名称が「陸幕調査部別室」いわゆる「調別」に変わった。傍受施設は北の稚内から南の喜界島まで9カ所。ソ連、中国、北朝鮮の軍事電波を傍受しやすい場所が選ばれた。

◇

北海道の東千歳通信所稚内分遣隊長を60年代に務めた田中賀朗が、傍受の現場の様子を明かす——。

担当者は、方位測定と傍受の2グループからなる。前者はループアンテナで電波の発信位置を割り出す。後者が4時間交代でヘッドホンに耳を澄ませる。ソ連空軍のパイロットと基地との交信、軍事演習時の部隊間の会話などが聞こえる。

ある時、ソ連の軍事演習をキャッチした。サハリン南端から上陸してくる部隊を途中で迎撃するという内容だった。

「ソ連も日米の着上陸侵攻を恐れている」

田中はそう思ったという。

別の元調別室員は、70年代のソ連のICBM（大陸間弾道弾）発射実験の様子を鮮やかに覚えている。約4カ月に1度、ウラジオストクから観測船が次々出港した。船と基地の交信を追った。

「実験はほぼ100％の成功率。脅威を感じた」

「調別」で得た情報は、高度な秘密を意味する特別の秘密指定がされる。その情報は、ジュラルミンの箱に入れられ、運搬要員が体から一時も離れないように注意して、防衛庁の調査部署へ運ぶという。

◇

日本の電波傍受機関の最大の特徴は、米軍の影響下で生まれ、成長したことだ。先に「二別」が「公式に誕生」したのは1958年と書いたのは、実はそれ以前に秘密裏に存在していた時期があったからだ。

占領時代の1950年。米軍はひそかに警察予備隊（自衛隊の前身）員らを集めて、電波傍受組織を作った。トップは旧軍出身の予備隊幹部だった。

元陸上自衛隊幹部学校研究員の高井三郎によれば、この組織は埼玉県の大井通信所内で電波傍受活動をしていたという。この非公然の組織が、後に「二別」に生まれ変わったのだ。

傍受した録音テープは二つ作られ、その一つは在日米軍に渡されていた。通信手段が発達すると、ハワイの米太平洋軍司令部に直接送る場合も出てきた。

日本政府はこの秘密の関係を知らなかった。だが、それを思い知らされる事件が起きる。1983年9月1日の大韓航空機撃墜事件である。

調別が撃墜の証拠となるソ連機パイロットによる交信を傍受した。そのテープが自動的に米軍に流された。米政府から「対ソ非難のために公開していいか」と打診され、初めて実態を知った。

当時の後藤田正晴・官房長官は「けしからん」と、防衛庁に怒りをぶつけた。だが、防衛庁の夏目晴雄・事務次官も「仰天した」のであった。

この事件を契機に、政府は首相官邸や防衛庁の高官の承諾なしに、米軍に記録を自動的に流さないようシステムを変えた、という。

米軍は同じ1983年に、青森県・三沢の空軍基地内に強力な傍受施設であるゴルフボール様のドームを建設した。

「ゴルフボールを持つ米国は、自衛隊の情報力を圧倒している」

元自衛官はそう言う。自衛隊に頼らなくてもいい態勢を作ったとも受け取れる。

◇

政府の電波傍受機関であった「調別」は、1997年1月に発足した防衛庁情報本部の中で、電波部として改編される。

情報本部設立を主導したのは、防衛局長、事務次官を務め「ミスター防衛庁」と呼ばれた故・西広整輝だった。

防衛局長時代の1985年夏に、この構想を提唱。88年に事務次官になると「陸海空の情報組織を一本化して、情報本部を新設したい」と、政界の要路に訴えた。情報本部の中核として狙いを付けていたのは「調別」だった。

当時、自衛隊内部には「警察が調別のトップを務めるのはおかしい」という不満がたまっていた。だが、内調や警察庁との合意なしに構想を実現することは出来ない。情報問題に精通し、警察人脈に大きな影響力を持つ後藤田に相談した。その結果、本部長には自衛隊の制服組がつき、副本部長には内局の背広組が入った。電波傍受情報を一手に握る電波部のトップは引き続き警察庁が獲得している。

２００３年度末現在、情報本部の定員は２１００人余り。うち電波関係者は１５００人を超える。

（本田優、牧野愛博）

国連での盗聴

２００３年1月31日、金曜。

職場に届いた一通の電子メールが、彼女の境遇を激変させた。

英国政府通信本部（ＧＣＨＱ）――それが、キャサリン・ガン（30）の職場だった。ＧＣＨＱは英国外務省の下に置かれているが、日本の自衛隊情報本部電波部や米国家安全保障局（ＮＳＡ）と同様に、通信傍受や暗号解読をする情報機関だ。

両親とも英国人だが、台湾で育った彼女の中国語は、母国語なみ。その能力を生かして中国語翻訳分析官、ということで2001年に見つけた働き口だった。

◇

問題のメールの差出人は「フランク・コーザ」。見知らぬ名前だが、GCHQと密接な関係にある米NSAの「標的選定部門長」、という肩書だった。

「イラク関係討議を反映して」

こんな題名で、国連を舞台にした盗聴・傍受活動への協力を求めていた。

当時、イラク戦争に踏み切ろうとしていた米国は、国際社会のお墨付きを得ようと、英国とともに外交活動を活発化させていた。

メールは、安全保障理事会で、戦争への態度が未定だった「中間派6カ国」がどんな立場を取りそうか、何でも情報を取ってほしい、と呼びかけていた。GCHQの関係部署の職員に、一斉に同報されたようだった。

◇

国益むきだしの活動の一端を目にしたガンは、衝撃を受け、怒りを覚えた。

「このメールが公になり、戦争賛成の票を取り付けるためなら彼らはここまで手を染めるんだと、人々が知れば戦争を止められるかもしれない」

そんな思いにとらわれた。

週末、自宅でずっと考えていた。熊本県への留学生、広島県の英語指導助手として2度にわたり暮らした日本で知った、原爆被爆の歴史も頭をよぎった。

「戦争はハイテク兵器で済むわけじゃない。ミサイルの閃光《せんこう》の陰には、誰かの人生があるはず」

決心した。週明けに登庁すると、問題のメールをプリントアウトした。ハンドバッグに忍ばせて、夕刻、鉄条網に囲まれたゲートを出た。GCHQでは、資料を自宅に持ち帰ることは厳しく禁じられている。警備員の前を通る時、彼女の心臓は激しく鼓動した。プリントした紙を、匿名で英オブザーバー紙に郵送した。どう扱われるかは、見当もつかなかった。

◇

ゴミ箱行きかと思いかけていた2003年2月下旬、同紙は国連安保理での盗聴作戦を、スクープした。

その新聞を買い、記事を読んだとき、ガンは思わず身震いした。

とりあえず、口をつぐんでいることも可能だったが、内部調査が自分の身辺に及んでくるのは時間の問題と思われた。

「自分の行為に責任をとらないのは耐えられない」

彼女は直属の上司に、自分が漏洩源だと告げた。

即座に解雇され、公共秘密法違反容疑で逮捕された。保釈金を積み仮釈放されたが、8カ月後に起訴。検察が「裁判維持できる十分な証拠がない」として起訴を取り下げたのは、約1年が過ぎた2004年2月末だった。

◇

問題のメールが、中国語を扱う若手の一職員に過ぎなかった彼女にまで届けられたのは、イラク戦争前夜の外交戦で、特に中国の出方を秘密傍受で探ろうとしていたから、という推察も成り立つ。

しかしガンは、守秘義務を破れば再び訴追される恐れもある。ＧＣＨＱでの職務の具体的な内容については、苦笑しながらこう繰り返すばかりだ。

「一切お答えできない」

ＧＣＨＱ内部には「5年勤めれば、一生残る」という定説がある。少ない勤務時間、充実した福利厚生で、居心地が良い職場なのは確かだと彼女も認めざるを得ない。だが、彼女は最初からこの職業について疑問を感じていたという。

「この仕事の真の意味は何だろう」

ＧＣＨＱの同僚たちと、こうしたテーマについて話すこともあった。

「どの国もやっていることだ。我々もやらなければ優位に立てない」

同僚たちはいつもそういう論理を持ち出した。

「でも、他の国がやっているからといって、それが正しいとは限らない」

告発は、彼女にとって避けられない道だったのかもしれない。

（梅原季哉）

日米の情報機関

日本政府の情報関係機関で形成する「情報共同体」は、情報本部を持つ防衛庁のほか、他国からのスパイ行為を防ぐ防諜《ぼうちょう》を主任務とする警察庁や公安調査庁や、内閣情報調査室、外務省からなる。情報共同体を統括する権限をもつ司令塔はなく、「緩やかな結びつきとなっている米国の情報共同体と比べても、さらに緩やかなのが特徴」（政府関係者）という。

こうした情報機関の連携を強化するために、隔週に1度開かれるのが、合同情報会議。内閣官房副長官が議長を務め、内閣情報官のほか、外務、警察、防衛、公安調査の各省庁の局長らが出席する。

議事録はつくられず、ほぼ毎回、外務省が重要人物の動向や政情などの国際情勢を報告。最近は、公安調査庁が朝鮮総連などからの情報をもとにした北朝鮮情勢、防衛庁がイラク情勢を報告することも多い。合同情報会議と交互に、隔週1回課長クラスがメンバーとなる情勢分析会議もある。

この中で最も大きい組織である情報本部を持つ防衛庁は、電波情報のほか、商用衛星などから得る画像、沿岸監視隊などによる警戒監視などの各種情報を持つ。世界各地に派遣した防衛駐在官47人や在日米軍、米太平洋軍などを通じた軍事情報も入る。

こうした内閣官房を中心とする各組織の情報持ち寄りのシステムが確立したの

は、ここ数年のこと。しかし、その情報の中身は情報本部発足前と同じように、電波情報に頼る部分が大きい。

もう一つの特徴は、米国の情報への依存である。警察、内調、外務省はいずれも米中央情報局（CIA）との情報交換を行っているが、日本側にはCIAの情報を検証する力がない。独自の外交政策を打ち出すには、各国との真の情報交換を可能にする独自情報源の確保が必要だが、その基盤はまだ弱いのが実情だ。

◇

米国政府の情報機関は、一般にスパイ劇で知られる中央情報局（CIA）だけではない。

国家安全保障局（NSA）や、偵察衛星による画像情報を取り扱う国家空間情報局（NGA）、国防情報局（DIA）など国防総省傘下の機関、各軍情報組織、さらに国務省情報調査局、司法省傘下の連邦捜査局（FBI）、国土安全保障省など、15機関が、緩やかなグループとして「インテリジェンスコミュニティー（情報共同体）」を形作ってきた。

ただし、組織上は国防総省傘下にある機関でも、その活動は必ずしも軍事面にとどまらない。例えばNSAは、対麻薬取引の監視のための傍受など、他官庁からの要請に応じた作戦も実施する。一方で、CIAの中にも盗聴傍受工作を実施する部門があるなど、複雑に入り組んでいる。

そうした重複を調整し、情報分析について異なる意見を整理するのは、CIA

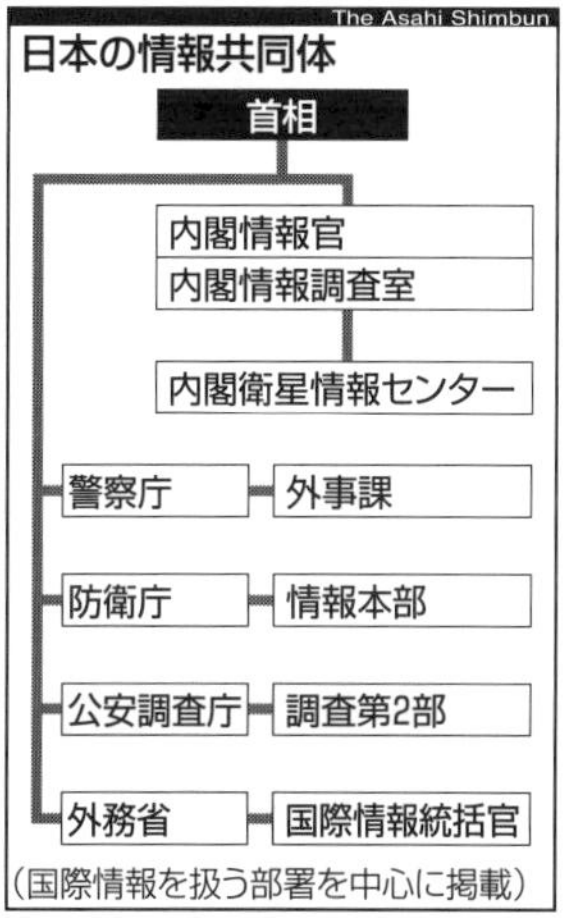

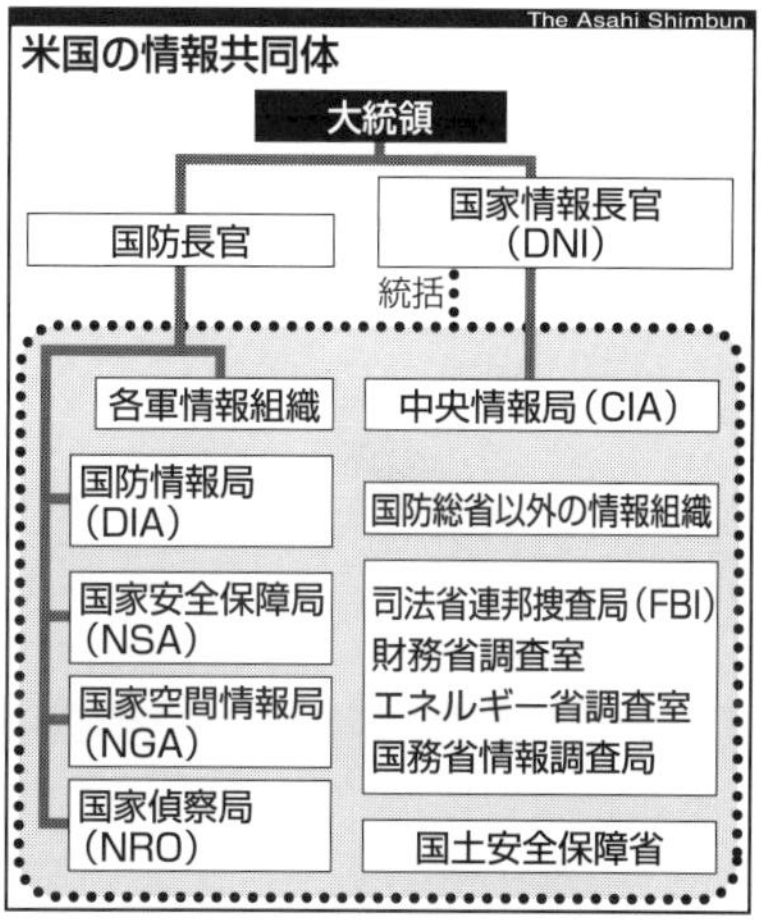

米軍三沢基地近くの丘に建つゴルフボール状のアンテナ群＝青森県三沢市で、本社機から

長官とされてきた。法的にみると、ＣＩＡを率いるトップというだけでなく、15機関全体を「統括する」役職のはずだった。

だが実際は、予算約４００億ドル（約４・４兆円）規模とされる情報共同体の中で、ＣＩＡは10分の１程度を費やす存在にすぎず、「『中央』情報局などでは全くない」（オドム元ＮＳＡ局長）。

ＣＩＡ長官がほかの情報機関に持つ影響力も、現実的には限られたものになりがちだった。

ターナー元ＣＩＡ長官はこう振り返る。

「私は在任中、労力の４分の３は共同体全体の調整に費やした。ＮＳＡなど国防総省傘下の情報機関は、私の要請に対してノーと言うこともあり、時には大統領の決裁を仰がねばならなかった」

こうした縦割りの弊害は以前から指摘されていたが、同時多発テロと共に、改革の声がいっそう高まった。２００４年７月に最終報告書を出した９・11独立調査委員会は、組織の壁がもたらす調整不足が、テロを防げなかった背景だと結論づけた。

ブッシュ大統領は委員会の提言を受け入れ、情報共同体の長をＣＩＡ長官職と切り離す形で、国家情報長官（ＤＮＩ）ポスト新設を決めた。同年末に発効した情報改革法で承認され、２００５年２月、元キャリア外交官で前年に駐イラク大使に任命されたばかりだったジョン・ネグロポンテ氏（65）を指名した。

しかし、ＤＮＩが実際にどれだけ力を持つことになるか、なお不明瞭な部分も多い。軍の機密情報の取り扱いや、国防長官との責任分野の住み分けをめぐり、指揮系統への悪影響を懸念する軍・国防総省が懸念を示し、ＤＮＩの権限にも一定の歯止めをかけようとした結果だ。

「ＤＮＩには完全な予算上の権限を与える」とした大統領の方針通りに進むのかも、今後の状況次第だ。

（梅原季哉、牧野愛博）

都心の闇機関

通信傍受機関の実態は、米英など海外でも公になることは極めてまれだ。英語圏諸国の通信傍受システム「エシュロン」に代表されるこうした活動では、同盟国相手や、国連などの国際機関を舞台とした盗聴すら行われている。

東京・赤坂にあるカナダ大使館——。

その一室が「東京を舞台とする通信傍受情報作戦の最前線基地に選ばれていた」というのだ。

カナダ政府の通信・傍受情報機関、通信保安機構（ＣＳＥ）の元幹部マイク・

フロストが、朝日新聞の取材に対して明かした。

フロストはCSEの中で、在外大使館を拠点にする傍受・盗聴活動部門の、次長を務めた。

「私が最後に在職していた1992年の時点で、すでに、在東京カナダ大使館は、傍受施設の設置を検討する対象に含まれていた」

日本を対象とする傍受活動も行われていたのか。

「当初は見送られていた。だが1993年までには始まっていたはずだ」

彼はそう断言した。

「1992年ごろ、東京の大使館に大きな電子機器類が届いた。大使館には、要員3人が新たに派遣されてきた。ある外交官がそれまで使っていた窓のない個室から追い出された。その部屋は大使とナンバー2、新顔の3人以外は、立ち入り厳禁になった」

退職後の1995年に、カナダ外務省に勤める知人から、そう聞かされたという。

しかも、その作戦はカナダのためだけでなく、米の通信情報機関、国家安全保障局（NSA）による要請に基づくものだったという。

「NSAは我々に、東京での作戦を実施するよう圧力をかけてきた」

NSAは、3万人以上といわれる職員をかかえ、一般に情報機関として知られる中央情報局（CIA）を予算の面でも上回るといわれる。

ＮＳＡが盟主として動かす傍受情報システム「エシュロン」には、英国、オーストラリア、ニュージーランドの同種機関とともに、カナダＣＳＥも組み込まれており、その関係は極めて密接だ。

東京の電波状況が複雑で、対象範囲も広いため「傍受周波数を英国、カナダと分担したい」というのがＮＳＡ側の意向だった。

「機材も要員も予算も、こちらで出して構わない。偽のカナダのパスポートを持たせ、カナダ人職員という名目で、お宅の大使館に置かせてくれ」

そんな話まで持ちかけてきたこともあったが、カナダ側はさすがにこの提案は拒否したという。

フロストの証言をめぐる朝日新聞の問い合わせに対し、カナダ政府の外務貿易省スポークスマンはこう回答した。

「当省の職員でなかった人物の発言についてコメントすることは適切でない。それ以上何も付け加えることはない」

◇

ＮＳＡやＣＳＥが、東京でねらうとすれば、その対象は何か。

「すべて経済情報。我々は、日本に軍事面では何の関心もなかった。経済といっても政策面に関することだ。特定の会社のための商業スパイではない」

エシュロンは、あらかじめ傍受する側の各国が登録したキーワードを含む会話や電子メールなどを、自動的に拾い上げる「辞書」と呼ばれる電算処理システムに支えられている。

　だが、経済情報は軍事情報や対テロ情報と違い、通常はそれほど一刻を争うような性質のものでないため、大使館で傍受した内容を直接エシュロンのデータベースに接続しないことも珍しくはない、とフロストは説明した。

「米国にもカナダにも関係し、利害の対立があるような情報は、エシュロンには入れない」

　フロストはこんな成果も紹介した。

　CSEは1981年、カナダのオタワに駐在している米大使が自動車電話で大使館員と話しているなかで、中国への小麦輸出の入札額を口にしたのを偶然傍受した。カナダはそれより安い額を設定して落札した、という。

◇

　エシュロンを動かす英語圏5カ国の体制は、通信情報面での協力のため、1948年に米英が結んだ「UKUSA」と呼ばれる秘密協定が始まりだ。カナダ、オーストラリア、ニュージーランドは「第2次」メンバーとして加わった形だ。

　さらに、メンバーではないが「サードパーティー（第三国）」と呼ばれる協力国の一群がある。

「傍受のための施設を提供していたり、独自に収集したデータを提供することがあったりする国々だ」

元NSA職員、ウェイン・マドセンがそう説明した。

日本は経済情報で「標的」とされる一方で、ドイツ、韓国、トルコなどと並んで、この「第三国」の中にも含まれるとされている。

マドセンはこう付け加えた。

「協定自体が秘密である以上表に出にくいが、私がNSAにいた1980年代も、日本政府の連絡官が本部を訪問することがあり、日本がそういう地位だということは、内部の人間は皆知っていた」

第三国からのデータ提供に、見返りはあるのか。

フロストが証言する。

「第三国が関心を持ち、かつ、5カ国側の不利益にならないと認められる情報については、提供しましょうという約束はあるものの、義務ではない。特定の生データを買うこともあった。第三国情報は、データベース構築の資料に使われることが多かった」

青森県の米軍三沢基地には分析官も含めて1千人単位のNSA要員がいるという。日本はこうした情報基地を提供していることもあり、「第三国」の中でも密接な関係にあるといえそうだ。

だが、マドセンは「カナダやオーストラリアでさえ、すべての情報を与えられるわけではない」という。

フロストも、その見方に同意した。

「あらゆる面でボスはNSA。米国が持つムチは大きい。我々が協力は嫌だと言えば、『それなら情報は与えない』と言うだけだ」

闇の世界では、「同盟国」であっても時には「標的」ともなる。盟主・米国との距離感をどの程度に保ち、自らの国益に役立つ情報を手に入れるのか。

それは日本にも共通する課題だ。

（梅原季哉）

イラク部隊

「情報が、イラク側から必ずしも素早く届いていない」

オランダのカンプ国防相は、危機感をにじませた。

2004年8月14日——。イラク・ムサンナ州に展開するオランダ軍部隊が攻撃され、兵士6人の死傷者を出した直後のことだ。

6月の主権移譲後、治安・危険情報の多くはイラク警察などに頼ることになった。武装勢力などにかかわる正確な情報をどうつかむかが、派遣部隊の兵士たちの命を左右している。

◇

ムサンナ州の州都サマワに派遣された約550人の陸上自衛隊派遣部隊にとっ

ても、それはまったく同じだ。

業務支援隊長の佐藤正久・1佐（43）は、口ヒゲをたくわえ、にこやかな表情で地元住民と交歓する姿がテレビに何度も登場した。先遣隊長も務めた佐藤にとって、重要な任務の一つがサマワでの人脈づくりだった。警察幹部や宗教指導者らと何度も食事をともにした。現地の人の自宅に招かれた時は、フォークやスプーンは使わず、料理を手で食べるなど、現地の習慣にできるだけ従った。

「外国人でキスのあいさつをするのはあなたとだけだ」

数カ月後にはそう言われるようになる。

「我々の活動は情報がないとできない。だが、情報をとる大きな部隊を編成するだけの隊員がいない。手分けをして、外国軍とのチャンネル、イラクの治安機関、そして地元の人々とのパイプを使った」

2004年8月に日本へ戻った佐藤はそう振り返る。

◇

連日、派遣部隊や防衛庁・自衛隊に、数多くの情報が様々なルートから入った。首相官邸では週数回、外務、防衛など関係省庁の担当者が情報交換をする。部隊の安全に直結する情報はただちに小泉首相まで報告される。

だが、問題はどれが正しい情報かを見極めることだった。本当に危険であれば宿営地外での活動を縮小せざるを得ない。

派遣にかかわる陸自幹部は、その難しさをこう話す。

「うわさレベルのも多いし、捏造《ねつぞう》して情報を外国軍に売るやつもいる。ただ、三つの情報が同じ方向性を示していれば、信頼していいというのが原則だ」

さらに派遣部隊を苦しめているのは「相手が見えない」（派遣隊員）ことだ。日本を防衛する作戦では、敵や侵攻ルートなど大概のことが想定されている。航空機、艦船、地上レーダーなど情報収集のための態勢も整っている。イラクでは、宿営地に向けて再三迫撃砲を放つ相手の姿も動機も、今なお鮮明な像を結ばない。

◇

では、どうやって身を守るのか。陸自のシンクタンクである「研究本部」は今回初めて、要員2人をイラクへ派遣した。派遣部隊の活動をつぶさに記録し、今後の国際任務に役立てるためだ。その資料を踏まえ、研究本部は現時点で、「『情報戦』が重要だ」と総括している。

情報戦とは――。

現地のテレビ局を招いて、給水など支援活動の場面を放映してもらう。日本文化などを紹介する新聞を刷り、ムサンナ州各地の掲示板約20カ所にはる。部族長らを訪ね、「日本の目的は、あくまで復興支援だ」と説明して回る。派遣部隊が地元の理解を得るために行った種々の広報活動だ。

研究本部の山口昇・総合研究部長は、情報戦の意義を次のように説明する。

「地域住民に明確なメッセージを発して味方につける。いわば、敵対勢力が入ってきた場合にも情報をもらえ、その動きを制限できる。いわば、『池の水』（住民）を

『魚』（ゲリラ）が住みづらい透明なものに変えていくことだ」

◇

ただ、これも自衛隊が地元に受け入れられやすい人道復興支援活動をやっていればこそだ。かりに住民とのあつれきを生みやすい治安維持任務を担うことになれば、どこまで情報戦が功を奏すのか。

また、広報活動の成果があがっているのかどうかを確かめることも簡単ではない。オランダ軍の場合、その成果を住民に聞き取り調査する部隊も持っていた。自衛隊の派遣部隊にはそんな余力はない。

政府が自衛隊の海外派遣で説明してきた理由は、自前で安全と衣食住を確保できる「自己完結性」だった。だが、安全面で最も重要な情報収集・分析について、「十分な能力を持つ」と断言する自衛隊幹部は見当たらない。

（岡野直）

大量破壊兵器

「問題の核心は、イラクが自ら保有する大量破壊兵器、生物兵器、化学兵器を廃棄しようとしないこと、国連の査察に無条件、無制限に協力しようとしないところにあります」

イラク戦争が始まった1週間後の2003年3月27日。

小泉首相はメールマガジンでこのようなメッセージを発し、「イラクの大量破壊兵器保有」を戦争支持の理由としてあげた。その後、「イラクが保有する」と断言した根拠を国会で再三問われたが、首相は具体的な情報を示すことはなかった。

◇

イラクに大量破壊兵器があるかどうか——。

防衛庁・自衛隊にとって、この問題は「(1991年の)湾岸戦争が終結した時点からの検討課題だった」(自衛隊幹部)。

国連安保理決議では、大量破壊兵器の完全廃棄が盛られている。イラクに対する経済制裁を論議するうえで、安保理決議が順守されているかどうかを日本としても確認する必要があったからだ。

日本周辺であれば、電波・通信傍受などによって、独自の情報収集はできる。「イラクは、防衛庁・自衛隊の情報収集手段が機能する範囲を超えている」

防衛庁当局者はそう言う。

潜水艦をペルシャ湾にひそかに派遣することも、その能力や法的根拠と照らし合わせて不可能だった。

◇

主な手段は、陸海空の3自衛隊から在外公館に派遣された約50人の防衛駐在官による情報収集や、米太平洋軍を通じた情報提供だった。

9・11同時多発テロの後、外務省は在外公館に一斉に訓令を出した。

「イラクに大量破壊兵器があるかどうか、確認せよ」

これに防衛駐在官も加わり、米国防総省の国防情報局（DIA）や英情報本部（DIS）の対応相手に接触した。

政府関係者によれば、こうした米英の当局からの情報の一つに次のような趣旨のものがあった。

「『ケミカル（化学）・アリ』の異名がある元国防相のアリ・ハッサン・アルマジド将軍が大量破壊兵器を製造していると、フセイン大統領に報告した」

ただ、この情報を検証する術《すべ》を日本側はもっていなかった。

「あの情報をうのみにしたことで、我々も判断を誤った」

情報担当の自衛隊幹部は後にこう悔やんだ。

◇

開戦の数カ月前。

防衛庁情報本部の分析部に指示が下った。

「イラクが大量破壊兵器を保有している可能性を報告せよ」

米軍からのイラク情報、欧米や中東の防衛駐在官が収集した情報、報道資料、インターネットで集めた海外の論文……。これらを参考に作成された報告書は当初、大量破壊兵器について、「保有していると言われているが、明確な証拠はない」などと当たり障りのない結論となっていた。

だが、情報本部の上層部が怒った。

「米国がイラクの大量破壊兵器保有の疑惑をアピールしている時に、この結論は何だ」

報告書を検討する会議で、幹部の一人は自らペンをとって「保有する可能性は否定できない」という趣旨に書き改めた。

一方、小泉首相の関心は、大量破壊兵器の有無にはさほど向けられていなかった。イラク開戦時の緊急声明を発するまでの事務的な手続きを説明する官邸のスタッフにこう言った。

「事務的なことはいい。米国の行動を支持すると言える材料をできる限り持ってきてくれ。あとは自分で考える」

首相のもとには、イラン・イラク戦争や、クルド人に対するイラクの化学兵器の使用、大量破壊兵器の威力を示すデータが届けられた。

最初に結論ありき、の情報収集だった。

（牧野愛博）

【インタビュー】
後藤田正晴（元副総理）

――後藤田さんは自衛隊の前身である警察予備隊が１９５０年に発足してから2年間、その警備課長兼調査課長でした。調査課とはまさに情報担当のことですが、当時はどんな状況だったのですか。

「僕の時代は部隊の編成配備が中心でね、形の上ではシビリアン（文民）の情報担当の課長だったが、実質的な活動はほとんどありません。部隊の制服の方が作戦情報という観点から米軍の指導を受けてやっていたと、こう理解して間違いないのではないですか」

「ただ、これは軍事情報です。それに対して政府全体のための政治情報をとる必要がある。それで出来たのが内閣調査室（内調）。そこで何をやっていたかというと、東西冷戦下におけるイデオロギー対立の国内への反映で、暴力革命阻止。だからもっぱら共産党関係の情報をとっていた」

――電波傍受の組織も誕生しています。

「それは内調の情報の中心だった。最初の施設は埼玉県の大井通信所だな。あれはね、近隣諸国で軍の部隊や艦隊が集まったときには、無線による交信が非常に多くなるので、すぐ分かる」

――この「二別」「調別」という組織は、97年に発足した防衛庁情報本部に吸

後藤田正晴（ごとうだ・まさはる）　１９１４年、徳島県生まれ。39年、内務省に入省。自治省、防衛庁などを経て、69年、警察庁長官に就任。「よど号」乗っ取り、浅間山荘、沖縄返還交渉にからむ外務省機密漏洩事件などを扱う。退官後、当時の田中角栄首相に請われ内閣官房副長官に。76年の衆院選で初当選、7期務める。中曽根内閣で官房長官、宮沢内閣で副総理を務め、「カミソリ」の異名をとった。護憲派、政治改革推進論者として知られる。96年に政界を引退。

収され、内調から切り離されました。

「西広整輝君が防衛事務次官だったとき（1988～90年）に来てね。『あれを充実したいから、防衛庁でやらせてください』と言ってきたんだ。僕はずいぶん考えたんだけど、『よかろう』と。ただし条件があるぞ、情報は全部内閣に上げろ。それと制服だけで防衛庁で運営するのはまかりならん。内閣の職員を入れろ。部長が制服なら、代理はシビリアンで内閣の職員。あるいはその逆、と。そしてこう言った。『なぜこんなつまらんことを言うかというとね、制服の兵隊さんだけが政府全体の情報を握ることになると、政府がそれに引きずられることになりかねない。それが一番困るんだよ。経験があるんだ』と。それが大韓航空機撃墜事件だよ」

——1983年9月1日未明にサハリン沖で大韓航空機がソ連戦闘機に撃墜され269人が死亡した事件ですね。当時、後藤田さんは内閣官房長官でした。

「防衛庁が（ソ連戦闘機の無線傍受記録を）報告に来たのは、午前11時だった。その時にはすでに自衛隊から米軍を通じて米国政府に記録が流れていた。それで初めて分かったのは、（傍受した調別の）稚内の施設は、もともと米軍がやっていたのを自衛隊が引き継いだ。引き継いだ時に米軍の人間まで一緒にいるんですよ。だから、向こうの方が先に報告した。本当に腹が立った。米国が先、日本が後なんだ。これでは米国の隷下部隊ですよ。『こんな自衛隊ならいらん』と言ったんだよ」

――「政府全体の情報組織が必要だ」というのが、持論ですね。

「絶対必要だ。内閣情報調査室は200人しかいないから、これではどうにもならない。いま日本に欠けているのは、国全体としての情報収集、分析、それへの対応をする機関。この必要性が皆まだ分かってない。どんな商売でも情報がなければ仕事にならない。ましてや国の運営となったら、情報は不可欠です」

――なぜ戦後の日本には政府全体の情報機関が育たなかったのですか。

「米国依存だから。国の安全は全部米国任せだから、いまのように属国になってしまったんだよ」

――新たな政府の情報機関を作るとして、どういう内容のものであるべきだとお考えですか。

「謀略はすべきでない。かつて坂田道太・防衛庁長官が『ウサギは相手をやっつける動物ではないが、自分を守るために長い耳がある』と言ったが、僕は日本という国を運営するうえで必要な各国の総合的な情報をとる『長い耳』が必要だと思う。ただ、これはうっかりすると、両刃《もろは》の剣になる。いまの政府、政治でコントロールできるかとなると、そこは僕も迷うんだけどね」

（2004年8月　聞き手・本田優）

第9章　舞台裏の「証言」

組織誕生

同じ日に誕生した陸海空3自衛隊だが、発足時の事情は異なる。

陸上自衛隊は1950年6月の朝鮮戦争勃発をきっかけに、連合国軍総司令部（GHQ）のトップ、マッカーサー連合国軍最高司令官が吉田茂首相に書簡で指示して生まれた警察予備隊が前身だ。駐留米軍が朝鮮半島に投入され、治安維持のための警察力が不足する、という理由からだった。

幹部の多くは警察出身者で、旧陸軍とのつながりは徹底排除された。1952年に保安隊*に改組され、1954年に陸上自衛隊になった。

保安隊を作る際の委員会に立ち会った栗栖弘臣・元統幕議長は「まだ保安隊が国防を受け持つと言えなかった時代。それでもソ連を意識し、もし攻めてくれば立ち上がれるかどうかが大きな関心事だった」と振り返る。

一方、海上自衛隊の前身は、旧海軍グループによる「Y委員会*」が兵力整備を検討し、その結果1952年に海上保安庁の中にできた海上警備隊だった。日本

保安隊　旧日米安保条約をめぐる交渉を前に、吉田茂首相が事務当局に、平和条約後の日本再軍備第1段階の具体案を作るよう指示。「再軍備の発足」と題する具体案は「海陸を含め、新たに5万人の保安隊を設け、国家治安省の防衛部に所属させる」という内容だった。

Y委員会　サンフランシスコ平和条約調印後、海上警備力の増強に関する人員、組織、装備などの準備を検討するため、政府が1951年10月に設けた委員会。山本善雄・元海軍少将と柳沢米吉・海上保安庁長官が中心となり、10人の委員と14人の委員補佐で構成。Yは、山本、柳沢のイニシャルからとったとされている。

周辺での掃海作業の技術が必要なこともあり、旧海軍出身者が深くかかわり、当初から米海軍の支援を得て「新海軍」をめざした。

朝鮮戦争*では、米軍の要請で、海上保安庁は秘密裏に「特別掃海隊」を編成して参加した。延べ1200人と掃海艇など25隻を投入した。死者1人、負傷者18人の犠牲者を出したが、当時は一切公表されなかった。

その後、保安庁の創設に伴い、海保から分離して警備隊となり、米国から貸与された68隻の艦船でスタートした。「ほとんどが使い古しで、フリゲート艦なんか米国がソ連に貸していたのが日本に来た。船体にロシア語が書いてあった」と元海自幹部の玉川泰弘さんはいう。

航空自衛隊は、1950年代に入り北海道周辺でソ連軍機による領空侵犯が相次ぎ、防空能力をもつ必要に迫られて、保安隊や警備隊の隊員が転属する形で1954年に発足した。

創設当初の戦闘機パイロットだった竹田五郎・元統幕議長は「教育はみな米軍将校から受けた。英語でぱぱっと言われてもよくわからない。こんなことを言っているんだろうと思って操縦すると、全然違うといっては怒られた」と語る。

「GHQが編成提示」（後藤田正晴・元副総理）

――私は警察予備隊発足とともに、警備課長兼調査課長になった。朝鮮戦争で日本各地で占領業務をしていた米軍の実動部隊が、朝鮮半島に行った。GHQに

朝鮮戦争　1950年6月25日から53年7月27日まで続いた。韓国と16カ国からなる国連軍、北朝鮮と中国人民志願軍が交戦。双方200万人の大軍が朝鮮半島を舞台に戦った。

よる7万5千人の警察予備隊の創設指令は「国内の治安維持の支援・後拠になれ」だった。

ＧＨＱには二つの流れがあった。Ｇ２（参謀第2部）を中心に「日本軍の再建をする」という動きと、ＧＳ（民政局）を中心に「再軍備は危ない」とみる考え方と。日本側にも、再軍備をめざす動きと、旧軍への国民の不信や反発が消えてないから、その時期ではないとする動きがあった。

ＧＨＱのカウンターパート（相手側）のトーマス中佐が「こういうのを作ってもらいたい」と、警察予備隊の編成表を示した。米国の歩兵師団と同じ野戦軍。私は「今は治安維持などと言っているが、そのうち朝鮮戦争に行けというのではないか」と思った。海上保安庁の掃海艇が仁川上陸作戦に連れて行かれ、死傷者も出ているのを知っていたからだ。

警察予備隊の幹部はみな警戒した。結局、当時の吉田茂首相が突っぱねたのでしょう。そうでなかったら、朝鮮半島に連れていかれた可能性があったと思う。

「海軍の後継者を自負」（大賀良平・元海上幕僚長）

朝鮮戦争が始まったとき、下関にある海上保安庁の掃海隊の指揮官でした。開戦直後に指令がきて、6隻の掃海艇を率い佐世保に出向いた。任務は米海軍のもと、佐世保港外での機雷の警戒でした。佐世保は米軍の出撃拠点だったので、共産勢力が闇に紛れて漁船で機雷をまきにくる心配があった。

１９５０年10月に日本の特別掃海隊が編成され、朝鮮半島海域への派遣を命じられた。私も同年11月から2カ月近く、同半島の西側水域で掃海作戦にあたった。

再び佐世保に戻ったが、警備隊の創設に合わせて、転勤命令を受け、夫婦で三輪トラックに荷物を積んで東京にやってきた。配属は航路啓開部の管理課。横須賀に家を借り、片道2時間かけて越中島にあった第2幕僚監部（現在の海上幕僚監部）に通った。

当時の雰囲気は、みな「海軍の後継者」という自負が強かった。警察が主流の陸とは違った。だから米軍が、日本には大型艦の打撃力は不要で、商船隊の保護や沿岸警備に限定した「スモール・ネイビー」を作る考えでいても、海軍出身者たちは「おれは大海軍の生き残りだ」という思いが強くて、「ブルーウォーター・ネイビー」（外洋型海軍）を目指していましたね。


（谷田邦一、本田優）

治安出動

自衛隊法は、日本が侵攻を受けた際の「防衛出動」とともに、警察力で治安が維持できなくなった場合の「治安出動」を規定している。

日米安保条約の改定をめぐって盛り上がった1960年の安保闘争で、政府はデモ隊鎮圧のため治安出動を検討した。

岸信介首相は、アイゼンハワー米大統領の来日日程にあわせ、同年5月に衆院で安保改定の条約批准承認を強行採決した。これをきっかけに、学生や労組員らからなる数十万人のデモ隊が国会周辺を取り囲み、6月15日には全学連が国会構内に突入。東大生の樺美智子が圧死する事態にまでに発展した。

陸上自衛隊はこのような騒然とした情勢の中で、同年4月に治安出動の準備に着手。図上演習を行い、戦車約50両や土嚢などの資材を練馬駐屯地に運び込み、東部方面隊（総監部・東京）の約2万人を待機させ、首相による命令を待っていた。

岸首相は治安を回復するため、自宅に赤城宗徳・防衛庁長官を呼び、自衛隊の出動を打診した。だが、赤城長官は「犠牲者が出れば収拾がつかなくなる」と考えて応じなかった。

10年後の70年安保では、防衛庁は東富士演習場（静岡県）で大規模な治安出動訓練を報道陣に公開した。しかし、警察の装備・人員が強化されたため、自衛隊の出番はなかった。治安出動はこれまで一度も行われていない。

「戦車の壁でブロック」（松村劭《つとむ》・元富士学校機甲科副部長）

——防衛大を卒業してまだ2年目の1960年。群馬県の相馬原駐屯地にあった第1特車（戦車）大隊で、米国のM24軽戦車5両を率いる小隊長でした。

ある日、富士山麓の演習場で訓練を終え、約50両の車列で群馬に戻る途中、「第1大隊は、練馬駐屯地（東京）に向かって前進する」という指示が無線機に入ってきたんです。

何だろうと思って上官の中隊長に尋ねると、「東京は大変なことになっている」と告げられた。それがちょうど6月15日の夜のこと。デモ隊が国会議事堂に突っ込み、女子大生が死亡する騒動があった日です。

中隊長から「いつでも治安出動に出られる体制を取れ」と命じられ、駐屯地で待機した。火炎瓶を投げられた場合に備え、戦車のエンジン部分を保護する鉄板のカバーや、よじ登る暴徒を排除するため竹ざおとバッテリーをつないだ「電気ムチ」も準備しました。

もし出動すれば国会や皇居を守り、戦車で壁を作ってデモ隊をブロックする計画でした。でも相手が怖がらず、逆に興奮してエスカレートしたら……。私は戦車の出動に反対でした。結局、1週間で待機は解除された。

出なくてよかった。中国の天安門事件では、戦車が投入されて大勢の死傷者が出た。ひょっとしてああなったのでは、と自分たちの姿を重ね合わせました。


（谷田邦一）

基盤的防衛力構想

1976年10月、政府は最初の「防衛計画の大綱」を閣議決定した。1958年度から4次にわたって進められてきた防衛力整備計画が76年度で終了することから、これを節目として、防衛力整備だけでなく、日本防衛のあり方についても、政府の考えを明示した。

翌年発行された防衛白書は、この大綱で「基盤的防衛力構想」という新しい考え方が採られたことを詳細に解説した。

内外情勢が大きく変化しないとの前提に立って、「限定的かつ小規模な侵略」までの事態に有効に対処することを常備防衛力構築の目標とし、万一情勢が変化した場合は、「防衛力の拡充、強化」を行うというものだった。

それまでの整備計画が、大規模侵略まで想定した「所要防衛力」をめざしていたから、大きな転換だった。国際的なデタント（緊張緩和）の流れの中で、大幅な防衛力増強を目指した1970年の中曽根康弘・防衛庁長官の構想が挫折したことが、きっかけになった。

防衛庁での「基盤的防衛力構想」作りは、1974年から本格化した。防衛課にいた西広整輝、宝珠山昇らが以前から温め、久保卓也・防衛局長が同年6月に「我が国の防衛構想と防衛力整備の考え方」（KB論文）という内部文書で「基盤的防衛力」との言葉を使い推進役を果たした。

1995年に改定された防衛大綱でも、この構想について「基本的に踏襲していくことが適当」と明記された。

だが、2004年に再び改定された防衛大綱では、「新たな安全保障環境の下、『基盤的防衛力構想』の有効な部分は継承しつつ、新たな脅威や多様な事態に実効的に対応し得るものとする必要がある」とし、初めて方針を転換した。

従来から防衛庁内には基盤的防衛力構想では「テロやミサイルなどの新たな脅威に対応できない」との批判があり、それを受け入れた形になった。

「防衛力の不均衡が背景」（宝珠山昇・元防衛施設庁長官）

1969年に、防衛庁の一室で、先任部員の西広整輝さんと2人で、新構想について相談した。私は「平素は小さいものにして、ある判断が下されたら急増させるというのは、どうでしょう」と聞いた。戦争終了後に規模をぐんと減らす米軍がヒントでした。西広さんは「それでやってみろ」と言われた。

それまでの防衛力整備は、正面装備に重点が置かれる一方、弾が不足し、隊舎が老朽化し、隊員も定員割れが大きく、ひどくアンバランスな状態で、隊員に欲求不満が蓄積していた。「物を買うだけの防衛計画」とも言われていた。

それで自衛隊の任務を限定し、現実的なものにした。小規模侵略に対応しうる防衛力を「常備防衛力」とし、テロにもこの範囲内で対応する。大規模侵略には作戦準備期間を長くとって、その間にエキスパンド（拡大）することにした。その拡大については、政治家が責任を負うという考え。制服とも十分協議して理解を得た。「限定脅威の所要防衛論」とも呼ばれたが、防衛事務次官の久保卓也さんが基盤的という言葉が好きでもあり、その性格、実体に着目して「基盤的防衛力」とした。

（本田優）

シーレーン防衛

「シーレーン防衛」という言葉が、国会で頻繁に議論されるようになったのは、1980年代からだ。

1981年5月、ワシントンで、レーガン米大統領と鈴木善幸首相が会談した。鈴木首相はその後、ナショナル・プレスクラブで行った会見で「我々は日本周辺海域の数百マイルの範囲内、そして海上輸送路の約1千マイルを憲法の条項に照らし、我が国の自衛の範囲内として守っていく」との考えを表明した。

当時、防衛庁内で作製されていた地図には、日本からフィリピンに延びる南西航路帯、グアム島に延びる南東航路帯の二つが描かれていた。これが「シーレーン防衛」の対象と一般には受け止められた。

だが、海上自衛隊の戦略は、航路帯を通る商船団の保護ではなかった。有事の際に、米海軍の空母機動部隊を日本の近くに展開させて、その攻撃力に頼るための環境作りが目的だった。空母機動部隊を狙うソ連の潜水艦を対潜哨戒機で探知して撃沈する役割を担うもので、部内では空母機動部隊に来てもらうための「座布団理論」と呼ばれていた。

こうした戦略論は戦後古くからあったが、シーレーン防衛が１９８０年代に注目を集めるようになった背景には、１９７０年代後半からのソ連の新戦略があった。米本土に照準をすえた長距離核ミサイル搭載の潜水艦をオホーツク海に集め、「海の要塞《ようさい》」とするようになったのだ。米ソ戦争となれば、ここが戦場となるのは必至だった。

宗谷、津軽、対馬の「3海峡封鎖」という作戦も当時、シーレーン防衛の一環として議論された。１９８３年以降の中曽根康弘首相による「日本列島不沈空母論」も、ほぼ同じ考え方だった。

もっとも、実際に米ソ戦争になって核が使われたら、日本の戦禍は甚大なものになる。「不沈空母」などと言っていられる状態ではない。あくまで主眼は、日米安保体制で戦う姿勢を強調して、ソ連側を抑止する点にあった。

「熊を檻に閉じ込める」（林崎千明・元海上幕僚長）

「3海峡封鎖」ということを初めに言い出したのは、70年代後半で、米国の方でした。ソ連という「北方の熊」を檻《おり》に閉じこめる位置に、日本がある。檻にカギをかけることが出来れば、米国にとっても非常に作戦がやりやすくなるという言い方だったと思う。

海上自衛隊はその訓練をやってましたよ。封鎖しなければいけないのは、ソ連の潜水艦。通峡するであろう潜水艦の30％を押さえられれば、戦略的な効果がある。それが努力目標だった。

米国は「日本単独の有事はあり得ない。日本有事とは、国際的な大規模戦争、つまり米ソ戦争の中で日本がたたかれる場合だ」というもの。一方、日本は政治的な建前から「日本だけの有事があり得る」という立場だった。

米国の本音はいかに効率的な対ソ作戦をするかという点にあって、日本防衛は直接的にはなかったはず。だが、日本は「北方の熊」の檻だったので、日本列島を盾にして太平洋側で空母機動部隊を展開させると比較的有利な作戦が出来る。日本は米軍に守ってもらいたいから、空母機動部隊が安心して来られるように、海峡や沿岸を防衛した。それがシーレーン防衛。「キツネとタヌキ」みたいですが、まさにギブ・アンド・テークだったんです。

（本田優）

阪神淡路大震災

戦後最悪の被害をもたらした阪神淡路大震災。

政府は被害状況の把握にてまどり、自衛隊も「出動が遅い」と初動態勢の不備を指摘された。その後の災害派遣のあり方を見直す契機になった。

淡路島北部を震源とする地震は、１９９５年1月17日早朝に起きた。神戸市や淡路島の一部地域では震度7を記録。消防庁のまとめでは、被害は死者６４３３人、負傷者４万３７９２人、倒壊家屋約25万棟、被災世帯約46万世帯にのぼった。

被災地は、近畿や北陸など21府県を担当する陸上自衛隊の中部方面隊（総監部・兵庫県伊丹市）の受け持ち区域だった。ヘリによる偵察では当初、正確な被害実態がつかめず、自治体との連絡にも手間取った。

最も被害が大きかった神戸市への出動が本格化したのは、兵庫県の正式要請を受けた午前10時。発生から4時間以上がたっていた。しかも出動した各部隊は予想外の交通渋滞に阻まれ、到着が大幅に遅れた。

自衛隊は人命救助や倒壊家屋の解体撤去、緊急物資輸送にあたり、延べ２２０万人を動員した。

こうした教訓を踏まえ、政府は震度5以上の地震発生時に自衛隊が自主派遣できるようにしたほか、放置された車の撤去など現場での自衛隊の権限を明確にさせるなどの見直しを行った。

大規模災害が起きた場合の住民避難や被災者の救済、関係機関の連携は、有事における問題点とも共通し、2003年から04年にかけての有事法制整備にいたるきっかけにもなった。

1978年に「超法規発言」で有事法制の未整備を批判して辞任した栗栖弘臣・元統幕議長は「地方公共団体や警察・消防との連携や、3自衛隊の統合がいかに大事かよくわかった。その意味で大震災は有事法制を後押ししたともいえる」と語った。

「自治体、住民との連携必要」（松島悠佐《ゆうすけ》・元中部方面総監）

「淡路島が震源地だ」とか、「神戸で煙が出ている」とか、最初はそんな断片情報しか入ってこなかった。どこが一番壊れているかもわからなかった。

「最大の被害は神戸です。兵庫県から要請が出ているので、全力で対応します」と第3師団長から連絡があって、「じゃあ、頼むよ」と伝えた。ひどい災害だが、まず師団が入れば大丈夫と思っていた。

それが夜になって、「死者1千人を超える」とニュースでやっている。まだ現地入りできない部隊もいた。これは一つの師団の能力では無理だと判断し、（管内の）全師団を投入したんです。命令を出したのは震災発生翌日の午前3時でした。

地震発生から最初の週末、一人で電車に乗って被災地がどうなっているのか見に行った。知りたかったのは被災者の雰囲気です。自衛隊に対する感謝の声もあれば、「出遅れた」と言っている人もいた。お年寄りが何に不便を感じているのか、炊き出しのメシはどんなのがいいのか。災害派遣に影響が出るので、部下にも調べさせて作戦会議で細かく指示した。

自衛隊は有事法制がないと動けない。公共用地の一時使用やパトカーの誘導から、被災者の避難誘導、救援活動まで、自治体や警察、住民との連携がないとやれない。それが実地でわかったことは大きな意味がありました。

（谷田邦一）

Ⅳ　素顔の自衛官

第10章　人づくりの現場

ゴラン高原、東ティモール、インド洋、イラク、そして地震と津波の被害を受けたインドネシア――。活動の舞台が地球規模に広がりつつあるなか、24万人の自衛隊の各種部隊を指揮する幹部自衛官たちはどのように教えられ、育てられているのか。日頃、外部の目に触れることのない陸、海、空自衛隊それぞれの教育の現場に入った（２００4年2月から3月にかけて）。

●海――一蓮托生

海上自衛隊の幹部を養成する幹部候補生学校（広島県江田島町）では、1年間の教育課程の締めくくりとして日本近海で約1カ月間の練習航海を行う。

2月上旬、防大と一般大卒の幹部候補生１７５人を乗せた海自練習艦隊の4隻のうち、旗艦「かしま」に同乗した。

秒速15メートルの風が、雪を吹きつける。先を行く全長１１５メートルの海上自衛隊の練習艦「あきぐも」が、日本海の波に舞う。

「『あきぐも』のあと」

「ヨーソロー（そのまま進め）」

「蛇行運動」訓練では、揺れる艦橋に候補生約20人が集まり、交代で羅針盤をにらみつつ針路を指示する。

指導官がつきっきりだ。

「一呼吸遅いっ」

周りの候補生にも声が飛ぶ。

「他人の操艦を見てイメージトレーニングしろっ」

こまめにメモを取る学生もいれば、立ったまま柱にもたれて眠る学生もいる。

訓練を終えたばかりの候補生、末弘俊輔（24）が感想を語った。

「自分で判断する訓練なので面白い。昨晩は夜中の当直だったので眠いですが……」。

別の指導官が、艦橋の隅から厳しい視線を投げる。

「もうだいぶ（学生間の）差がついています」

広島・江田島を出港し、22日目。沖縄を含む西日本海域を回る。6時起床、22時消灯、夜は交代で当直につく。射撃や洋上補給から、おぼれた人の救助まで、日中は訓練がぎっしり詰まり、その予習・復習もある。

練習航海では、共同生活から実戦の操艦時の意思疎通まで、運命共同体と言える艦内での動作の基礎をたたきこむ。卒業直後には3月下旬から東日本での練習航海、さらに9月まで5カ月間の遠洋航海が待っている。

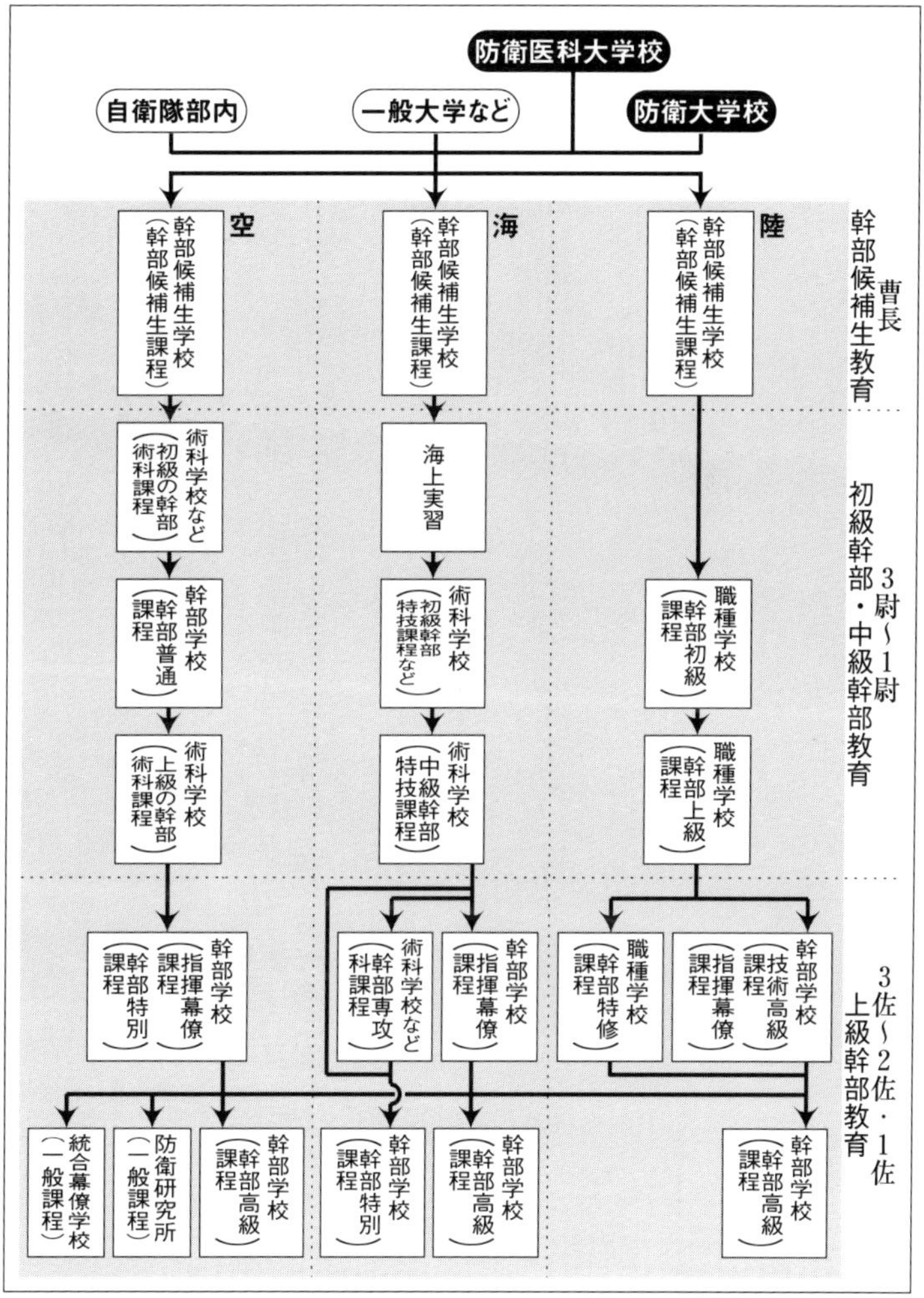

幹部自衛官の教育体系（防衛白書から）

練習艦隊を指揮する杉本正彦・司令官（52）は、練習航海の意義をこう語る。

「陸の動物を海の動物にする。その入り口です」

将来は操艦を担う幹部候補生たちだが、長期の航海訓練はこれが初めて。まず苦しむのは船酔いだ。昼の防火訓練後の反省会に当たる「研究会」には、「かしま」乗艦の82人中3人が欠席した。

火災状況を艦橋に伝える伝令役を務めた候補生、高月聡司（23）が言う。

「酔い止めは普段は船に慣れようと飲みません。でも訓練で責任者の時は飲みますね」

彼は熊本県出身で、東京都立大を卒業した。民間企業への就職を考えていたが、地元の自衛隊地方連絡部の海上自衛官が両親に、幹部候補生学校の受験を熱心に勧めたのだ。

「公務員試験の勉強はしなかったけど、受かったんで……。自分を鍛える意味もありました」

その「研究会」で、「かしま」のナンバー2、関川秀樹・副長（41）の叱責が響いた。

「寝ている者がいた。恥と思え。部下の前で絶対やるな」

他の指導官からも厳しい言葉が続く。

「指導を受けて『わかってます』と言う者がいる。わかってないと思うから言うんだ」

「メモを取れ」

「学習能力がないと人間はダメだ」

関川副長があとで解説してくれた。

「ほかの世界で、大学卒業後に人間をこんなに教育する組織はないと思います」

なぜそこまで徹底するのか。

「艦船は一蓮托生。バルブ一つ間違えばエンジンが止まり、船が動けず、武器が使えなくなる」

「人の育て方」を、関川副長はこう語った。

「『やってみせ、言って聞かせて、させてみて、ほめてやらねば、人は動かじ』。自分で見本を示し、やらせて、ちゃんと評価しないと人は育たない、ということです」

旧海軍の連合艦隊司令長官、山本五十六の言葉だ。旧海軍の伝統は、幹部教育の場で脈々と生きているようだ。

練習航海には、「領海を実感させる」（杉本司令官）仕掛けも盛り込まれていた。沖縄に向かうときに、東シナ海の日中中間線から尖閣諸島を回る航路を通ったのだ。艦内では、この海域での領土や資源をめぐる日中関係の現状が講義された。

「ただの海だったけど、中間線のあたりではみんなと甲板に出て見ました」

宮崎県出身で防大卒の候補生、中津郁雄（23）は、そう言った。

高校時代、防大進学について友人らから「戦争屋になるのか」と反対された。

でも、「平和、平和と言っているだけじゃ平和はこない」と考えた。

沖縄入港の時には、イラク自衛隊派遣に反対するデモとぶつかった。

「自衛隊が、自分から行く行くと言ってるわけじゃないのに」と、釈然としない思いで見つめた。

練習艦隊のある幹部が話した。

「幹部候補生たちが、自衛隊を取り巻くひとつの現実を見る機会です」

（藤田直央）

●海——赤鬼・青鬼

午前6時半、起床ラッパが冬の暗い朝に響く。

2月下旬、広島・江田島の海自幹部候補生学校——。寮からグラウンドへ、濃紺の作業服姿の候補生たち約170人が駆け出す。号令をかけ合いながら6分隊に分かれて整列。寒風のなか上着を脱いで乾布摩擦をし、「海自第一体操」を終えた。ここまで5分。

同校総務課長の池沢次信・2佐（51）。

「自由気ままな生活をしてきた若者に、あえて制約を課す教育をします」

ここには「赤鬼」と「青鬼」がいる。

幹部候補生たちに厳しい生活指導をする2人の教官だ。「鬼」という通称は長年の伝統だ。年齢は大卒の幹部候補生らと数年しか変わらないが、階級の差が圧倒的な上下関係を生む。

授業では「統率」を担当して敬礼動作などを教え、生活面では食事の時の姿勢など「はしの上げ下ろし」まで注意する。問題のある候補生は自室に呼び出し、反省の様子がなければ大声で威圧する。「プレッシャー」が指導理念だ。

「赤鬼」の防大卒、小林卓雄・2尉（26）はこう説明する。

「我々の活動の場は、単純に言えば戦場。プレッシャーの中での的確な判断、指導が幹部に必要な資質なんです」

全寮制での躾に加え、授業は自衛艦に乗るための技術面を中心に、平日に毎日7時限。遠泳や持久走などで基礎体力も養う。初級、中級、上級と階級別に幹部の教育体系がある海自で、候補生学校は「自学自習の土台を築く場」（海上幕僚監部教育課）に過ぎない。

中退する大卒の候補生は毎年10人前後。その理由を、一番身近で指導する30歳代前半の分隊長はこうみる。

「入隊前にイメージした国際貢献での活躍と、ここでの生活にギャップを感じるようです」「団体生活に全く慣れていない。自分たちが候補生の頃は、まず仲間同士で相談したものですが」

「青鬼」を務めるのは、東大から海上自衛隊に入った古賀丈憲・2尉（28）だ。

「自分たちの候補生当時を振り返ると、やったことのない集団生活からくるストレスでやめていった者もいました」

消灯の午後10時が迫り、候補生たちが校舎での自習から寮に戻ってきた。

半分ほどの部屋で、ベッドの上に畳んでいた毛布がはがされ、棚の荷物が床に散らかっている。

整理整頓の不十分さを指摘するために、「鬼」たちが「巡検」で、わざと荒らした跡だった。


（藤田直央）

●陸――図上演習

陸上自衛隊の最上位の教育機関は、東京都目黒区にある幹部学校だ。

同校の「指揮幕僚課程」では、師団[*]の指揮官や幕僚として必要になる知識や技能を約2年間かけて習得する。

3月中旬の1週間、実際の戦闘を地図上でシミュレーションする「図上演習」が行われた。その一部を取材した。

この課程で「学生」となるのは、30代前半の3佐から1尉クラスの隊員約80人。倍率約20倍の選考試験を突破して全国の部隊から集まってきた。米国、韓国、タイからの留学生5人もいる。

「1545（「ひとごよんご」と読む。15時45分の意味）に西方向より東方向に突撃を実施する予定であります。明日昼までに奪取します」

「作戦幕僚」役の学生が、「師団長」役の学生に作戦を伝えた。図上演習は、指

師団　陸上自衛隊では約6千人から9千人規模の「戦略単位部隊」。各種の機能を備え、地域的、期間的に独立し、1正面の作戦を遂行する能力をもっている。

Ｃ１輸送機から空挺隊員が次々と飛び降りての降下訓練＝宮崎・空自新田原基地で

羅針盤を見ながら訓練に取り組む練習艦「かしま」の海自幹部候補生ら＝日本海で

揮官としての状況判断能力を高めるのが目的。敵役は、26人の教官だ。

30平方メートルほどの部屋に学生が詰め、「師団長」以下、G1(人事)、G2(情報)、G3(作戦)、G4(兵站)の持ち場に分かれる。「戦場」となっている別の部屋にいるG2の学生から、電話で敵陣の情報が入ってくる。

戦闘の舞台は、東北地方の丘陵という想定だ。G2の学生たちが、5万分の1の地図に赤と青のペンで陣形を書き込んでいく。赤色は敵軍、青色は自軍だ。その情報をもとに、G3の学生たちがパソコンで敵の出方を分析し、別の地図に赤と青で書き込み、作戦を練る。G1とG4の学生は、壁に張られた「装備等見積表」と「人員現況表」に状況を記入する。隊員や装備の3割が損耗すると師団としての能力が失われるとされているから、その前に敵を撃破しなくてはならない。

将棋の駒を動かすように机上で部隊の動かし方を考える図上演習は、旧陸軍の時代から実施されてきた。冷戦期の旧ソ連の侵攻に備えたシナリオは、現在でもほとんど変わらない。

その理由を学校幹部の1佐(50)はこう説明する。

「与えられた状況の中で時間、ルート、被害程度を考えながら、どのように部隊を動かせばいいのかという判断能力を高めるのが目的で、それはPKOや災害派遣などでも応用がきくからです」

約3600時間におよぶ指揮幕僚課程の総教育時間のうち、半分以上は戦術や戦略に割かれる。戦略教官の1佐（53）は言う。

「私が入校していた10年前、グループで討論したテーマは『北朝鮮は崩壊するか、10年後も生き残るか』でした。今は北朝鮮のミサイルといった脅威にどう対処するかがテーマです」

この4、5年で、PKOや不測事態対処など、多様な任務についての時間も増え、全体の1割強に達しているという。諸外国のPKOを参考に、危険な場面に遭遇した状況をケーススタディーにして、自分が指揮官だったらどう対処するかを考えさせる授業もある。

教育のもう一つの柱が「統率管理」だ。約300時間を費やし、指揮官像を模索する。

「部下も完璧な上司を求めているわけではないと思う。理想を持って努力する姿を見せることで、未熟さを分かっていてもついてきてくれると信じています」

普通科連隊の小隊長や副中隊長を経て指揮幕僚課程に入った1尉（31）はそう言った。

自衛隊に入ったきっかけは湾岸戦争だった。自衛隊が将来、重要な任務をするだろうという予感がした。理想の指揮官像は「自分で判断ができ、かつ、誠実な指揮官」だという。

統率の指導について、担当教官の1佐（54）はこう話す。

「こうしたらいいと教えられる戦術と違って、統率は一番難しい。100人の指揮官がいれば、その方法は100通りある。最終的には経験を通じて自分自身でつかみとるしかない」

教官は、戦車連隊長などを歴任し、3カ月前に幹部学校に赴任した。当然ながら「実戦で一発も弾を撃ったことのない世代」だ。

「若い部下たちに、上司としての自分がどう見られているか。実は、常に不安を抱えてきました」

教育では、戦争経験のあるOBらを招いて、講話してもらう時間も設けている。

（田井中雅人）

●空——徒弟関係

「強くなるには、いかに人のやり方を盗むかにかかっている」

日本三景の松島に近い宮城県矢本町の航空自衛隊松島基地。

F2支援戦闘機*の乗員養成を受け持つ飛行隊長、菅野聡・2佐（43）は、教育の極意をこう説明する。

米国メーカーが開発した戦闘機F16を母体に、日米が共同開発したF2。洋上や陸上で自衛隊の戦闘を支援すると同時に、高い空中戦の能力も備え一部は緊急発進（スクランブル）の任務にもついている。

パイロットの養成機関が集まる同基地に、F2教育飛行隊ができたのは2年前

支援戦闘機　着上陸しようとする敵の侵攻部隊を海上または地上で阻止することを主目的とした戦闘機。侵攻部隊と戦闘している陸上自衛隊や海上自衛地の部隊を空から支援する。

だ。20歳代の学生14人を、25人の教官がマンツーマンで指導している。

この日、隊長から指導を受けたのは、空自の初級訓練を終えた後、2年近く米空軍の機関に留学した経験がある近藤亮治・2尉（26）だ。

Ｆ2に乗るのはまだ6回目。日米の教え方の違いを感じ始めている。

米軍の教育は大量生産方式で、ほとんどがマニュアル化されている。必要な教材を読み訓練を一通り受ければ、合格する仕組みという。一方、日本の場合は、少数精鋭で、教官が一人ずつ丁寧に自分のワザを教え込む徒弟制度に近いという。

「米軍の教育が受け身なのと比べ、空自では積極的に出ていかないと、何も得られません」

飛行隊の朝は各種のブリーフィングで始まる。気象、機体状況などを担当官が交代で説明し、教官による飛行前のマンツーマン指導が行われる。

その日の飛行コース、訓練内容、習得課目について、矢継ぎ早に説明と質疑が交わされる。それが終わると、教官とともに複座型の機体に乗り込み、基地から40キロ離れた訓練空域へ。70分飛んで戻ってきた。「デブリ」と呼ばれる反省会が行われた。

教官「ロールとピッチがコーディネイトしていなかったな」

学生「はい。目標の取り方が甘く、間違いやポカミスが目立ち……」

訓練の要点ごとに、学生がどこに問題点があったか詳しく報告し、教官から厳しい指摘を受ける。約40分続いた。

一人になってからも、操縦席を撮影したビデオを見たり教官を捕まえては、操作のコツを「盗む」。夜、学生舎に戻れば、同期の6人がその日の体験を教え合う。「6倍分の勉強ができますから」と近藤2尉。

独り立ちするまでの約10カ月間、朝から晩までこんな毎日が続く。

菅野隊長のモットーは「精強」。パイロットは強くなければ始まらない。そのためには自分でやる勉強に加え、人それぞれのやり方を見て盗むことこそが大事という。

「日米どちらの教育もいいところがある。知識がなければ基本的な戦闘ができませんから。ただ頭でっかちではだめ」

そんな教官たちの熱意を、学生の側も素直に受け入れようとする。

近藤2尉は言う。

「フライトは知っているのと知らないのとでは全然違う。知ることによって自分の技量がどんどん上がる。たとえ後輩であろうと、自分よりうまければ、頭を下げて教えてもらいます」

（谷田邦一）

【インタビュー】
西原正（防衛大学校長）

――防衛大の教育の本質は何ですか。

「防衛大の教育目的は、幹部自衛官となる人間を育てること。防衛大では『科学的思考』『伸展性のある若人を作る』という言い方をずっとしてきています。1952年に保安大学校として創立されたときは東工大がモデルで理工系だけだったが、1974年に社会科学系の学科もできた。戦前の帝国陸海軍の精神主義の弊害、犠牲が大きかったという反省から、科学的思考、合理的精神を重視しているのです」

――戦前の士官学校と違うのは。

「戦前の士官学校と違うのは、校長が代々シビリアン（文民）だという点もある。これは（当時の）吉田茂首相の方針。教官も約90％が文民です」

――ふだんの教育で力点を置いているのは。

「一つは、知徳体。知育・徳育・体育ともいうが、防衛大ではこの三つを同時にやる。一般の大学は知育中心ですが、体力もなければならない。そして重要なのは徳。人から尊敬される人物でなければ指導者になれない。もう一つは、自衛隊がこれだけ国際的な任務を担うようになってきたのだから、学生が国際感覚を持つようにしなければならない。英語教育など国際教育にも力を入れています」

――短期留学の制度もありますね。

西原正（にしはら・ただし）京大卒。国際関係論、安全保障専攻。米ミシガン大で政治学博士。防衛大教授、防衛研究所第一研究部長を経て、2000年から防衛大校長に。

「毎年、3年生のなかから約40人が選ばれて、2週間ほど、米国、韓国、タイ、シンガポール、オーストラリア、ドイツ、フランス、英国の士官学校に行く。70年代に米国の士官学校との交流から始まって、冷戦後にぐんと増えた。今は韓国など8カ国から留学生も来ている。これは4年間です」

――知育の内容で、一般大学と違う点はありますか。

「防衛学というのがあって、『統率』を学ぶ。これは3年生の必修です。統率というのはリーダーシップですが、経営者のそれと違うのは、最悪の場合に命をなげうつということ。部下に死を要求しなければいけないかもしれない。そのために『死生観』も扱う。軍人の書き残した遺書などを教材に、部下への思いやり、責任、使命感などについて教える。そういうことを戦時だけでなく、平時から考えておくべきだということ。そして任官するときには『事に臨んでは危険を顧みず、身をもって責務の完遂に務め、もって国民の負託にこたえる』と宣誓するわけです」

――「自衛隊は軍隊なのか」ということが国会で焦点になっています。西原さんはどう考えますか。また防衛大の教育ではどう教えているのですか。

「私自身は、自衛隊は国際基準で見て軍隊であるべきだと思うし、軍隊の要素をたくさん持っていますよ。軍法会議がないという点では普通の軍隊組織とは違うし、武器の使用に関してもいろいろな制限を加えていますから、このへんは軍隊ですかねえということになりますが、まあいろいろな軍隊があってもいいと思いますから。制約があるという点では多くの軍隊と違いますが、基本的には軍隊だと思います。ただ、他国の軍隊との法的な違いがあることを学生は理解していなければならない。例えば、軍法会議がないことや、国際的な任務で武器を使わなければいけないということになれば、正当防衛という形で使うんですよとか、そういうことを教えます」

――ところで、学生意識の変化を感じることはありますか。

「私は防衛大に27年間います。23年間は国際関係学科の教授で、過去4年間は校長。来たころとの違いは、前の方が自律の精神が強かった。今の方が少し緩い。これは社会全体を反映しているのだと思います。環境が違ってきている。昔は午後8時とか8時半になって大学が電話の外線を切ったら、もう電話は使えない。今は携帯電話を持っているから、『電話を使うな』『はい』といっても、ベッドの中で話したら分からない。律することが難しくなった。いま学生舎（寮）は4人部屋で、キャップは4年生。彼が非常にしっかりしていて自らもしないし下級生がやったら注意するということならうまくいくでしょうが、昔ほど徹底しない」

――他の面では。

「今の学生は昔ほどタバコを吸わないし、酒を飲む量も少ない。横須賀の街で酔っぱらって問題を起こす学生は非常に少ない。むしろ今は携帯電話に金がかかって飲めないんじゃないですかね」

――任官拒否の学生数も変化が見られますか。

「あります。バブルのころは多かった。一時は90人くらいいた。今は4分の1から5分の1。景気が影響するんです。バブルのころは辞めても他の職がありそうだと予測できた。防衛大に入学してくる学生のうち、自分は将来自衛官になって国を守ると考えているのは10%か20%。4年間勉強している間に責任や魅力を感じてくるのでしょう。95%は自衛隊に行く。その4年間の成果を高く評価してほしい。18歳で入った学生が、自分は何になろうか、幹部自衛官になることを期待されているが本当に自分に合うだろうかと悩むのは、健全なのではないかと思います」

——女性は何人いますか。

「4学年で120人から130人。全体の7%ぐらいです。女子学生の競争率はものすごく高い。優秀な学生が入ってきます。語学が良くできるし、しっかりしている。2003年に卒業した航空要員のトップは女子学生。学生隊学生長として号令をかけた。女子学生で学生隊学生長になったのはこれが初めてです」

——卒業式の式辞では何を強調しますか。

「強調したいのは次のようなことです。『自衛隊の国際的役割が拡大した。今後君たちが指揮官となるときには、どういう事態に直面するか分からない。柔軟な思考で対応できる心構えを持ってほしい。そのためには視野を広くする必要がある。いろいろな人と交流し、歴史書や古典を読み、海外旅行もするように』」

（2004年3月　聞き手・本田優）

第11章　制服が語る

●国際安全保障への取り組み

——今日は朝日新聞の「自衛隊50年」シリーズを締めくくる企画として、陸海空自衛隊の現役幹部による座談会ということでお集まりいただきました。日本の安全保障政策がいま、大きな潮の変わり目にさしかかっていると、最近つくづく感じます。皆さんはいずれも10年後には陸海空自衛隊のトップに立って指導力を発揮し得るエリートです。その皆さんが日本の安全保障の最前線に立って、現在の自衛隊の役割をどのように考え、どの方向に進むべきだと考えているのか。それを徹底的にお聞きしたいと思います。

まず、「自衛隊の国際任務」から入りましょう。２００４年12月に定められた新しい防衛計画の大綱でも、「国際的な安全保障環境の改善のための主体的・積極的な取り組み」が、新たな脅威への対応や侵略事態への対応と並んで、防衛力の役割の３本柱の一つになりました。政府は自衛隊法を改正して、国際任務をこれまでの「雑則」扱いから「本来任務」に引き上げる方向です。この流れが始まる転機となったのは、湾岸戦争（１９９０年〜91年）だったと思いますが、この時どこにいて、どう受け止めましたか。

番匠幸一郎（陸上幕僚監部広報室長）　当時、外務省の北東アジア課に出向していて、東欧やロシアの動きを直接、間接に聞いていました。イラク軍のクウェート侵攻は、冷戦が終わってこれで平和な時代が来るという幻想を冷めさせた。冷戦構造の中に封じ込められていたものが、わっと噴き出てきた。その一つとして湾岸戦争が起こったのかなと感じていました。

鍛治雅和（海上幕僚監部防衛調整官）　私は潜水艦に乗っていました。潜水艦は戦略的な兵器なので、冷戦的な意識を最も引きずっていた部隊の一つだったと思います。そういう部隊の中で、「今まで冷戦下において敵対国と考えていた以外の国と米国は戦火を交えることがあるんだなあ」と、非常に感慨深いものがありました。

丸茂吉成（航空幕僚監部防衛班長）　当時、石川県小松基地でＦ４戦闘機に乗っていました。現場で戦闘機操縦者として、日々、対領空侵犯措置についていた。そういう中で湾岸戦争が起きた。あの戦争の大きな特徴の一つは精密誘導兵器であり、新しい科学技術力をアメリカが発揮した。将来の軍事力の行方を占う大きな出来事だった。今から考えると、アメリカが圧倒的な軍事力を見せつけて、冷戦後、アメリカの一極支配、ユニラテラリズムに行く一つの大きなきっかけになったという印象を受けている。

――湾岸戦争では日本の対応が焦点の一つになりました。日本の貢献が“too

番匠幸一郎（ばんしょう・こういちろう）　1等陸佐。1980年、防衛大卒。米陸軍戦略大留学。第2師団第3普通科連隊長、第1次イラク復興支援群長などを経て、04年8月から陸上幕僚監部広報室長。

鍛治雅和（かじ・まさかず）　1等海佐。1980年、防衛大卒。潜水艦なつしお艦長、海上幕僚監部補任課補任班長、第27護衛隊司令などを経て、03年9月から海幕防衛課防衛調整官。

丸茂吉成（まるも・よしなり）　1等空佐。1983年、防衛大卒。米空軍大留学。宮崎県新田原基地の第5航空団第301飛行隊長などを経て、04年4月から航空幕僚監部防衛課防衛班長。

（左から）丸茂吉成、鍜治雅和、番匠幸一郎の各１佐と、司会の本田編集委員＝東京都内のホテルで

little too late"（少なすぎ、遅すぎる）とか、「血と汗を流さない」とか、主として米国から激しい非難の言葉が出た。このときの日本の動きについては、どんな印象ですか。

鍛治　冷戦から冷戦後という世界的な大きな体制変化の中で、政府としても防衛庁・自衛隊としても移行期だったというバックグラウンドを考えるならば、アメリカ側から何と言われようとも、政府としてやるべきことはやったのではないかと思う。特に海上自衛隊は掃海部隊を最後に出して実績をあげた。行った隊員はがんばった。遅かったとのコメントもあるが、当時の環境からすれば、それは一つの形だったのではないでしょうか。

丸茂　あのときは「小切手外交」と話題になった。日本は合計130億ドルを拠出したが、何度か小出しにしたような形になってしまった。出し方も悪かったと思うが、国際社会の中で大きな問題があったときに、一緒に汗を流す、現場にいって働くという姿勢がみられなかった。そのことが、カンボジアPKO派遣につながり、国際貢献を積極的にしていこうという新大綱への大きなきっかけになった。

番匠　三つほど思い出します。一つ目は湾岸で起こったことが日本にダイレクトに影響するということ。二つ目は外務省の中にいて、同僚が湾岸のいろんな支援に具体的に携わっていた。岡本行夫さんたちがプロジェクトを実行するのを見ていて、日本が当時の法的枠組みの中で苦悩しながら最善の道を模索しているなということを、当事者に近い立場にいた者として感じていた。三つ目はあの時に廃案になった国連平和協力法案の策定で、自衛隊の派遣も含めて政府部内で議論し相当努力していた。それが、その後の国連平和維持活動（ＰＫＯ）協力法につながっていったと思う。あの時の議論や努力は無駄になっていない。湾岸戦争の時の苦悩は、それからあとの日本の国際的活動にプラスになったと思います。

――番匠さんは、１９９２年のカンボジアＰＫＯの第１次派遣部隊に会いに行ったそうですね。

番匠　外務省出向の後、京都・宇治の駐屯地の中隊長に異動し、その後に総合商社に研修に行った。その当時、私のいた駐屯地の部隊がカンボジアに派遣された。それで商社の出張の途中にカンボジアにも行かせてもらって、派遣部隊を激励しました。「時代が本当に動いてきたなあ」と感じました。陸上自衛隊初の海外への部隊派遣で、大きなステップを踏んだ。イラクでは日本から持って行ったポールを組み立てて旗をたてたが、カンボジアで私が見た時は、旗竿が手製だった。そのへんにある木で国連旗と日の丸を付けてたてていた。しかし、それを見て何ともいえない感動を覚えたものです。

鍜治　海上自衛隊は、陸上自衛隊の部隊を運んで、現地でホテルシップの役割をしました。一線下がった部分でのサポートだった。ただし、送り出したのは旧式の輸送艦（ＬＳＴ）であり、湾岸戦争に行かせた掃海艇も非常に小さな船だった。今思うと、よく行かせたなあと思わざるをえない。そのあと私は海上幕僚監部勤務になったが、当時の大量の検討資料を見ると、こんなに検討したのかと……。初めての海外任務に向かわせる準備を真剣にやっていたんだなあと感じました。

丸茂 うちは輸送という観点で携わった。それまでは日本国内に限られていたが、全く世界が変わった。専守防衛で日本周辺の地図しか持っていなかったのが、東南アジアまでの地図を見て物事を考えるようになった。活動範囲だけでなく、従来の無線機材では届かないところでオペレーションしたり、初めて行くところで着陸したり、多くのことに対する挑戦が出てきて、ずいぶん世界が変わりました。

――カンボジア派遣から9年後に起きた2001年の9・11同時多発テロも歴史の変わり目の事件だったと思います。当時、海上自衛隊はインド洋での対テロ作戦への参加に積極的に動いたようですね。

鍜治 このままでは日米安保が立ちゆかなくなるという危機感をひしひしと感じました。その危機感から、そのあとの活動を考え出したと思います。

――陸上自衛隊は反対に慎重だったと聞いています。

番匠 ブッシュ政権発足時にアメリカの高官の間では、ミサイルを含む大量破壊兵器の拡散とかテロ、サイバー、宇宙空間などからの新しい脅威にどう対処していくかということがずいぶん議論されていた。1999年から2000年にかけてアメリカに留学したが、そのときにもテロとか本土防衛はずいぶん議論されていた。だから9・11テロで、「やっぱりそうだったか。心配していたことが現実になった」と感じました。このテロでは24人の日本人も犠牲になった。人類共通というか国際的な問題であり、我々自身もどう取り組んでいくかが問われた。それと同時に日米同盟が“fine weather alliance”（晴天での同盟関係）から“severe weather alliance”（土砂降りでの同盟関係）になった。つらいときに真価が問われた。決して積極的、消極的といった次元ではなくて、我々としても協力できることを真剣に議論しました。

――アフガニスタンでは、陸自は検討したが派遣のニーズがなかったということですか。

番匠　そうですね。地雷処理とか野戦病院などの議論が出ていたが、現地の調査団や関係国との調整の結果としてニーズが具体的に伝えられず、具体化に至らなかった。

丸茂　私は三つの側面から考えています。まず、冷戦後、何が安全保障上の問題なのかが混沌とした世界であった。9・11テロは国際的テロリズムであり、非対称的な脅威が明確になってきて、テロとの戦いを各国が行うことになり、有志連合（coalition）などで連携・協力する土壌ができた。次に日米関係の観点から、湾岸戦争の時と違って、9・11の直後に小泉首相が訪米してアメリカ支援を表明した。湾岸戦争の「小切手外交」の過ちを犯さないで、日本が国際社会や日米関係をどう考えているかを明確に示した。三つ目は、航空自衛官として、ハイジャック機がワールドトレードセンターに突入するのをどうやって防ぐかを考えたとき、実際にそれをできるのは、日本では航空自衛隊しかない。最悪の事態が想定されるなかで、我々に対して明確に任務を与えていただいて、対処する体制を作っていくだけでも抑止効果はある。法整備がなされていないことに非常に不安を感じます。将来的な課題です。

――さて、イラクに入ります。2004年に陸上自衛隊が派遣された。その第1次の隊長として指揮をとった番匠さんに、体験の心髄をお聞きしたい。

番匠　いろんな国の人に会うと、日本が戦後初めて部隊を送ったと誤解しているが、実はカンボジアからスタートして、モザンビーク、東ティモール、ゴラン高原、ルワンダ、ホンジュラスなど、PKO活動を含めた国際的な活動の蓄積がある。その延長線上に今回のイラク派遣がある。確かに今回は、これまでと違って国連の枠組みではない。現地情勢を考えても決して容易なミッションではないだろうと言われていて、それなりの準備と心構えはして行きました。行ってみて感じたのは、先輩方が築いてきたいろんな財産、PKOだけでなく自衛隊半世紀、もっというと、ずっと受け継いできた「武」の伝統が隊員たちに継承されているということ。もう一つは、現地に行って意外だったのが、イラクの人たちが日本人や自衛隊に対して非常に友好的だったこと。現地での活動に対して、彼らが目に見えて喜んでいただいている充実感、達成感を感じ、行ってよかったと感じながら帰ってくることができました。

――国会での非戦闘地域、戦闘地域の議論について、実際に現地に派遣された立場からどう感じていますか。

番匠　あれは法律上の用語であって、一般用語として使うべきではない。現地に行っての判断では、十分活動できる情勢にあると考えている。我々はそういう法律の枠組みのなかで与えられた任務を遂行する。サマワは十分に法律要件を満たしていると思います。

――イラクでは航空自衛隊も輸送任務につきました。これは人道支援だけでなく、対米支援という面もあったと思いますが。

丸茂　私たちのやっている活動は、人道復興支援活動と安全確保活動。確かに安全確保では対米支援なり関係国支援もやっているが、あくまでも私たちの考える主体は人道復興支援。有志連合という関係各国との統制のとれた行動のなかで、諸外国の経験や知恵を吸収し、同時に私たちの姿を見ていただいて、お互いに信頼関係を高めあっていると感じています。

番匠　イラクについて、もう一言。現地で隊員によく言ったのは、「ハードターゲットによるソフトアプローチ」。我々自身は武力組織として自分たちの脇をしっかり締めて規律正しく安全確保の態勢をとりながら、しかし、やる仕事は人道復興支援だから、現地の方々に対するときは日本人らしく誠実に、笑顔で、子供たちに夢と希望を持ってもらえるようなアプローチをしていこうと。

丸茂　あくまでも人道復興支援をすることで、日米関係も深まる。メソポタミアの地で行っている私たちの活動が良好な日米関係につながる。たとえば20

03年、尖閣諸島に中国人が不法上陸した際に、いち早く国務省が「尖閣は日米安保条約の5条事態の対象だ」と言った。96年に同じような事案があったときに同じ国務省があいまいだったのとは大きな変化だ。直接アメリカを支援しているわけではなくても、日本の国際的活動が高く評価されて日米関係が良くなるということだ。

――国際任務におけるこれからの自衛隊の課題は。

番匠　これからの世の中、この国のありようから導き出されるものだと思う。日本は尊敬される国家として「尊敬による安全保障」が大事になる。国際社会の中で日本はどんな国になるのか。どういう生き様をしていくのか。日本は世界の15％のGNPを持つ大国であり、レベルの高い国民と技術水準を持つが、単独では生きていけないのは間違いない。最大の脅威は孤立化だ。国際環境を良くするために日本がどういう役割を果たすかを考えた場合、より安定した安全保障環境の構築のために、より積極的な役割を果たしていくことがますます重要になる。

――自衛隊が安保環境の改善のために役割を果たす方法は、国連を通じてなのか、日米同盟を通じてなのか、あるいは米国中心の有志連合を通じてなのか。

鍜治　前の防衛大綱は防衛中心だったのが、新大綱では安全保障というより大きなところから書かれている。これは注目すべき部分だと思います。実は安全保障という言葉に普遍的な定義はない。「人間の安全保障」とか、いろいろな使われ方をする。安全保障とは軍事だけでなく幅広いカテゴリーから成り立っている。

日米安保の5条事態　日米安保条約第5条には「各締約国は、日本国の施政の下にある領域における、いずれか一方に対する武力攻撃が、自国の平和および安全を危うくするものであることを認め、自国の憲法上の規定および手続きに従って共通の危険に対処するように行動することを宣言する」と定めている。通常、日本有事の事態と理解されている。

我々の活動が軍事のみならず、人間の安全保障にも寄与できる部分までの、例えば陸上自衛隊の分野で言えば対人地雷処理のような、活動分野の広がりというものを意識せざるをえない。

――国際任務が本来任務になる一方で、自衛隊の体制が追いついていない面があるのではないでしょうか。例えば、戦闘艦艇と補助艦艇の割合は8対2だと思うが、諸外国では5対5のところもある。

鍜治　海上自衛隊の防衛力整備は、有事を前提にして構築しているが、国際貢献を主流にして海外に出すということを前提にして構築するならば、違う形もあり得べしだと思う。どこの国の海軍も与えられた資源の中で活動しているのは間違いない。既存の資源の中で活動ができないわけではない。

――インド洋派遣は4年目に入ります。現場では「もうやめたい」という声も漏れ聞くが、今後の見通しはどうですか。また、これまで各国の艦船に補給した38万キロリットルの燃料は国民の税金でまかなわれているということの説明が足りないのではないでしょうか。

鍜治　国の政策に基づいて部隊を派遣している。「やめたい」「やめたくない」は個人の感情でいろいろあると思う。艦の甲板上で目玉焼きが出来るかもしれない暑さであり、確かに厳しい環境ではある。一方、若い隊員が「行ってよかった」とも言っている。求められれば赴くということは、いささかも変わらない。国民に対する説明責任については、海上での活動は国民の皆さんには見えにくいということがある。先般オランダに行ったときにオランダ海軍の軍人も「今、一生懸命カリブ海に部隊を出して活動しているが、全然わかってもらえない」と言っていた。

——国際化の中で、派遣先での自分の部隊の安全確保の問題が今後もネックになるのではありませんか。

番匠 自衛隊がイラクでオランダ軍に守ってもらっている、との誤解がある。これは違う。オランダ軍はムサンナ県全体の治安任務にあたり、犯罪取り締まりや警察力の育成強化といった治安状況を向上するための施策をしている。我々の宿営地を直接守ってくれるとか、外で復興支援を行う我々の部隊を警備してくれるというようなことはない。イラクのみならず国際的標準として、自分たちの部隊は自分で守るというのはその国の責任。私たちは宿営地や外、あるいは移動中の警備は、自衛隊で訓練してきたことをベースにして、いままでのところは出来ている。それがネックになることはない。

——自衛隊はこれまで国際任務で一人の犠牲者も出していないが、それは幸運だったからだという人もいます。

番匠 安全は与えられるものでなく、自分たちで作るものと考えている。隊員たちもそういう気構えで脇を締めて、常に一定の意識を維持して安全を作っているんです。

鍜治 私は彼（番匠）と防大の同期で、彼がイラクから帰ってきたときにクラ

クウェートに向けて航行する輸送艦「おおすみ」＝アラビア海で

イージス艦「みょうこう」の乗組員のベッドには、家族の写真がびっしり飾られていた＝アラビア海で

スで歓迎会をしました。そのときは頬がこけていて、アンパンマンもだいぶんやつれてしまっていた（笑）。指揮官として苦労されたなあと思った。同期に対して「皆さん支援ありがとう」という言葉を聞いて、私は涙が出ました。

●新たな脅威

――新防衛大綱は、北朝鮮を「重大な不安定要因」と位置づけ、中国についても核・ミサイル戦力や海空軍力の近代化を指摘して「動向には今後も注目していく必要がある」としています。新たな脅威の認識やそれへの対応について、現場ではどのような変化が出ているのですか。

番匠　「不易流行」だと思う。変わるものと変わらざるものとのバランスの中に私たちはいる。変わらざるものとは、国を守る任務と、隊員たちの自衛官としての意識、基礎的能力。この「不易」の部分が基盤です。「流行」の部分は、新大綱でも出てきた新たな脅威や、国際的な任務。情勢に応じて増えたり、変わったりする。これについては、議論し、訓練し、準備しながら対応していくのだろう。隊員レベルで言うと両方を常に考えながらやっている。

――航空自衛隊はどうですか。

丸茂　うちはあまり急激な変化ということはないと思う。もともとの部隊配備の考え方が、まず対領空侵犯措置*。日本全国をあまねく領空侵犯のおそれのある飛行機から守る、それを排除するという考え方で、全国に均衡配備している。有

対領空侵犯措置　自衛隊法84条は、外国の航空機が国際法違反または航空法その他の法令の規定に違反して日本の領域の上空に進入することを「領空侵犯」と定め、自衛隊に対し領空侵犯機を着陸させるか、領域の上空から撤去させるための必要な措置をとる権限を与えている。「必要な措置」として正当防衛または緊急避難の要件に該当する場合に武器の使用が可能とされている。

事にはこれを航空戦力の特性として機動運用して使う。だから急激に変わることはないんじゃないか。ただ、F4戦闘機を沖縄に置いているが、そろそろ古くなってきた。それを今後どのようにしていくかという検討はあるだろう。電波収集という機能も、これまでは北の方が比較的多くて、南の方に少なかったので、均等配備という観点から南に持っていくということ。北から南へシフトするという考え方ではない。

――海はだいぶ変わっていますか。

鍛治　対潜水艦戦は2003年12月19日の閣議決定によって、「対潜戦を重視した整備構想を転換し、機動力等の向上により新たな脅威等に即応できる体制の整備を図る」とされた。さはさりながら、先般の中国の原子力潜水艦の潜没航行事案をみると、対潜戦の重要性は引き続き残っている。ただし、この対潜戦、1981年の鈴木首相とレーガン大統領の会談で、いわゆる「1千マイル防衛」、ソ連の潜水艦の封じ込めということで重視され、それを受けてP3C哨戒機の100機体制といった防衛力整備をしてきた。その時、考えていた海域はブルーウォーター（大洋）だった。今回、我々が長時間オペレーションしたのはブラウンウォーター（浅い海域）だった。同じ対潜戦だが、青から茶に色が変わったなと。

――新大綱の前に書かれた二つの防衛大綱では、「不安定要因」などの形で国名を明記することはなかった。「重大な不安定要因」とされた北朝鮮は、日本に

F4戦闘機の沖縄配備　防衛庁・自衛隊は2004年12月に閣議決定された中期防衛力整備計画をもとに、那覇基地に配備されたF4戦闘機の1個飛行隊を、より戦闘能力が高い、百里基地（茨城県）のF15戦闘機と入れ替えることを決めている。

とって脅威なのでしょうか。

番匠　私が外務省にいた時、朝鮮半島を担当した経験もあるので、特に大きな関心をもって見ています。日本にとって、非常に近い、戦略的にも非常に関係の深いところ。ぜひ安定してほしい。できれば、ソフトランディングして地域が平和になってほしい。朝鮮半島は狭い。非武装地帯（ＤＭＺ）の幅は東京と名古屋ぐらいの距離しかない。そこに、南北で１５０万人を超える兵力が集中している。そういう意味で不安定な場所だし、それが日本に重大な直接、間接の大きな影響を持つので、平和になってほしいという気持ちがある。そこはしっかり見ていかないといけない。北朝鮮は非常に大きな特殊部隊を持ち、大量破壊兵器の問題もある。国を守るという使命を持っているという我々からすれば、当然意識せざるをえない。

丸茂　空の観点からいうと、北朝鮮の空軍戦力はあまり大した懸念ではない。物理的に航空機の航続距離、質という点からみて、航空自衛隊と比較して大きな懸念事項ではない。ただ、弾道ミサイル、ノドン、テポドンについては１９９３年にノドンを日本海に、また１９９８年にテポドンの発射実験を行った。こういったものは明らかに我が国の平和と安全に大きな影響を及ぼしうる、仮に弾頭に大量破壊兵器を搭載しうるとなると、まさに大きな懸念事項になろう。これに対処するのは自衛隊にとって喫緊の課題。弾道ミサイル防衛（ＢＭＤ）は特定の国を対象にしたものではないが、北朝鮮はそのなかの一つの対象に当然なっている。

それに向けての整備は２００４年に着手し、２００６年度に一部の能力を発揮し、２００８年度にはほぼ能力を獲得する。海上自衛隊のイージスシステム、航空自衛隊のＰＡＣ３、それを結ぶバッジ*という指揮中枢をたばねるシステムをもって確実に対処してゆかねばならない。

鍜治　脅威をどうみるか。能力と意図の相乗積といわれるが、能力でみると、北朝鮮が海上自衛隊の今の装備に直接脅威を及ぼすかというとそれはない。国に対してとなると、能力はあるのかもしれない。意図はうかがいしれない。そこをどう見るかは防衛庁のみならず、国家としての政治判断の中で見ることになる。

――中国についてはどうですか。

番匠　中国という大きな国とどうつき合うか。決して敵対的になってはいけない。長い歴史を持っている。日中の関係も東アジアに存在してきた国として良好な期間が長いし、互いに影響しあい、我々も学んできた。国家として中国とやはりより良い関係、友好関係をどう維持していくかが一番根底にあると思う。

――この問題には日米安保も絡みます。

鍜治　我が国の国境があるとすれば、すべて海上にある。海上自衛隊として考えると、国境には何らかの軋轢が生まれうる。国連海洋法条約でも分かるように、海洋の囲い込みがどんどん進んでいる。軍事という側面に限らず、経済でも資源獲得という側面で軋轢が生まれるのはある意味でいたしかたない。一方、日米安保という外交的側面まで含めて見ると、アメリカがこの地域に何を求めて、この

バッジシステム　指揮命令、航跡情報などを伝達・処理する全国規模の空自の指揮通信システム。

海洋に何を求めるのかということを整理しないと分からない。この地域は、アメリカという世界の安定に関心を持つ国が注視しなければいけない地域。そこをアメリカとどう役割分担していくのかは、次のステップの課題としてあり得べしと思う。

丸茂　中国は我が国と歴史的に関係が深く、地理的にも非常に近い。日米にとって大きな経済的パートナーであり、欠くことのできない存在にすでになっている。さらに今後の経済成長を考えると、中国をいかに平和的に発展させていくのか、地域の不安定要因とさせないようにするのが大前提になる。「安全保障と防衛力に関する懇談会」の報告書にあるとおり、台湾との問題が今後この地域で重要な安全保障上の、我が国に大きな影響を及ぼしうる事態となる可能性がある。一つには中国の経済成長に伴う海空軍力の近代化があるだろう。とくに空軍力でみた場合、我が国のF15戦闘機に相当すると言われる第4世代の戦闘機を湾岸戦争以降急激に増やしている。台湾との第4世代戦闘機の数を比べた場合のパワーバランスが2010年ぐらいまでには崩れるのではないかと。そのあたりに何らかの動きがあるかもしれない。2008年の北京五輪開催でナショナリズムの高揚もある。それを踏まえて、米国の中でも懸念する声はあると思う。物理的な能力格差を踏まえて今後の予測をし、ただし進むべき道としては平和的な中国の発展や国際環境をどう作るのか、が日米安保の中で最も大きな課題になると思う。

――ミサイル防衛（MD）に移りたいと思います。開発費も導入費もかなりの額であり、装備体系を根本的に変えてしまう。防衛予算の総額が動かないということになると、ほかの装備や人員体制が割りを食うことになる。それをどう受け止めているのか。新防衛大綱での陸上自衛隊の定員をめぐって、防衛庁とりわけ陸上幕僚監部と財務省の綱の引き合いが熾烈でした。これも背景に、政府がミサイル防衛導入を唐突に決めたこととの関係があるのではないですか。

番匠　全く無関係とは言えないが、陸のマンパワーの議論と直接リンクするとも思わない。その必要性とミサイル防衛の必要性がバーターにされるという問題ではない。我々も今回、何年もかけて大綱に向けての議論をしてきた、陸の中でも。時代の変化、我々に期待される役割の変化をふまえ、効率化できるところ、改革できるところはどんどんしていこうと。他方、大事なところ、これから必要になってくるところは重視していかなければならない。様々な議論の結果として、私たちの案はあった。ミサイル防衛の問題があるからバーターするというような単純な図式ではなかった。両方とも大事だし、全体の中で重点形成すべきものは何かで、結果的にそうなったのかなと。

――パイロットの世界では、戦闘機が減るということでミサイル防衛の評判がよろしくないと聞くが。

丸茂　確かに限られたパイの中で、正直……。戦闘機は質を量でカバーしえない、次に新しいものをもって使えるようにしておくことが非常に重要。周辺国が戦闘機を買いそろえる中で、ミサイル防衛という大きなシェアを占めるものが入ってきて、戦闘機にかけるシェアは当然減ってくるので、それを問題点として見る見方はある。ただ今、国民の安全に影響を与える喫緊の課題を考えるのが私たちの仕事なので、そういう観点からみると、今はミサイル防衛にある程度、資源投資していくのは当然必要な措置だ。

――イージス艦搭載のミサイル防衛の運用について聞きたい。米国のイージス艦が北朝鮮近くの日本海に2隻ですか、配備されている。日本のイージス艦も実際にSM3を配備するとなると、日本海での日本とアメリカのイージス艦の運用はどうなるのでしょうか。

鍜治　日本もアメリカもそれぞれの国益に従って展開する。そこで国益のバッティングがあれば、同一の運用はできない。握れる部分があれば、当然握る。集団的自衛権の問題といった法的な側面を考慮するなら、情報交換などが考えられるのではないかと思う。

――具体的な運用の仕方はまだ固まっていないのですか。

鍜治　そうです。これから考えていくことになります。

――集団的自衛権の問題だが、政府答弁ではミサイルをブースト段階ではなく、成層圏に入った段階で撃つわけだから、ミサイルがどこを目指しているか分かる。だから集団的自衛権の行使にはならないという見解です。しかし実際に運用するとなると、そう簡単ではないのではないですか。

鍜治　集団的自衛権の問題になるというのは、米国本国を狙っているミサイルを我が国が撃ち落とした時にどうなるかという趣旨だと思う。ミサイルは、今のイージスシステムをもってすれば、弾道はある程度つかめる。初速、飛んでくる角度からして、落ちてくるフットプリントは見えてくる。まさかアラスカに落ちる弾を日本に落ちると誤認することはない。ミサイルのシェアリングをどうするかは、今後当然、日米政府間で議論されると思う。

——シェアリングとは分かりやすく言うと。

鍜治　任務分担ですね。

——ミサイル防衛は１００％落とせるものではなく、穴があいた傘のようなものとも言われます。その場合でも導入する意味はあるのか。日本全体を守れないとすれば、どこを守るのかという問題が出てくるのではないでしょうか。

丸茂　２００３年12月に導入が決まった根拠の一つは、アメリカでの試験、開発状況をみてミサイル防衛が信頼に足るシステムだということ。確かに１００％ということはない。それはどの兵器も同じ。まして音速の10倍以上で落ちてくるものを物理的にミサイルで迎撃するのは１００％ではない。ただ、今、日本はミサイル基地を法理解釈上は叩くことはできるといいながら、政策的にはその兵力を持たないという明確な判断をしている。我が国が主体的に安全を確保するには、１００％ではないかもしれないが、信頼に足るシステムなら、導入する価値はある。守れる範囲は、ＰＡＣ３の場合はある程度限られるが、イージス艦のＳＭ３との組み合わせで、日本の相当地域を守れます。

●日米同盟

――次のテーマの米軍再編、日米同盟論に入っていきたいと思います。この米軍再編に見られるアメリカの戦略の変化、これをどういうふうに見ますか。それは自衛隊にどのようなインパクトを与えることになるでしょうか。

番匠　冷戦後、アメリカが国家安全保障戦略を構築していくにあたって、様々な議論がされている。その結果がＧＰＲ（Global Posture Review）であり、その一端としての今回のトランスフォーメーションになるだろうと。冷戦の時は非常に大きな核戦力を中心として、静的な部隊の置き方をしていたと思うんですね。例えばヨーロッパを中心とする抑止。それから朝鮮半島に置くと。戦域に戦力をおいて、それで抑止をしてきた。それはできるだけ早く対処をするという考えでした。冷戦後は、テロとか様々な地域紛争とか、烈度のより低いものがたくさん出てくるようになった。そういう中で、どうやって行動していくのか。できるだけ早く対処していくということを考えると、今までの静的な置き方ではなく、より動的にというか、機動的に動かしていかなければならないという考えが高まってきていると思うんですね。そういう中で米軍の再編が考えられ、その一環として在日米軍の在り方を含めた議論が今なされているのだろう。

その上で、陸上自衛隊としては、今回の米軍再編というのは、歓迎すべき点が多いのかなと思います。非常に象徴的なのは、在日米軍の戦力組成なんです。例えば海軍は第7艦隊がいる。この司令官は3スター（三つ星）、海軍中将ですよね。それから在日米軍司令官を兼ねている在日米空軍司令官も3スター、空軍中将です。海兵隊はどうかというと、沖縄の第3海兵遠征軍ですが、この司令官も3スターですね。で、陸軍はどうかというと、座間に管理部隊、司令部機能の小ぶりの部隊がいて、この指揮官というのは中将じゃなくて、2スターなんですね。陸軍だけが階級が一つ低い少将。部隊も2千人足らずの規模で、海兵隊の万の規模に比較すると非常に小さい。90年代の半ばに第9軍団というのが廃止になりまして、その時、3スターから2スターにポストが落ちて、今の状態になっているわけですね。そういう意味では、アメリカの姿勢を示していたんだろうと思うんです。

ところが今回、第1軍団の議論が出ています。これは最終的にどうなるかわかりませんが、アメリカの国益に基づいてされるのでしょうけれども、アメリカの全体を見る目という観点からすると、日米同盟を非常に重視している証しでしょうし、東アジアをはじめとするこの地域の安全保障を重要視しているということの一つの証左なのだろうと。それは私たち自身が平素考えている陸上自衛隊から見る日米同盟の方向性とも、一致するような気がします。まあ、同じ価値観を共有する日本とアメリカ、非常に大きな部分を共有する日本とアメリカの日米同盟の観点からも、今回の米軍再編の議論というのは、自衛隊にとってはポジティブな影響をもたらすのではないかという気がします。それによって、それだけ相互運用性（interoperability）も高くなります。それから、もちろん人間関係を含めた情報の交換というものも深化していきますし、何より日本の国を防衛するため、それから地域で何かあったとき、どのように協力し合うかということについての考え方の共有というものも、より深化するだろうと思うんですね。それは決してアメリカだけでなく、日本にとってもプラスになるんじゃないかなという気がします。

――例えば、陸上自衛隊と米陸軍あるいは海兵隊との共同訓練ですね。これにも変化が出てくる可能性があるでしょうか。

番匠　それは現段階ではわからないですけどね。先ほど申し上げたのはまったくの私見であって、これから具体的にはいろんな調整がなされ議論されていくと思いますけれども、少なくともより深化していくことになる気がしますね。

――海上自衛隊の視点から見て、この米軍再編はどうでしょうか。

鍜治　基本的には今、番匠君が米軍再編の意味づけを説明してくれたんだと思います。それに加えて、あと軍事における技術革命。それから米軍の自国の兵士をなるべく自国にいったん戻そうという方向性。こういったものが米軍再編の根底に流れているんだと思います。海上自衛隊に対するインパクトという話ですが、陸海空自衛隊のなかで最も米軍と相互運用性、命脈が通じているのが海上自衛隊だと自負しておりますし、実際そうだと思います。かかる観点からすると、アメリカ海軍が大きく変われば我々も変わらざるを得ないんですが、現在のところ海軍の再編というのはあまり聞こえてきておりません。大きく部隊をどこかに引き上げるとか、司令部が変わるということも聞いていませんので、すぐには大きな影響はないんだと。ただ長期的に考えれば、司令部機構が変われば、当然その影響は出てくるんだと思いますね。

――航空自衛隊はどうでしょうか。

丸茂　米軍再編の裏にあるのはやはり冷戦終結と、その当時の戦力組成をどう変えるか。新たな脅威であるテロに対して、どのように向き合っていくのか。で、それを可能にさせているのが、鍛治さんもおっしゃったとおり技術力。特にこれは空軍の中で顕著だと思っております。例えばコソボ紛争で、B２爆撃機がアメリカの本土から発進して空中給油をしながらコソボで爆撃してまたアメリカ本土に帰った。しかも落とす爆弾は精密誘導爆弾で極めて大きな効果を上げることが出来る。こういったことから前線に兵士を張り付けておく必要性が低下した中で、アメリカ本土に持って行って本土防衛なり何なりの形を作り上げるということが、一つの形になってくると思います。

それで今、空軍関係では、横田の第５空軍とグアムの第13空軍との合体というようなことが言われています。その意味するところは、米軍の流れで見てみますと、軍事技術改革（ＲＭＡ）などで得られた技術力を有効に使ってやる。中間司令部を廃して、私たちは「ＪＦＡＣＣ」（Joint Force Air Component Commander）と言っていますが、戦域軍司令官の下にある空軍の司令官なんですけれど、この人が恐らく直接その下にあるナンバーリング部隊、例えば第18空軍とか、さらに状況によってはその下の飛行隊を直接使う。まさにそれが出来るようになったのがＲＭＡであり、衛星を介した通信網になるんだと。そうすると実は、航空自衛隊が我が国の防衛において在日米軍と共同して戦うといったときに、第5空軍司令部は実は作戦機能という面では非常に限られ、指揮系統からはずれていく可能性がある。そうなると私たちは太平洋軍司令官の下に出来る部隊との訓練をやっていかなければいけなくなる。これはまだ明確に決まったものはないと思いますけれども、米軍の全体の流れを見ると、そういった可能性が出てくるんだろうと。その中で航空自衛隊としては、訓練をどうやっていくのか。２００３年、コープサンダーというアラスカで行われている米軍主催の訓練に、自衛隊のF15戦闘機が初めて参加し、米軍の空中給油機から給油を受けながら行ってきましたけれども、そういった形で相互運用性を向上させていく、さらに信頼関係を高めていくということが今後必要になってくると思います。

——米軍再編では米軍と自衛隊との基地の共同使用が焦点になっていますが、これはどのように受け止めていますか。

鍜治　これは米軍再編の中の一つの特徴だと思うんですけど、考え方の一つとして、できるだけ自分たちの戦力を敵の脅威対象外に置く、敵のアクセスを拒否する、できるだけ米本土もしくは国内に置くことによって自分たちの戦力を守る、保全するという形が出てくる。そうした場合に問題として残るのは、今回のイラク戦争でもありました通り、すべてがすべてアメリカ本土から行って作戦をして帰ってくるというのは、やはり非常に非効率なところがある。するといかに前線に近いところに、自分たちの地盤を確保するかというのが課題になる。その際に、米軍が引き上げていく後に残った基地を、例えば友好国の軍隊が使用するといった体系を作っておくのは、米軍にとって非常に好ましいやり方だと思います。これは政治レベルで決めることですが、今後当然話題になると思いますし、それが米軍にとって好ましい姿の一つなんだろうなと思います。

――外務省には、日米安保条約でいう「極東の範囲*」が際限なく広がってしまうという懸念があります。

丸茂　冷戦後、同盟というものの意義が大きく変わってきた。それは必ずしも日米安保だけに限らない。冷戦当時は脅威が共通の認識として持てる時代だった。冷戦が崩壊したことによって脅威対象の認識というものが不明確になってきた。すなわち同盟環境が非常に曖昧なものになってきている。今そういった中で出てきたのが有志連合（coalition）という、特定の利益が一致すれば皆が集まる、いわゆる「この指とまれ」方式です。「同盟の市場化」というものがあって、そのなかで、出来ることを、出来る人が、出来る形態でやっていくという有志連合という形態が出来た。この中で同盟というものの価値が変わってきた。日米同盟も恐らくその影響を受けていく。日米両国は戦略的な対話を今まさに行おうとしているわけですけど、改めて同盟の意味を見直してみるというのは現在の流れの中で意義のあることではないのかなと思います。

「極東の範囲」　日米安保条約6条で「極東における国際の平和及び安全の維持に寄与するため」に、米軍が国内の区域・施設を使用することを認めている。「極東条項」と呼ばれ、極東の範囲について政府は「フィリピン以北並びに日本及びその周辺の地域」としている。

――「同盟の市場化」とはどういう意味ですか。

丸茂　脅威が不明確になって、同盟の中に価値のある同盟と、価値の薄れてしまった同盟が出てきている。その一件一件に対して、どれだけ同盟の価値があるのかと。逆に言うと自分たちの同盟の価値をいかに高めるのか、ということが問題になってくるのだと思います。

番匠　1996年に行われた日米安保共同宣言*は、画期的な内容を含んでいると思うんですね。もちろん現行の日米安保条約の枠内というか前提のもとで、三つのバスケットが整備されました。一つは日本の防衛、もう一つは地域における協力、もう一つはグローバルな協力。この三つのバスケットによって、これから日米同盟というのがどのように機能していくのかということが整理されている。そういう観点からすれば、今回の一連の議論というのは、そんなに離れているものではないような気がするんですね。

鍛治　今、安保条約の極東条項のところで、まさに条約派だ同盟派だと、かまびすしい議論が行われているわけですけれども、私の認識としては極東条項の地域概念というのは、ある意味取り払われているという認識はあります。ただ、それが日米安保共同宣言やガイドラインの見直しにつながるのか、あるいは何もやらないのか。ここはもう少し米軍再編がどういうものなのか明確にならない限りは、先に進めないという認識でいます。

――米軍再編によって「日米の一体化」が一段と進むと言われます。そう思う

日米安保共同宣言　冷戦後、旧ソ連封じ込めを主目的とした日米安保の役割を再定義するため、日米両政府は1996年4月に「日米安保共同宣言」をまとめ、日米同盟がアジア太平洋地域の安定や繁栄に役立つことを確認した。このなかで「日米防衛協力のための指針」（ガイドライン）の見直しや、日本の周辺地域で発生しうる事態で、日本の平和と安全に重要な影響を与える場合の日米協力を進めることを表明した。

のか、思わないのか。それはいいことなのか、悪いことなのか。

番匠　日本とアメリカはどういう国か。経済でいえば、日本とアメリカで世界のGNPの4割を占める国家と国家ですね。そして自由とか民主主義とか自由主義経済とか、最も重要な価値観を共有する国である。ましてや太平洋という地域を考えると、相携えて進んでいかねばならない相手である。アメリカが米西戦争の後、パナマやフィリピンなどのアジア太平洋の海外領土を獲得し、ハワイを獲得して、本当のアジア太平洋国家となり、そのアメリカと日本が向き合うようになってちょうど100年くらいだと思うんですね。その最初の50年は戦争に帰結したように必ずしも協調だけではなかった。戦後は日米安保条約を基調として同じような価値観を共有しながらともに発展してきた。そういう意味では、日米同盟は日本の国益にとっても、時間の軸で考えても非常に重要なパートナーといえますね。ですから、その関係はこれからも日本が今のようなスタイルの国であれば維持をしていくべきだと思う。最も重要な関係を維持すべき国だろうという気がしますね。もちろん主権国家たる日本と主権国家たる米国というそれぞれ異なる国ですが、お互いに非常に重要な国であり、緊密に連携しながら進んでいくという観点では、これからもそのスタンスは変わらないのではないか。

――海上自衛隊の場合は、冷戦時代から「米軍の補完をすることによって日本を防衛する」という考え方だったと、海上自衛隊のOBたちから説明を受けました。むしろ積極的に補完役を任じてきたと。そういう意味ではかなり一体化していたのではないかと思いますが、さらに一体化が進むのでしょうか。仮にそうだとすると、その方向で日本の主権というのが守られるのでしょうか。

鍜治　先ほど米国の再編をどう見るかというところで、海上自衛隊はあまり大きな変化はないんじゃないかと言いました。そういうことであれば、ある意味ですでに一体化されているのかもしれませんし、さらに次の一体化のステップがあるとすれば、まだ途中かも知れません。一体化といったものがどのようなイメージなのか、いろんな考え方がありますけども、我々としては今まで通りの形を踏んでいくのだと思います。で、補完の話ですが、さはさりながら我々の防衛力整備というのは我が国防衛を前提にして作り上げた。決してアメリカの足りない部分、アメリカが通常型潜水艦を持っていないから我々が作ろうというふうにして防衛力整備をしてきたわけではありません。我が国の海上防衛力に最も適した形で作り上げて、その結果として米軍とうまくマッチング、補完形態になったとするならば、それは自然の流れであって、それが補完あるいは一体化と言われるならばそうかもしれませんが、決して米軍のためにそれだけのためにということは認識していません。で、日本の今後の主権うんぬんという話でありますけれど、まさにそこは政府が考えることでありますし、我々制服として政府が考えた方向に従って防衛力整備をしてきましたし、いささかも逸脱しているところはないというふうに認識しています。

丸茂　二つの理由から役割分担が進む可能性があると考えています。一つは有志連合（coalition）方式。もう一つは、憲法上の制約。戦闘行為ができないという中で、私たちにできる範囲というのが限られてくる。輸送なり、補給なりになるのだと思いますが、現在、国際社会で行われている有志連合という方式では、憲法上の制約なり防衛政策から、航空自衛隊に出来ることが限られてくる。すると米軍から期待されることもそこに集中してくる。

――同盟関係は機能分担の方向に動くのではないかということだったが、裏を返せば、肩を並べて戦うという場面が想定しにくくなったという面があるのでは。アメリカから見て日本との同盟の価値が認識しにくくなってくるということはないでしょうか。

丸茂　それはおっしゃる通りだと思います。というのは、冷戦構造下では日本は西側陣営の一角として防空力を担っていたという見方もできるわけで、日本は極東で非常に重要な役割を持っていた。それが冷戦構造の崩壊で、戦略的な位置だけで価値があるという状況ではなくなってきた。そこで私たちが日米同盟というのを、日本の安全を確保する上で不可欠と考えるなら、いかに自分たちの価値を高めていくのかという切り口があるべきですね。米軍再編の中で、自分たちは一体どういう役割を果たしていくべきなのか、アメリカの戦略とどうやって付き合っていくのか。それが、今後の一つの大きな課題じゃないかと思います。

――軍事的な同盟関係は、共通の脅威がないと維持が難しいと言われます。

丸茂　「共通の脅威」もしくは「共通の目標」*という見方もできるかと思いま

「共通の目標」　日米両国は2005年2月19日の安全保障協議委員会（2プラス2）後の共同発表で、「共通の戦略目標」を打ち出した。北朝鮮問題のほか台湾海峡にも言及している。共通戦略目標の骨子は、次の通り。①テロや大量破壊兵器などの脅威は世界の安全に影響を及ぼし得る②地域の軍事力の近代化に注意を払う必要③北朝鮮の6者会合への速やかで無条件な復帰と核計画の廃棄を要求④朝鮮半島の平和的な統一を支持⑤拉致問題を含む諸懸案の平和的解決を追求⑥中国の建設的な役割を歓迎し、中国との協力関係を発展させる⑦台湾海峡問題の平和的解決を促す⑧中国が軍事分野の透明性を高めるよう促す⑨武器や軍事技術の売却、移転をしないようす。従来は脅威というのはソ連であり共産圏。明確に目に見えた。それが崩壊した後、非常にあいまいな形が続き、テロなり大量破壊兵器というものが出てきた。ただ、国際社会の相互依存関係が続く中で、国際社会の平和と安定というのが、各国の利益にとって非常に大きなものになってきた。ややあいまいな形にはなったが、目標として目指すところがある意味明確になってきたということが言えるのではないかと思います。ですから、必ずしも脅威ということではなくて、目指すべき目標は何なのか、それに向かって自分たちが何をするのか。国際貢献で何ができるのかという中で、同盟なり信頼関係を築いていく必要があるのではないかと考えています。

——皆さんの話を聞いていると、アメリカに絶大な信頼感を置いているようですが、例えばスタックポール*の「びんのふた」論など、日本国内向けと他国向けで違う説明もしている。アメリカとの距離感について、みなさんの実感はどうですか。

番匠　実は、スタックポール将軍から直接ハワイで聞いたが、「びんのふた論は誤解だ」と言っていた。そういう誤解を生じさせないような緊密な関係に持っていかなくてはならない。日米の戦略対話やガイドラインで言うところの調整メカニズムで、互いにしっかり話していけば誤解やギャップも解消できる。

鍜治　国民の価値観は時代とともに変遷しますが、今の日本人が価値観を共有できる国の一つがアメリカです。日米安保が最初に制定されたときには、いわゆ

促す⑩海上交通の安全を維持⑪国際平和協力活動や開発支援の日米パートナーシップを強化⑫世界のエネルギー供給の安定性の維持・向上。

スタックポールの「びんのふた」論　1990年3月、当時のスタックポール在日米海兵隊基地司令官が、ワシントン・ポスト紙との会見で「もし米軍が撤退したら、日本はすでにきわめて強くなっている軍事力をもっと強化するだろう。我々はびんのふたのようなものだ。日本の近隣諸国はひとつたりとも、日本の軍事大国化を望んでいない」と発言した。

る内乱条項なども入っていた。それが現在のように進化してきたと考えます。

●自衛隊のアイデンティティー

――50歳代後半以上の自衛隊員やOBに聞くと、「自衛隊はバッシングを受けた」とよくおっしゃる。だが、若い自衛官からそういう言葉はあまり聞かれない。自衛隊に対する世論の変化というか、潮の流れの変化が起きているという印象を受けるが、皆さんはどう感じていますか。

番匠　私と鍜治君は防大24期で、自衛隊50年を半分に折りたたんだ時期に防大を出て自衛隊に入った。当時は草創期のころほど冷たい風が吹いてはいなかった。が、自衛隊を取り巻く環境は変わってきている。制服を着て街の中に出ていく機会が増えたし、テレビのサマワ報道などで自衛隊員が活動する際の戦闘服が国民の目に触れる機会も増えた。自然に受け止めていただける時代になってきたかなと感じています。

鍜治　私自身実習幹部という若手の練習員として北海道のある港に行ったときに、港の前に赤い旗がダーっと並んでいた。同じ日本人なんだけどなと思いながら、その間を通った強烈な記憶がある。海上自衛隊は「伝統墨守」と言われる。旧海軍と米軍からもらったもので伝統を作ってきたと説明されてきたが、この50年で海上自衛隊そのものの歴史も出来てきた。旧軍、米海軍、海自の50年、という三つのものが我々の伝統だということになる。海上自衛隊もそこそこやれるじゃないかという自信が出来てきた。変な自信ではなく、実力を認めていただいたという自信と、国民からの期待がうまく合っているのかなと感じている。

――「伝統墨守」という言葉が出ました。海上自衛隊の場合は旧海軍との連続性があるが、陸上自衛隊の場合はそうじゃない、旧陸軍との連続性はないいんだという話をよく隊員から聞きますが。

番匠 私は、歴史は一貫しているという気がしています。名前こそ変われ、我々の組織を作ったのは我々の先輩たちである。そういう組織文化や伝統や日本人としての武の心、国を守ることについての伝統は継承されていると思う。

――航空自衛隊の場合は戦後の新しい組織ですが、潮流の変化をどう感じていますか。

丸茂 航空自衛隊に限らず、国民の自衛隊に対する目が変わってきた。それは、阪神淡路大震災や雲仙など目に見えるところで自衛隊が活動し、マスコミに取り上げられ、また、新たな任務としてＰＫＯが注目を浴び、今回の防衛大綱では隊員数の議論が注目を浴び、イラクの活動では番匠さんや佐藤正久・１佐といった個人が取り上げられるようになった。顔が見えることで、さらに親しみがわくという効果があります。国民に親近感を持ってもらえるようになった。

番匠 自衛隊は誰のものか。国の財産であり、国民なしにはありえない。税金で維持されている。国民のものであるということで、距離が縮まってきている。だからこそ厳粛に受け止めなくてはならない。今までは訓練し存在することが大事だった。それによって抑止力を高め、国をしっかり守るという、ある意味で存在に意義があった時代から、今後は実際に行動をして、それが成果となって具体的に評価される時代になった。それは、あるべき姿だと思う。

——国民が過去の自衛隊に厳しい目を注いだのは、戦争体験で旧軍への信頼感をなくしたからでしょう。旧軍の失敗は何だったと考えていますか。

鍜治　国民の皆さんの意識と乖離してはいけない。自衛官というより国民の一人として、日本の民主主義のレベルアップによる文民統制（シビリアンコントロール）は確立されていると思います。

——ところで、皆さんはなぜ自衛官という道を選ばれたのでしょうか。自衛官になって、「自衛隊とは何なのか」ということを考えたことがあるだろうと思いますが、そこにどういう答えを見いだしたか。それをぜひ伺いたいと思います。

鍜治　取っかかりは防衛大学校に入ったこと。また父が予科練から海上自衛隊に入っていて、私には防衛庁・自衛隊の知識があった。しかし、当時、高校3年生の私が国家防衛や自衛隊任務の意義、自衛隊法を知っていてこの世界に入ったということはありえないし、今の防大生もそうでしょう。そのあと培ったものが今の私になってきた。海上自衛隊というのは装備オリエンティッド、装備全能の組織で、いわゆる「匠《たくみ》の世界」。装備をいかに使うか、それを使う兵隊さんをどう動かしていくか。この匠を一生懸命やっているうちに潜水艦の艦長を終えたのが40歳前。非常に居心地が良くて、今も海の世界に戻りたい。話上手でもないし、乞われれば明日にでも潜水艦の艦長に戻りたい。

——自衛隊とは何なのか、軍隊なのかどうかという点については。

鍜治　軍隊かどうかの位置づけは我々でなく政府や国民の皆さんが決めること。軍隊であるべきかどうか。決定的な破壊力を持つ軍艦なり潜水艦なりの武器を扱う最も効率的、効果的な組織となれば、軍隊になる。軍隊にまで昇華させるかどうかは国のありようの中なので、その設問に対しては、我々としては与えられた中で活動せざるをえないという言い方しかない。例えば、ＮＡＴＯの艦隊司令官の最も重要な任務は参加する国々の法律を理解して、出来ること出来ないことに応じて任務を振り分けること。純軍事的合理性だけで、どこの国も軍隊を作っているわけではない。「軍」というものが軍事の能力を最大限発揮する組織という意味ならば、国のありようによって変わるだろうと思います。

丸茂　私たちが物理的に持っている能力等から見れば軍と呼べるかもしれない。軍事法廷がないとか、憲法上の位置づけから見て軍じゃない、と言うかどうかは別として、私たちが50年間やってきたことは、国民の平和と安全を守ること。私の経験では、対領空侵犯措置の任務についているときにスクランブルに上がって、当時まだ日本海でロシアの爆撃機が日本に攻撃する進路をとって我が国の領空ぎりぎりまで来て帰っていくということを繰り返していた。ただ飛行機が好きで航空自衛隊に入って、改めて気づいたことは、私たちのやっている仕事は国民の安全を守ることだと。それを軍隊と呼ぶか呼ばないかは別として、実質的に私たちは国民のために働かせていただいている。私たちは国民のものであって、私たちに何をやらせるかを明確にしていただきたい。陸海空いろいろな力を持っていて、まだまだ使える分野があるのではないか。9・11型の空からのテロに対してどう自衛隊を使うか。大量破壊兵器を運んでいると思われる艦船や航空機を停船・着陸させて拡散を防ぐPSIも、今の戦闘機の対領空侵犯措置の体制でできる能力を持っているが、私たちには仕事として与えられていない。この能力、財産をいかに使っていくかを国民、政治で考えていただいて、より有効に使っていただけることが私たちの誇りであり、喜びであり、自衛官としての生きがいにつながる。

――なぜ自衛官を選んだのですか。

丸茂　飛行機が好きで、空の世界へのあこがれという、動機としては比較的単純なものだった。そのなかでやりがいを徐々に感じ、任務を通じて自覚が高まっていった。

――番匠さんは、なぜ自衛官を選んだのですか。

番匠　父が自衛官だったので、子供のころから官舎に住んで、非常に近い存在だったのが一つの大きな理由。もう一つは、高校3年生のときに防大に人文社会科学系の講座が出来て、当時勉強したいと思っていた国際政治もあったので受験をして入った。国のこととかを肩に力を入れて考えていたわけではなく、たくさんの大学のなかの一つとしての選択でした。

――入ってから、自衛隊とは何なのかという点については。

番匠　日本にとっての唯一の武力集団をどう使うかという議論をする時代が遠からず来ると思う。自衛隊の性格の議論はそろそろ卒業してほしい。私たちの組織は国内に同業他社がない。「防人」の時代、「侍・武士」の時代、「軍人」と呼ばれる時代、そして今、我々は「自衛官」と呼ばれる。この国を守る、この国の繁栄のための組織、唯一の陸上防衛力。自分の人生をかける仕事として、たいへんやりがいがあると思います。

――「唯一の武力集団」と言われましたが、警察は違うと。

番匠　武力という観点からは違う。警察は治安組織だから、私たちのような国家の主権を守ることを目的とする組織とは役割が違う。ただ、違うから縦に切るという話ではなくて、今のような時代、両方が協力しあって、警察か自衛隊かではなく、警察と自衛隊と海上保安庁といった機関が一体となって国民の安全を守っていくと考えるのは当然のことだ。

――アイデンティティーの問題で自問自答するということはなかったですか。

番匠　私の場合は、あまりそこは考えなかった。

――皆さんは、「どういう自衛官になれ」と教育されたのでしょうか。また幹部として今、どういうことを部下に言っていますか。

丸茂　航空自衛隊の特性ですが、私たちは技能集団です。一人ひとりがパイロット、整備、管制、気象予報といった役割を持っている。一人ひとりがスペシャリスト。これがすべてまんべんなく機能して初めて航空自衛隊の組織が成り立つ。一つでも欠けると戦力が発揮できない。そういう意味で、自分の責任範囲で確実にプロとしての仕事をしていくことが非常に大事であるという教育をされている。私もそういう教育をしています。

鍜治　海上自衛隊も「匠の世界」、まさに一緒だと思う。

番匠　二つ言わせてもらいます。一つは任務。私たちは自衛官として「事に及んでは危険を顧みず、もって与えられた使命の完遂に努める」と宣誓する。どんなことがあっても与えられた任務はやり遂げるというのが、私たちのレゾンデートルみたいなところがある。場所、時間、環境を問わず、例えばイラクでも新潟でも、やれと言われたら、その任務完遂のためにすべてを尽くす。それが私たちの究極のあり方。陸上自衛隊は、隊員が最も重要な構成要素です。部隊をかたまりとしては、なかなか見られない。一人ひとりの人間として見る。実際に一人ひとりの隊員は、大事に育てられたお子さんたちであり、家族にとっても、部隊にとっても、国にとっても、一人ひとりが大事な存在だ。おろそかにしてはならない。そういう人たちの命を決して危機に陥れてはいけない。だからこそ指揮官の立場に立てば絶対に間違ってはならないと努力をするし、平素の日常勤務でも一人ひとりの隊員と会話して、しっかりと知り合って仕事をする。人が部隊の戦力の基本だから、時間がかかる。装備品というのは導入した時点から陳腐化が始まる。ところが人間は、採用された時点からどんどん付加価値が高まる。陸上自衛隊は人の集団だから、時間をかけて付加価値というか能力、意識を高めていく。人はものすごく大事だということを教育しています。

——防衛力のあり方検討会議で「内局参事官制度の廃止」を海上幕僚長が提案しました。陸上自衛隊幹部が自民党の憲法草案作りにかかわったという報道もありました。いずれも文民統制（シビリアンコントロール）に関係する話ですが、これをどう考えますか。

鍛治　シビリアンコントロールについては、学問的にいずれの類型を見ても、軍に対する政治の優位は変わらない。シビリアンコントロールの考え方は我々も十分に教育されているし、つま先から頭のてっぺんまで、それについてはいささかの疑念もない。参事官制度は制度の話なので、この場で言及するのはどうかと思うが、いずれにせよ軍事的な合理性から、長官を補佐できる形を作っていただきたいというだけであって、参事官制度がそのために適当であるならばそれで構わない。

丸茂　シビリアンコントロール、政軍関係について、日本では私たちの最高指揮官は内閣総理大臣であり、監督するのは防衛庁長官だが、今後ますます重要になってくる局面があるだろう。軍の役割は抑止と対処と言われていたのが、ＰＫＯやイラクといったように予防から復興までという幅広い役割に使われるようになった。自衛隊もいろんな役割を果たす時代になってきた。対処すべき脅威は予測できない。即時の適切な対処のためには、日頃からシビリアン、政治が軍事をコントロールすることを今まで以上に明確に細部にわたって示しておく必要がある。

番匠　シビリアンコントロールは法治国家、近代国家においては当然のこと。存在が重視された時代から行動して評価される時代になって、ますます重要性が高まる。憲法草案の問題については、防衛庁内で調査が進んでいるので、今の段階ではコメントは差し控えたい。

――これから10年後、皆さんや同期の人たちが陸海空自衛隊のトップに立つ時が来ます。その時の自衛隊、さらにその先について、どのようなビジョン、自衛隊像を描いていますか。

丸茂　戦後、自衛隊が出来て50年間、戦力を造成し、働き始めて成果をおさめる中で、国民の自衛隊を見る目が変わってきた。今後10年間、自衛隊はさらに国民の信頼を得られるような組織になっていかなくてはならないと思います。

鍜治　50年かかって作った伝統があり、この先10年がそう大きく変わるものではない。「伝統墨守」の海上自衛隊としては、この路線を継承していきたい。海幕長のモットーが「精強と即応」。これをめざして引き続き海上自衛隊を作っていけば、国民の皆さんからの信頼は得られると思う。

――さらにその先は。

鍜治　軍事・科学技術の進歩で、装備は大きな変化があるかもしれない。だが、動機やモラルといったところは、帆船時代から海を扱う我々の宿命からするとあまり変えることは出来ないのではないか。

番匠　イラクから帰ってきて思ったのが、日本の国のすばらしさだった。豊かで、安全で、美しくて、素晴らしい歴史、伝統がある。これは世界に誇るべきで、そういう国を今も将来も守っていくのが自衛隊の仕事です。それとともに、様々な事態に柔軟に対応する必要もある。我々自衛官は、この時代に生きるものの責任として役割をしっかり果たしていかなくてはいけない。

（この座談会は２００４年12月13日に都内で行った。司会・本田優）

座談会を終えて

朝日新聞が現役の陸海空自衛隊幹部による座談会を掲載するのは、１９５４年の自衛隊発足以来これが始めてだろう。

その意味では画期的なのだが、この記事を載せようと考えたのは、大きく変わりつつある自衛隊の姿について、通常の企画記事だけでなく、彼ら自身の肉声で語ってもらうことが、読者の理解を十分に助けるだろうと思ったからである。

座談会の人選は、あえて陸海空自衛隊のトップではなく、10年後にトップに立ち得る人物ということで、陸海空の幕僚監部に選んでもらった。冷戦後に本格化した日本の安全保障政策と自衛隊の役割の変化は、これからも当分続くだろう。折から決定された新防衛大綱も10年後の姿をめざしている。それならば、この先10年間の自衛隊のありように責任を持つ幹部に、そのビジョンを存分に語ってもらおうと思ったのだ。

その結果、陸海空幕がそれぞれ選んだのが、番匠幸一郎、鍜治雅和、丸茂吉成の3人であった。いま40歳台後半で、まさに各幕の中核をになうエリートだ。彼らが防衛大を卒業して入隊したのが、１９８０年代の初めだったと聞いて、「なるほど」と思った。

筆者が地方勤務を終えて政治部に入り、いわゆる首相番を担当したのがその頃だから、時代の雰囲気がよく分かる。大平正芳首相が急死し、鈴木善幸首相が誕生したばかりだった。その鈴木首相が訪米して、レーガン米大統領と会談し、初めて「同盟」という2字を盛り込んだ日米首脳の共同声明を発表した。それがトップ・ニュースになるが、鈴木首相は「軍事的意味は含まない」と発言し、外務大臣が辞任するまでの混乱に発展した。

今にして思えば、あれが時代の分水嶺《ぶんすいれい》だった。その後、米軍と自衛隊の共同訓練が本格化し、在日米軍基地だけでなく、自衛隊も、米国を中心とする西側戦略の一角を担うようになる。

1954年に自衛隊が誕生して、50年のちょうど半分を過ぎたときだ。それまでの自衛官はいわば「第1世代」。話を聞くと、まず戦後の逆風時代の思い出に触れることが多かった。だが、「第2世代」の3人に、そんな影は見られない。

いずれも雄弁だ。日米同盟の意義に疑いを持たない。国際任務や対中関係の見解は、鍛えられた外交官のようでもある。だが、「軍の本質」がのぞく瞬間があった。

「どんなことがあっても与えられた任務はやり遂げるというのが存在理由」という番匠の言葉である。

陸上自衛隊のある方面総監から聞いた話が重なる。

「自衛隊が国際任務に就くとき、なぜ壮行会のような儀式をするか分かりますか。『死』のリスクがあるからですよ」

死の危険は、警官や消防士、昨今は外交官も負う。だが、「国の主権や国益を守る」という目的のために、命令に服従し、犠牲もいとわないことを、最初から隊員に義務づけている点が異なるのだ。

それだけに、自衛隊を海外に派遣する政府が、国民や自衛官をともに納得させられる「大義」を示せるかどうかが重要になる。

それはシビリアンコントロール（文民統制）にも通じる。

旧軍への反省に基づく徹底した教育によるものだろう。3人ともに、その重要性を繰り返し強調した。だが、重要なのは言葉ではなく、行動である。戦争の記憶が風化しつつあるなかで、自衛隊がきちんとした行動をとり続けることが出来るかどうか。国民の視線はその点に注がれていることを、肝に銘ずべきだろう。

一方で、自衛隊を運用する政治の側が、コントロールする自覚と力を欠いていると思われる事件が、時折露見するのは憂慮すべきことだ。

政治家が改憲の素案作りを自衛官に頼むようでは、語るに落ちる。

自衛隊は半世紀を経て、「存在」の時代から、本格的な「運用」の時代に入りつつある。国際安全保障の現場を体験する自衛官の発言力は、一段と増すことになるだろう。番匠らに続く「第3世代」が中核となる。

これから戦後の民主主義の成果であるシビリアンコントロールの真価が問われるのである。

（本田優）

おわりに

本書は発足50年を迎えた「自衛隊」のルポである。

冷戦のさなかの1954年7月1日に生まれた自衛隊は、いま「冷戦後」と「9・11テロ後」という二つの国際秩序の変化の波に洗われて、大きく変容しつつある。

自衛隊はどう変わったのか。どこに向かおうとしているのか――。

それをさまざまな手法で探った。潜水艦や護衛艦に同乗し、有志連合村を訪れて書いた文字通りのルポもある。自衛隊の海外派遣の決定過程を克明に追った検証もある。戦後半世紀にわたって封印されてきた秘密を追究した調査報道もある。いずれも「論」ではなく「事実」によって描いた。そういう意味でルポと総称していいと思う。

この本のもとになったのは、2004年の朝日新聞の年間企画「自衛隊50年」の連載記事だ。取材班が発足したのはその前年の9月だった。4カ月間の準備期間をへて、元日紙面から始まり、1年間にわたって計9回、1面と特設面などで連載した。

「知られざる変容」(1月1日～9日)、「岐路の最前線」(3月18日～24日)、「帝国の伴走者」(5月31日～6月6日)、「秘められた軌跡」(7月1日)、「世界の軍の改革」(7月7日～8日)、「情報力(インテリジェンス)」(9月20日～25日)、「軍事変革の波」(11月15日～17日)、「これからの姿」(12月12日～19日)、「制服は語る」(12月22日)。

取材班の基本構成は、政治部の牧野愛博、社会部の岡野直、谷田邦一、写真センターの藤脇正真、それにキャップの本田の5人。さらにテーマごとに、政治部の大島隆、藤田直央、経済部の吉田博紀、外報部の梅原季哉、加藤洋一、山本大輔、名古屋報道センターの松井健、函館支局の横山蔵利、横須賀支局の田井中雅人が加わった。

この間、取材した自衛官、自衛官OBは、約300人にのぼる。首相官邸、防衛庁、外務省の官僚、政治家、米政府、米軍関係者も多数インタビューした。分厚いA4判のファイル12冊にぎっしりつまった貴重なデータのすべてを、新聞の限られた紙面ではとても紹介しきれない。したがって企画がスタートした当初から、新聞では掲載されない情報も含めて、1冊の本にまとめて出版する計画だった。

新聞の連載終了直後から約3カ月かけて、情報を整理し直し、追加取材をして、大幅に加筆した。全体の構成も、本として読みやすいように組み替えた。登場人物の敬称は略させていただいた。

この本では原則として筆者名を各文章の末尾につけた。だが情報源の秘匿のために、筆者名から探索できないよう、やむを得ず「取材班」とした記事もある。また、脚注にも力を入れた。頻繁に出てくる安全保障政策や軍事特有の用語を一般読者に理解してもらうためで、その執筆は連載企画の発案者で中心的なデスク（編集者）でもあった政治部の佐藤和雄が担当した。

取材の苦労はあった。

「朝日新聞には最低限の協力しかしないことになっています」。当初、自衛隊の現場でこういう言葉に出会ったときには面食らった。自衛隊のありようについて、各メディアの中で最も批判的な報道を展開してきた——という印象に基づく警戒心の表れのようだった。あるいは、協力したあげくにたたかれて組織の上部から睨まれたらかなわないという官僚主義（その点は軍事組織も行政組織と同じである）も背後にあったのかもしれない。

権力に対して批判的な目を持つことは、新聞記者になったときから教わってきたイロハだ。それは防衛庁や自衛隊が相手でも同じだ。だが、公正を欠いた偏った報道をしてきたつもりはない。事実を徹底的に追求して本質を描くことが基本である。この本の「はじめに」にあるように、1967年の朝日新聞社会部が連載した「自衛隊」もまさにそういう記事だった。

私たちはまず、連載企画の趣旨を何度も説明するところから仕事を始めた。念入りに取材し、思い込みで書いていないかどうかも含めて、確認を徹底した。

「本当に中立なんですねえ」。連載記事に対して、自衛隊幹部からそう感心されたときには、正直言って驚いたが、くすぐったくもあった。

もちろん、取材に積極的に協力してくれた自衛官も少なくない。

「まず事実を知ってください。そのうえでなら、どう批判されてもかまいません」

そう言ってインタビューを快諾してくれた幹部もいた。

歴史の真実を伝えるために、隠され続けてきた日米共同統合作戦計画の存在を詳細に明かしてくれた元幹部もいた。いま自衛隊で何が起きているのかについて正確な記事を書けるよう、匿名を条件に解説してくれた自衛官もいた。通常の基準では「監視」を目的とする護衛艦に記者が同乗することは許されない。それを可能にするために、知恵を絞り、同僚を説得して、ルポを実現させてくれた幹部もいた。

自衛隊の取材で神経を使わざるを得ないのは、「防衛秘密」の壁に突き当たるときだ。夜回りを重ねてせっかく手に入れた情報でも、全部書けるとは限らない。確認作業のなかでこんな言葉にぶつかることが何度かあった。

「それは書けません。『秘』に指定されています。新聞に載ったら、警務隊が動いて逮捕者が出ます」

警務隊とはいわゆるMP（ミリタリー・ポリス）のことで、情報漏洩などに対する捜査権を持っている。情報の提供者を守りつつ、趣旨を伝えるために、表現をどこまでぼかすか。そんな苦心も必要だった。

この企画の取材・執筆を続けた1年半の間、脳裏を離れなかった命題がある。

＊自衛隊とは何か――軍隊なのか、そうではないのか。

＊この国はどうあるべきなのか――戦後の日本の軌跡をどう評価し、これからの道筋をどう選択するのか。

憲法や日米安保条約のあり方に直結する問題であり、戦後の「平和主義」という日本人の価値観の真価を問われる問題でもある。簡単に正解が見つかるとは思えない。

その命題を考える上で欠くことのできない判断材料は何か。そう意識しつつ、事実の探求を重ねた。

最後に、この企画が実現し、本書が完成するまでに力を添えてくださったすべての方々に感謝の意を表したい。

朝日新聞編集委員　本田優

２００５年春

資料編

自衛隊法（公布・昭和29年6月9日法律第165号）

目次

第一章　総則（第一条～第六条）
第二章　指揮監督（第七条～第九条）
第三章　部隊
第一節　陸上自衛隊の部隊の組織及び編成（第十条～第十四条）
第二節　海上自衛隊の部隊の組織及び編成（第十五条～第十九条）
第三節　航空自衛隊の部隊の組織及び編成（第二十条～第二十一条）
第四節　部隊編成の特例及び委任規定（第二十二条・第二十三条）
第四章　機関（第二十四条～第三十条）
第五章　隊員
第一節　通則（第三十一条～第三十四条）
第二節　任免（第三十五条～第四十一条）
第三節　分限、懲戒及び保障（第四十二条～第五十一条）
第四節　服務（第五十二条～第六十五条）
第五節　予備自衛官等
第一款　予備自衛官（第六十六条～第七十五条）
第二款　即応予備自衛官（第七十五条の二～第七十五条の八）
第六章　自衛隊の行動（第七十六条～第八十六条）
第七章　自衛隊の権限等（第八十七条～第九十六条の二）
第八章　雑則（第九十七条～第百十七条の二）
第九章　罰則（第百十八条～第百二十六条）
附則

第一章　総則

（この法律の目的）

第一条　この法律は、自衛隊の任務、自衛隊の部隊の組織及び編成、自衛隊の行動及び権限、隊員の身分取扱等を定めることを目的とする。

（定義）

第二条　この法律において「自衛隊」とは、防衛庁長官（以下「長官」という。）、防衛庁副長官及び防衛庁長官政務官並びに防衛庁の事務次官及び防衛参事官並びに防衛庁本庁の内部部局、防衛大学校、防衛医科大学校、統合幕僚会議、技術研究本部、契約本部その他の機関（政令で定める合議制の機関を除く。）並びに陸上自衛隊、海上自衛隊及び航空自衛隊並びに防衛施設庁（政令で定める合議制の機関並びに防衛庁設置法（昭和二十九年法律第百六十四号）第五条第二十四号又は第二十五号に掲げる事務をつかさどる部局及び職で政令で定めるものを除く。）を含むものとする。

2　この法律において「陸上自衛隊」とは、陸上幕僚監部並びに陸上幕僚長の監督を受ける部隊及び機関を含むものとする。

3　この法律において「海上自衛隊」とは、海上幕僚監部並びに海上幕僚長の監督を受ける部隊及び機関を含むものとする。

4　この法律において「航空自衛隊」とは、航空幕僚監部並びに航空幕僚長の監督を受ける部隊及び機関を含むものとする。
5　この法律において「隊員」とは、防衛庁の職員で、長官、防衛庁副長官、防衛庁長官政務官、第一項の政令で定める合議制の機関の委員、同項の政令で定める部局に勤務する職員及び同項の政令で定める職にある職員以外のものをいうものとする。
（自衛隊の任務）
第三条　自衛隊は、わが国の平和と独立を守り、国の安全を保つため、直接侵略及び間接侵略に対しわが国を防衛することを主たる任務とし、必要に応じ、公共の秩序の維持に当るものとする。
2　陸上自衛隊は主として陸において、海上自衛隊は主として海において、航空自衛隊は主として空においてそれぞれ行動することを任務とする。
（自衛隊の旗）
第四条　内閣総理大臣は、政令で定めるところにより、自衛隊旗又は自衛艦旗を自衛隊の部隊又は自衛艦に交付する。
2　前項の自衛隊旗及び自衛艦旗の制式は、政令で定める。
（表彰）
第五条　隊員又は防衛庁本庁の防衛大学校、防衛医科大学校、技術研究本部、契約本部その他の政令で定める機関、自衛隊の部隊若しくは機関若しくは防衛施設庁の地方支分部局で、功績があつたものに対しては長官又はその委任を受けた者が、特に顕著な功績があつたものに対しては内閣総理大臣が表彰する。
2　前項に定めるもののほか、自衛隊の表彰に関し必要な事項は、政令で定める。
（礼式）
第六条　自衛隊の礼式は、内閣府令の定めるところによる。
第二章　指揮監督
（内閣総理大臣の指揮監督権）
第七条　内閣総理大臣は、内閣を代表して自衛隊の最高の指揮監督権を有する。
（長官の指揮監督権）
第八条　長官は、内閣総理大臣の指揮監督を受け、自衛隊の隊務を統括する。ただし、陸上幕僚長、海上幕僚長又は航空幕僚長の監督を受ける部隊及び機関（以下「部隊等」という。）に対する長官の指揮監督は、それぞれ当該幕僚長を通じて行うものとする。
（幕僚長の職務）
第九条　陸上幕僚長、海上幕僚長又は航空幕僚長（以下「幕僚長」という。）は、長官の指揮監督を受け、それぞれ陸上自衛隊、海上自衛隊又は航空自衛隊の隊務及び所部の隊員の服務を監督する。
2　陸上幕僚長は陸上自衛隊の隊務に関し、海上幕僚長は海上自衛隊の隊務に関し、航空幕僚長は航空自衛隊の隊務に関しそれぞれ最高の専門的助言者として長官を補佐する。
3　幕僚長は、それぞれ部隊等に対する長官の命令を執行する。
第三章　部隊
第一節　陸上自衛隊の部隊の組織及び編成
（編成）
第十条　陸上自衛隊の部隊は、方面隊その他の長官直轄部隊とする。
2　方面隊は、方面総監部及び師団、旅団その他の直轄部隊から成る。ただし、方面総監部及び師団以外の部隊の一部編成に加えないことができる。
3　師団は、師団司令部及び連隊その他の直轄部隊から成る。
4　旅団は、旅団司令部及び連隊その他の直轄部隊から成る。
（方面総監）
第十一条　方面隊の長は、方面総監とする。
2　方面総監は、長官の指揮監督を受け、方面隊の隊務を統括する。
（師団長）
第十二条　師団の長は、師団長とする。
2　師団長は、方面総監の指揮監督を受け、師団の隊務を統括する。
（旅団長）
第十二条の二　旅団の長は、旅団長とする。
2　旅団長は、方面総監の指揮監督を受け、旅団の隊務を統括する。
（方面隊、師団及び旅団の名称等）
第十三条　方面隊、師団及び旅団の名称並びに方面総監部、師団司令部及び旅団司令部の名称及び所在地は、別表第一のとおりとする。
2　特別の事由によつて方面隊、師団及び旅団並びに方面総監部、師団司令部及び旅団司令部（以下この条において「方面隊等」という。）を増置し、若しくは廃止し、又は方面隊等の名称及び所在地を変更する必要が生じた場合においては、国会の閉会中であるときに限り、政令で方面隊等を増置し、若しくは廃止し、又は方面隊等の名称及び所在地を変更することができる。この場合においては、政府は、次の国会でこの法律を改正する措置をとらなければならない。
（部隊の長）
第十四条　方面隊、師団及び旅団以外の部隊の長は、長官の定めるところにより、上官の指揮監督を受け、当該部隊の隊務を統括する。
第二節　海上自衛隊の部隊の組織及び編成
（編成）
第十五条　海上自衛隊の部隊は、自衛艦隊、地方隊、教育航空集団、練習艦隊その他の長官直轄部隊とする。
2　自衛艦隊は、自衛艦隊司令部及び護衛艦隊、航空集団、潜水艦隊、掃海隊群その他の直轄部隊から成る。ただし、自衛艦隊司令部、護衛艦隊、航空集団及び潜水艦隊以外の部隊の一部を編成に加えないことができる。
3　護衛艦隊は、護衛艦隊司令部及び護衛隊群その他の直轄部隊から成る。
4　航空集団は、航空集団司令部及び航空群その他の直轄部隊から成る。
5　潜水艦隊は、潜水艦隊司令部及び潜水隊群その他の直轄部隊から成る。
6　地方隊は、地方総監部及び護衛隊、掃海隊、基地隊、航空隊その他の直轄部隊から成る。ただし、地方総監部以外の部隊の一部を編成に加えないことができる。
7　教育航空集団は、教育航空集団司令部及び教育航空群その他の直轄部隊から成る。
8　練習艦隊は、練習艦隊司令部及び練習隊その他の直轄部隊から成る。
（自衛艦隊司令官）
第十六条　自衛艦隊の長は、自衛艦隊司令官とする。
２　自衛艦隊司令官は、長官の指揮監督を受け、自衛艦隊の隊務を統括する。
（護衛艦隊司令官）
第十六条の二　護衛艦隊の長は、護衛艦隊司令官とする。
２　護衛艦隊司令官は、自衛艦隊司令官の指揮監督を受け、護衛艦隊の隊務を統括する。
（航空集団司令官）
第十六条の三　航空集団の長は、航空集団司令官とする。
２　航空集団司令官は、自衛艦隊司令官の指揮監督を受け、航空集団の隊務を統括する。
（潜水艦隊司令官）
第十六条の四　潜水艦隊の長は、潜水艦隊司令官とする。
２　潜水艦隊司令官は、自衛艦隊司令官の指揮監督を受け、潜水艦隊の隊務を統括する。
（地方総監）
第十七条　地方隊の長は、地方総監とする。
２　地方総監は、長官の指揮監督を受け、地方隊の隊務（自衛艦隊その他の長官直轄部隊に対する補給その他長官の定める事項を含む。）を統括する。
（教育航空集団司令官）
第十七条の二　教育航空集団の長は、教育航空集団司令官とする。
２　教育航空集団司令官は、長官の指揮監督を受け、教育航空集団の隊務を統括する。
（練習艦隊司令官）
第十七条の三　練習艦隊の長は、練習艦隊司令官とする。
２　練習艦隊司令官は、長官の指揮監督を受け、練習艦隊の隊務を統括する。
（部隊の長）
第十八条　自衛艦隊、護衛艦隊、航空集団、潜水艦隊、地方隊、教育航空集団及び練習艦隊以外の部隊の長は、長官の定めるところにより、上官の指揮監督を受け、当該部隊の隊務を統括する。
（地方隊の名称等）
第十九条　地方隊の名称並びに地方総監部の名称及び所在地は、別表第二のとおりとする。
２　特別の事由によつて地方隊及び地方総監部を増置し、若しくは廃止し、又は地方隊及び地方総監部の名称及び所在地を変更する必要が生じた場合においては、国会の閉会中であるときに限り、政令で地方隊及び地方総監部を増置し、若しくは廃止し、又は地方隊及び地方総監部の名称及び所在地を変更することができる。この場合においては、政府は、次の国会でこの法律を改正する措置をとらなければならない。

第三節　航空自衛隊の部隊の組織及び編成

（編成）
第二十条　航空自衛隊の部隊は、航空総隊、航空支援集団、航空教育集団、航空開発実験集団その他の長官直轄部隊とする。
２　航空総隊は、航空総隊司令部及び航空方面隊、航空混成団その他の直轄部隊から成る。

3　航空方面隊は、航空方面隊司令部及び航空団その他の直轄部隊から成る。
4　航空混成団は、航空混成団司令部及び航空隊その他の直轄部隊から成る。
5　航空支援集団は、航空支援集団司令部及び航空救難団、輸送航空隊、航空保安管制群、航空気象群その他の直轄部隊から成る。
6　航空教育集団は、航空教育集団司令部及び航空団、飛行教育団その他の直轄部隊から成る。
7　航空団は、航空団司令部及び飛行群その他の直轄部隊から成る。
8　航空開発実験集団は、航空開発実験集団司令部及び飛行開発実験団その他の直轄部隊から成る。

（航空総隊司令官）
第二十条の二　航空総隊の長は、航空総隊司令官とする。
2　航空総隊司令官は、長官の指揮監督を受け、航空総隊の隊務を統括する。

（航空支援集団司令官）
第二十条の三　航空支援集団の長は、航空支援集団司令官とする。
2　航空支援集団司令官は、長官の指揮監督を受け、航空支援集団の隊務を統括する。

（航空教育集団司令官）
第二十条の四　航空教育集団の長は、航空教育集団司令官とする。
2　航空教育集団司令官は、長官の指揮監督を受け、航空教育集団の隊務を統括する。

（航空開発実験集団司令官）
第二十条の五　航空開発実験集団の長は、航空開発実験集団司令官とする。
2　航空開発実験集団司令官は、長官の指揮監督を受け、航空開発実験集団の隊務を統括する。

（航空方面隊司令官）
第二十条の六　航空方面隊の長は、航空方面隊司令官とする。
2　航空方面隊司令官は、航空総隊司令官の指揮監督を受け、航空方面隊の隊務を統括する。

（航空混成団司令）
第二十条の七　航空混成団の長は、航空混成団司令とする。
2　航空混成団司令は、航空総隊司令官の指揮監督を受け、航空混成団の隊務を統括する。

（航空団司令）
第二十条の八　航空団の長は、航空団司令とする。
2　航空教育集団に属する航空団の航空団司令は航空教育集団司令官の、航空方面隊に属する航空団の航空団司令は航空方面隊司令官の指揮監督を受け、航空団の隊務を統括する。

（部隊の長）
第二十条の九　航空総隊、航空支援集団、航空教育集団、航空開発実験集団、航空方面隊、航空混成団及び航空団以外の部隊の長は、長官の定めるところにより、上官の指揮監督を受け、当該部隊の隊務を統括する。

（航空総隊等の名称等）
第二十一条　航空総隊、航空支援集団、航空教育集団、航空開発実験集団、航空方面隊、航空混成団及び航空団（以下「航空総隊等」

という。）の名称並びに航空総隊司令部、航空支援集団司令部、航空教育集団司令部、航空開発実験集団司令部、航空方面隊司令部、航空混成団司令部及び航空団司令部（以下「航空総隊司令部等」という。）の名称及び所在地は、別表第三のとおりとする。

2　特別の事由によつて航空総隊等及び航空総隊司令部等を増置し、若しくは廃止し、又は航空総隊等の名称並びに航空総隊司令部等の名称及び所在地を変更する必要が生じた場合においては、国会の閉会中であるときに限り、政令で航空総隊等及び航空総隊司令部等を増置し、若しくは廃止し、又は航空総隊等の名称並びに航空総隊司令部等の名称及び所在地を変更することができる。この場合においては、政府は、次の国会でこの法律を改正する措置をとらなければならない。

第四節　部隊編成の特例及び委任規定

（特別の部隊の編成）

第二十二条　内閣総理大臣は、第七十六条第一項、第七十八条第一項又は第八十一条第二項の規定により自衛隊の出動を命じた場合には、特別の部隊を編成し、又は所要の部隊をその隷属する指揮官以外の指揮官の一部指揮下に置くことができる。

2　長官は、第八十二条の規定による海上における警備行動、第八十三条第二項の規定による災害派遣、第八十三条の二の規定による地震防災派遣、第八十三条の三の規定による原子力災害派遣、訓練その他の事由により必要がある場合には、特別の部隊を臨時に編成し、又は所要の部隊をその隷属する指揮官以外の指揮官の一部指揮下に置くことができる。

3　前二項の規定により編成された部隊が陸上自衛隊の部隊、海上自衛隊の部隊又は航空自衛隊の部隊のいずれか二以上から成る場合（当該部隊が前項の規定により編成されたものであるときは、防衛庁設置法第二十六条第一項第六号の規定によりその運用に係る長官の指揮命令に関することについて統合幕僚会議が長官を補佐する場合に限る。）における当該部隊の運用に係る長官の指揮は、統合幕僚会議の議長を通じて行うものとし、これに関する長官の命令は、統合幕僚会議の議長が執行する。

4　第一項又は第二項の規定により編成され、又は同一指揮官の下に置かれる部隊が陸上自衛隊の部隊、海上自衛隊の部隊又は航空自衛隊の部隊のいずれか二以上から成る場合における当該部隊に対する長官の指揮監督について幕僚長の行う職務に関しては、長官の定めるところによる。

（委任規定）

第二十三条　本章に定めるもののほか、自衛隊の部隊の組織、編成及び警備区域に関し必要な事項は、政令で定める。

第四章　機関（略）

第五章　隊員

第一節　通則

（任命権者及び人事管理の基準）

第三十一条　隊員の任用、休職、復職、退職、免職、補職及び懲戒処分は、長官又はその委任を受けた者（防衛施設庁の職員である隊員（防衛施設庁長官及び自衛官を除く。）については、防衛施設庁長官又はその委任を受けた者）が行う。

2　隊員の任免、分限、懲戒、服務その他人事管理に関する基準は、長官が定める。

（自衛官の階級）

第三十二条　陸上自衛隊の自衛官の階級は、陸将、陸将補、一等陸佐、二等陸佐、三等陸佐、一等陸尉、二等陸尉、三等陸尉、准陸尉、陸曹長、一等陸曹、二等陸曹、三等陸曹、陸士長、一等陸士、二等陸士及び三等陸士とする。

2　海上自衛隊の自衛官の階級は、海将、海将補、一等海佐、二等海佐、三等海佐、一等海尉、二等海尉、三等海尉、准海尉、海曹長、一等海曹、二等海曹、三等海曹、海士長、一等海士、二等海士及び三等海士とする。

3　航空自衛隊の自衛官の階級は、空将、空将補、一等空佐、二等空佐、三等空佐、一等空尉、二等空尉、三等空尉、准空尉、空曹長、一等空曹、二等空曹、三等空曹、空士長、一等空士、二等空士及び三等空士とする。

（服制）

第三十三条　自衛官、予備自衛官、即応予備自衛官、防衛大学校の学生（防衛庁設置法第十七条第二項の教育訓練を受けている者をいう。）、防衛医科大学校の学生（同法第十八条第二項の教育訓練を受けている者をいう。）その他その勤務の性質上制服を必要とする隊員の服制は、内閣府令で定める。

（非常勤の隊員の特例）

第三十四条　予備自衛官及び即応予備自衛官以外の非常勤の隊員に対する本章の規定の適用については、その職務と責任の特殊性に基づいて、政令で同章に定める制限を緩和し、又は排除することができる。

第二節　任免（略）

第三節　分限、懲戒及び保障（略）

第四節　服務

（服務の本旨）

第五十二条　隊員は、わが国の平和と独立を守る自衛隊の使命を自覚し、一致団結、厳正な規律を保持し、常に徳操を養い、人格を尊重し、心身をきたえ、技能をみがき、強い責任感をもつて専心その職務の遂行にあたり、事に臨んでは危険を顧みず、身をもつて責務の完遂に努め、もつて国民の負託にこたえることを期するものとする。

（服務の宣誓）

第五十三条　隊員は、内閣府令で定めるところにより、服務の宣誓をしなければならない。

（勤務態勢及び勤務時間等）

第五十四条　隊員は、何時でも職務に従事することのできる態勢になければならない。

2　隊員の勤務時間及び休暇は、勤務の性質に応じ、内閣府令で定める。

（指定場所に居住する義務）

第五十五条　自衛官は、内閣府令で定めるところに従い、長官に指定する場所に居住しなければならない。

（職務遂行の義務）

第五十六条　隊員は、法令に従い、誠実にその職務を遂行するものとし、職務上の危険若しくは責任を回避し、又は上官の許可を受けないで職務を離れてはならない。

（上官の命令に服従する義務）

第五十七条　隊員は、その職務の遂行に当つては、上官の職務上の命令に忠実に従わなければならない。

（品位を保つ義務）

第五十八条　隊員は、常に品位を重んじ、いやしくも隊員としての信用を傷つけ、又は自衛隊の威信を損するような行為をしてはならない。

2　自衛官及び学生は、長官の定めるところに従い、制服を着用し、服装を常に端正に保たなければならない。

（秘密を守る義務）

第五十九条　隊員は、職務上知ることのできた秘密を漏らしてはならない。その職を離れた後も、同様とする。

2　隊員が法令による証人、鑑定人等となり、職務上の秘密に属する事項を発表する場合には、長官の許可を受けなければならない。その職を離れた後も、同様とする。

3　前項の許可は、法令に別段の定がある場合を除き、拒むことができない。

（職務に専念する義務）

第六十条　隊員は、法令に別段の定がある場合を除き、その勤務時間及び職務上の注意力のすべてをその職務遂行のために用いなければならない。

2　隊員は、法令に別段の定めがある場合を除き、防衛庁以外の国家機関の職若しくは独立行政法人通則法（平成十一年法律第百三号）第二条第二項に規定する特定独立行政法人（次項及び第六十三条において「特定独立行政法人」という。）の職を兼ね、又は地方公共団体の機関の職に就くことができない。

3　隊員は、自己の職務以外の防衛庁の職務を行い、又は防衛庁以外の国家機関の職若しくは特定独立行政法人の職を兼ね、若しくは地方公共団体の機関の職に就く場合においても、内閣府令で定める場合を除き、給与を受けることができない。

（政治的行為の制限）

第六十一条　隊員は、政党又は政令で定める政治的目的のために、寄附金その他の利益を求め、若しくは受領し、又は何らの方法をもつてするを問わず、これらの行為に関与し、あるいは選挙権の行使を除くほか、政令で定める政治的行為をしてはならない。

2　隊員は、公選による公職の候補者となることができない。

3　隊員は、政党その他の政治的団体の役員、政治的顧問その他これらと同様な役割をもつ構成員となることができない。

（私企業からの隔離）

第六十二条　隊員は、営利を目的とする会社その他の団体の役員若しくは顧問の地位その他これらに相当する地位につき、又は自ら営利企業を営んではならない。

2　隊員（第三十六条第一項の規定の適用を受ける自衛官及びこれに準ずる者として内閣府令で定めるものを除く。）は、離職後二年間は、営利を目的とする会社その他の団体の地位で、その離職前五年間に在職していた防衛庁本庁又は防衛施設庁と密接な関係にあるものに就くことを承諾し又は就いてはならない。

3　前二項の規定は、隊員が、内閣府令で定める基準に従い行う長官又はその委任を受けた者の承認を受けた場合には、適用しない。

4　長官は、前項に規定する承認のうち、第二項の地位に就くことに係る承認を行い、又は行わないこととする場合には、政令で定める審議会等に付議し、その議決に基づいて行わなければならない。

5　内閣は、毎年、遅滞なく、国会に対し、前年において長官が行つた第三項の承認の処分（第一項の規定に係るものを除く。）に関し、各承認の処分ごとに、承認に係る者が離職前五年間に在職していた防衛庁本庁又は防衛施設庁における官職、承認に係る営利を目的とする会社その他の団体の地位、承認をした理由その他必要な事項を報告しなければならない。

（他の職又は事業の関与制限）

第六十三条　隊員は、報酬を受けて、第六十条第二項に規定する国家機関、特定独立行政法人及び地方公共団体の機関の職並びに前条第一項の地位以外の職又は地位に就き、あるいは営利企業以外の事業を行う場合には、内閣府令で定める基準に従い行う長官の承認を受けなければならない。

（団体の結成等の禁止）

第六十四条　隊員は、勤務条件等に関し使用者たる国の利益を代表する者と交渉するための組合その他の団体を結成し、又はこれに加入してはならない。

2　隊員は、同盟罷業、怠業その他の争議行為をし、又は政府の活動能率を低下させる怠業的行為をしてはならない。

3　何人も、前項の行為を企て、又はその遂行を共謀し、教唆し、若しくはせん動してはならない。

4　前三項の規定に違反する行為をした隊員は、その行為の開始とともに、国に対し、法令に基いて保有する任用上の権利をもつて対抗することができない。

（防衛医科大学校卒業生の勤続に関する義務）

第六十四条の二　防衛医科大学校卒業生（防衛庁設置法第十八条第三項に規定する防衛医科大学校卒業生をいう。第九十八条の二において同じ。）は、当該教育訓練を修了した後九年の期間を経過するまでは、隊員として勤続するように努めなければならない。

（委任規定）

第六十五条　本節又は自衛隊員倫理法に定めるもののほか、隊員の服務に関し必要な事項は、内閣府令で定める。

第五節　予備自衛官等（略）

第六章　自衛隊の行動

（防衛出動）

第七十六条　内閣総理大臣は、我が国に対する外部からの武力攻撃（以下「武力攻撃」という。）が発生した事態又は武力攻撃が発生する明白な危険が切迫していると認められるに至つた事態に際して、我が国を防衛するため必要があると認める場合には、自衛隊の全部又は一部の出動を命ずることができる。この場合においては、武力攻撃事態等における我が国の平和と独立並びに国及び国民の安全の確保に関する法律（平成十五年法律第七十九号）第九条の定めるところにより、国会の承認を得なければならない。

2　内閣総理大臣は、出動の必要がなくなつたときは、直ちに、自衛隊の撤収を命じなければならない。

（防衛出動待機命令）

第七十七条　長官は、事態が緊迫し、前条第一項の規定による防衛出動命令が発せられることが予測される場合において、これに対処するため必要があると認めるときは、内閣総理大臣の承認を得て、自衛隊の全部又は一部に対し出動待機命令を発することができる。

（防御施設構築の措置）

第七十七条の二　長官は、事態が緊迫し、第七十六条第一項の規定による防衛出動命令が発せられることが予測される場合において、同項の規定により出動を命ぜられた自衛隊の部隊を展開させることが見込まれ、かつ、防備をあらかじめ強化しておく必要があると認める地域（以下「展開予定地域」という。）があるときは、内閣総理大臣の承認を得た上、その範囲を定めて、自衛隊の部隊等に当該展開予定地域内において陣地その他の防御のための施設（以下「防御施設」という。）を構築する措置を命ずることができる。

（防衛出動下令前の行動関連措置）

第七十七条の三　内閣総理大臣又はその委任を受けた者は、事態が緊迫し、第七十六条第一項の規定による防衛出動命令が発せられることが予測される場合において、武力攻撃事態等におけるアメリカ合衆国の軍隊の行動に伴い我が国が実施する措置に関する法律（平成十六年法律第百十三号）の定めるところにより、行動関連措置としての物品の提供を実施することができる。

2　長官は、前項に規定する場合において、武力攻撃事態等におけるアメリカ合衆国の軍隊の行動に伴い我が国が実施する措置に関する法律の定めるところにより、防衛庁本庁の機関及び部隊等に行動関連措置としての役務の提供を行わせることができる。

（国民保護等派遣）

第七十七条の四　長官は、都道府県知事から武力攻撃事態等における国民の保護のための措置に関する法律第十五条第一項の規定による要請を受けた場合において事態やむを得ないと認めるとき、又は武力攻撃事態等対策本部長から同条第二項の規定による求めがあつたときは、内閣総理大臣の承認を得て、当該要請又は求めに係る国民の保護のための措置を実施するため、部隊等を派遣することができる。

2　長官は、都道府県知事から武力攻撃事態等における国民の保護のための措置に関する法律第百八十三条において準用する同法第十五条第一項の規定による要請を受けた場合において事態やむを得ないと認めるとき、又は緊急対処事態対策本部長から同法第百八十三条において準用する同法第十五条第二項の規定による求めがあつたときは、内閣総理大臣の承認を得て、当該要請又は求めに係る緊急対処保護措置を実施するため、部隊等を派遣することができる。

（命令による治安出動）

第七十八条　内閣総理大臣は、間接侵略その他の緊急事態に際して、一般の警察力をもつては、治安を維持することができないと認められる場合には、自衛隊の全部又は一部の出動を命ずることができる。

2　内閣総理大臣は、前項の規定による出動を命じた場合には、出動を命じた日から二十日以内に国会に付議して、その承認を求めなければならない。ただし、国会が閉会中の場合又は衆議院が解散されている場合には、その後最初に召集される国会において、すみやかに、その承認を求めなければならない。

3　内閣総理大臣は、前項の場合において不承認の議決があつたとき、又は出動の必要がなくなつたときは、すみやかに、自衛隊の撤収を命ぜなければならない。

（治安出動待機命令）
第七十九条　長官は、事態が緊迫し、前条第一項の規定による治安出動命令が発せられることが予測される場合において、これに対処するため必要があると認めるときは、内閣総理大臣の承認を得て、自衛隊の全部又は一部に対し出動待機命令を発することができる。
2　前項の場合においては、長官は、国家公安委員会と緊密な連絡を保つものとする。
（治安出動下令前に行う情報収集）
第七十九条の二　長官は、事態が緊迫し第七十八条第一項の規定による治安出動命令が発せられること及び小銃、機関銃（機関けん銃を含む。）、砲、化学兵器、生物兵器その他その殺傷力がこれらに類する武器を所持した者による不法行為が行われることが予測される場合において、当該事態の状況の把握に資する情報の収集を行うため特別の必要があると認めるときは、国家公安委員会と協議の上、内閣総理大臣の承認を得て、武器を携行する自衛隊の部隊に当該者が所在すると見込まれる場所及びその近傍において当該情報の収集を行うことを命ずることができる。
（海上保安庁の統制）
第八十条　内閣総理大臣は、第七十六条第一項又は第七十八条第一項の規定による自衛隊の全部又は一部に対する出動命令があつた場合において、特別の必要があると認めるときは、海上保安庁の全部又は一部をその統制下に入れることができる。
2　内閣総理大臣は、前項の規定により海上保安庁の全部又は一部をその統制下に入れた場合には、政令で定めるところにより、長官にこれを指揮させるものとする。
3　内閣総理大臣は、第一項の規定による統制につき、その必要がなくなつたと認める場合には、すみやかに、これを解除しなければならない。
（要請による治安出動）
第八十一条　都道府県知事は、治安維持上重大な事態につきやむを得ない必要があると認める場合には、当該都道府県の都道府県公安委員会と協議の上、内閣総理大臣に対し、部隊等の出動を要請することができる。
2　内閣総理大臣は、前項の要請があり、事態やむを得ないと認める場合には、部隊等の出動を命ずることができる。
3　都道府県知事は、事態が収まり、部隊等の出動の必要がなくなつたと認める場合には、内閣総理大臣に対し、すみやかに、部隊等の撤収を要請しなければならない。
4　内閣総理大臣は、前項の要請があつた場合又は部隊等の出動の必要がなくなつたと認める場合には、すみやかに、部隊等の撤収を命じなければならない。
5　都道府県知事は、第一項に規定する要請をした場合には、事態が収つた後、すみやかに、その旨を当該都道府県の議会に報告しなければならない。
6　第一項及び第三項に規定する要請の手続は、政令で定める。
（自衛隊の施設等の警護出動）
第八十一条の二　内閣総理大臣は、本邦内にある次に掲げる施設又は施設及び区域において、政治上その他の主義主張に基づき、国家若しくは他人にこれを強要し、又は社会に不安若しくは恐怖を与える目的で多数の人を殺傷し、又は重要な施設その他の物を破壊する行為が行われるおそれがあり、かつ、その被害を防止するため特別の必要があると認める場合には、当該施設又は施設及び区域の警護のため部隊等の出動を命ずることができる。

一　自衛隊の施設

二　日本国とアメリカ合衆国との間の相互協力及び安全保障条約第六条に基づく施設及び区域並びに日本国における合衆国軍隊の地位に関する協定第二条第一項の施設及び区域（同協定第二十五条の合同委員会において自衛隊の部隊等が警護を行うこととされたものに限る。）

2　内閣総理大臣は、前項の規定により部隊等の出動を命ずる場合には、あらかじめ、関係都道府県知事の意見を聴くとともに、長官と国家公安委員会との間で協議をさせた上で、警護を行うべき施設又は施設及び区域並びに期間を指定しなければならない。

3　内閣総理大臣は、前項の期間内であつても、部隊等の出動の必要がなくなつたと認める場合には、速やかに、部隊等の撤収を命じなければならない。

（海上における警備行動）

第八十二条　長官は、海上における人命若しくは財産の保護又は治安の維持のため特別の必要がある場合には、内閣総理大臣の承認を得て、自衛隊の部隊に海上において必要な行動をとることを命ずることができる。

（災害派遣）

第八十三条　都道府県知事その他政令で定める者は、天災地変その他の災害に際して、人命又は財産の保護のため必要があると認める場合には、部隊等の派遣を長官又はその指定する者に要請することができる。

2　長官又はその指定する者は、前項の要請があり、事態やむを得ないと認める場合には、部隊等を救援のため派遣することができる。ただし、天災地変その他の災害に際し、その事態に照らし特に緊急を要し、前項の要請を待ついとまがないと認められるときは、同項の要請を待たないで、部隊等を派遣することができる。

3　庁舎、営舎その他の防衛庁の施設又はこれらの近傍に火災その他の災害が発生した場合においては、部隊等の長は、部隊等を派遣することができる。

4　第一項の要請の手続は、政令で定める。

5　第一項から第三項までの規定は、武力攻撃事態等における国民の保護のための措置に関する法律第二条第四項に規定する武力攻撃災害及び同法第百八十三条において準用する同法第十四条第一項に規定する緊急対処事態における災害については、適用しない。

（地震防災派遣）

第八十三条の二　長官は、大規模地震対策特別措置法（昭和五十三年法律第七十三号）第十一条第一項に規定する地震災害警戒本部長から同法第十三条第二項の規定による要請があつた場合には、部隊等を支援のため派遣することができる。

（原子力災害派遣）

第八十三条の三　長官は、原子力災害対策特別措置法（平成十一年法律第百五十六号）第十七条第一項に規定する原子力災害対策本部長から同法第二十条第四項の規定による要請があつた場合には、部隊等を支援のため派遣することができる。

（領空侵犯に対する措置）

第八十四条　長官は、外国の航空機が国際法規又は航空法（昭和二十七年法律第二百三十一号）その他の法令の規定に違反してわが国の領域の上空に侵入したときは、自衛隊の部隊に対し、これを着陸させ、又はわが国の領域の上空から退去させるため必要な措置を講じさせることができる。

（長官と国家公安委員会との相互の連絡）

第八十五条　内閣総理大臣は、第七十八条第一項又は八十一条第二項の規定による出動命令を発するに際しては、長官と国家公安委員会との相互の間に緊密な連絡を保たせるものとする。

（関係機関との連絡及び協力）

第八十六条　第七十六条第一項、第七十七条の二、第七十七条の四、第七十八条第一項、第八十一条第二項、第八十一条の二第一項、第八十三条第二項、第八十三条の二及び第八十三条の三の規定により部隊等が行動する場合には、当該部隊等及び当該部隊等に関係のある都道府県知事、市町村長、警察消防機関その他の国又は地方公共団体の機関は、相互に緊密に連絡し、及び協力するものとする。

第七章　自衛隊の権限等

（武器の保有）

第八十七条　自衛隊は、その任務の遂行に必要な武器を保有することができる。

（防衛出動時の武力行使）

第八十八条　第七十六条第一項の規定により出動を命ぜられた自衛隊は、わが国を防衛するため、必要な武力を行使することができる。

2　前項の武力行使に際しては、国際の法規及び慣例によるべき場合にあつてはこれを遵守し、かつ、事態に応じ合理的に必要と判断される限度をこえてはならないものとする。

（治安出動時の権限）

第八十九条　警察官職務執行法（昭和二十三年法律第百三十六号）の規定は、第七十八条第一項又は第八十一条第二項の規定により出動を命ぜられた自衛隊の自衛官の職務の執行について準用する。この場合において、同法第四条第二項中「公安委員会」とあるのは、「長官の指定する者」と読み替えるものとする。

2　前項において準用する警察官職務執行法第七条の規定により自衛官が武器を使用するには、刑法（明治四十年法律第四十五号）第三十六条又は第三十七条に該当する場合を除き、当該部隊指揮官の命令によらなければならない。

第九十条　第七十八条第一項又は第八十一条第二項の規定により出動を命ぜられた自衛隊の自衛官は、前条の規定により武器を使用する場合のほか、次の各号の一に該当すると認める相当の理由があるときは、その事態に応じ合理的に必要と判断される限度で武器を使用することができる。

一　職務上警護する人、施設又は物件が暴行又は侵害を受け、又は受けようとする明白な危険があり、武器を使用するほか、他にこれを排除する適当な手段がない場合

二　多衆集合して暴行若しくは脅迫をし、又は暴行若しくは脅迫をしようとする明白な危険があり、武器を使用するほか、他にこれを鎮圧し、又は防止する適当な手段がない場合

三　前号に掲げる場合のほか、小銃、機関銃（機関けん銃を含む。）、砲、化学兵器、生物兵器その他その殺傷力がこれらに類する

武器を所持し、又は所持していると疑うに足りる相当の理由のある者が暴行又は脅迫をし又はする高い蓋然性があり、武器を使用するほか、他にこれを鎮圧し、又は防止する適当な手段がない場合

2 前条第二項の規定は、前項の場合について準用する。

第九十一条 海上保安庁法(昭和二十三年法律第二十八号)第十六条、第十七条第一項及び第十八条の規定は、第七十八条第一項又は第八十一条第二項の規定により出動を命ぜられた海上自衛隊の三等海曹以上の自衛官の職務の執行について準用する。

(警護出動時の権限)

第九十一条の二 警察官職務執行法第二条、第四条並びに第六条第一項、第三項及び第四項の規定は、警察官がその場にいない場合に限り、第八十一条の二第一項の規定により出動を命ぜられた部隊等の自衛官の職務の執行について準用する。この場合において、同法第四条第二項中「公安委員会」とあるのは、「長官の指定する者」と読み替えるものとする。

2 警察官職務執行法第五条及び第七条の規定は、第八十一条の二第一項の規定により出動を命ぜられた部隊等の自衛官の職務の執行について準用する。

3 前項において準用する警察官職務執行法第七条の規定により武器を使用する場合のほか、第八十一条の二第一項の規定により出動を命ぜられた部隊等の自衛官は、職務上警護する施設が大規模な破壊に至るおそれのある侵害を受ける明白な危険があり、武器を使用するほか、他にこれを排除する適当な手段がないと認める相当の理由があるときは、その事態に応じ合理的に必要と判断される限度で武器を使用することができる。

4 第一項及び第二項において準用する警察官職務執行法の規定による権限並びに前項の権限は、第八十一条の二第二項の規定により指定された施設又は施設及び区域の警護のためやむを得ない必要があるときは、その必要な限度において、当該施設又は施設及び区域の外部においても行使することができる。

5 第八十九条第二項の規定は、第二項において準用する警察官職務執行法第七条又は第三項の規定により自衛官が武器を使用する場合について準用する。

(防衛出動時の公共の秩序の維持のための権限)

第九十二条 第七十六条第一項の規定により出動を命ぜられた自衛隊は、第八十八条の規定により武力を行使するほか、必要に応じ、公共の秩序を維持するため行動することができる。

2 警察官職務執行法及び第九十条第一項の規定は、第七十六条第一項の規定により出動を命ぜられた自衛隊の自衛官が前項の規定により公共の秩序の維持のため行う職務の執行について、海上保安庁法第十六条、第十七条第一項及び第十八条の規定は、第七十六条第一項の規定により出動を命ぜられた海上自衛隊の三等海曹以上の自衛官が前項の規定により公共の秩序の維持のため行う職務の執行について、同法第二十条第二項の規定は、第七十六条第一項の規定により出動を命ぜられた海上自衛隊の自衛官が前項の規定により公共の秩序の維持のため行う職務の執行について準用する。この場合において、警察官職務執行法第四条第二項中「公安委員会」とあるのは、「長官の指定する者」と、海上保安庁法第二十条第二項中「前項において準用する警察官職務執行法第七条」とあるのは「この項において準用する警察官職務執行法第七条及びこの法律第九十

条第一項」と、「第十七条第一項」とあるのは「この項において準用する海上保安庁法第十七条第一項」と、「海上保安官又は海上保安官補の職務」とあるのは「第七十六条第一項の規定により出動を命ぜられた自衛隊の自衛官が公共の秩序の維持のため行う職務」と、「海上保安庁長官」とあるのは「防衛庁長官」と読み替えるものとする。

3　第八十九条第二項の規定は、前項において準用する警察官職務執行法第七条又はこの法律第九十条第一項の規定により自衛官が武器を使用する場合及び前項において準用する海上保安庁法第二十条第二項の規定により海上自衛隊の自衛官が武器を使用する場合について準用する。

4　第七十六条第一項の規定により出動を命ぜられた自衛隊の自衛官のうち、第一項の規定により公共の秩序の維持のため行う職務に従事する者は、道路交通法（昭和三十五年法律第百五号）第百十四条の五及びこれに基づく命令の定めるところにより、同条に規定する措置をとることができる。

（防衛出動時の緊急通行）

第九十二条の二　第七十六条第一項の規定により出動を命ぜられた自衛隊の自衛官は、当該自衛隊の行動に係る地域内を緊急に移動する場合において、通行に支障がある場所をう回するため必要があるときは、一般交通の用に供しない通路又は公共の用に供しない空地若しくは水面を通行することができる。この場合において、当該通行のために損害を受けた者から損失の補償の要求があるときは、政令で定めるところにより、その損失を補償するものとする。

（国民保護等派遣時の権限）

第九十二条の三　警察官職務執行法第四条、第五条並びに第六条第一項、第三項及び第四項の規定は、警察官がその場にいない場合に限り、第七十七条の四の規定により派遣を命ぜられた部隊等の自衛官の職務の執行について準用する。この場合において、同法第四条第二項中「公安委員会」とあるのは、「長官の指定する者」と読み替えるものとする。

2　警察官職務執行法第七条の規定は、警察官又は海上保安官若しくは海上保安官補がその場にいない場合に限り、第七十七条の四の規定により派遣を命ぜられた部隊等の自衛官の職務の執行について準用する。

3　第八十九条第二項の規定は、前項において準用する警察官職務執行法第七条の規定により自衛官が武器を使用する場合について準用する。

4　海上保安庁法第十六条の規定は、第七十七条の四の規定により派遣を命ぜられた海上自衛隊の三等海曹以上の自衛官の職務の執行について、同法第十八条の規定は、海上保安官がその場にいない場合に限り、第七十七条の四の規定により派遣を命ぜられた海上自衛隊の三等海曹以上の自衛官の職務の執行について準用する。

5　第七十七条の四の規定により派遣を命ぜられた部隊等の自衛官は、第一項において準用する警察官職務執行法第五条若しくは第二項において準用する同法第七条に規定する措置をとつたとき、又は前項において準用する海上保安庁法第十八条に規定する措置をとつたときは、直ちに、その旨を警察官又は海上保安官に通知しなければならない。

（展開予定地域内における武器の使用）

第九十二条の四　第七十七条の二の規定による措置の職務に従事する自衛官は、展開予定地域内において当該職務を行うに際し、自己又は自己と共に当該職務に従事する隊員の生命又は身体の防護のためやむを得ない必要があると認める相当の理由がある場合には、その事態に応じ合理的に必要と判断される限度で武器を使用することができる。ただし、刑法第三十六条又は第三十七条に該当する場合のほか、人に危害を与えてはならない。

（治安出動下令前に行う情報収集の際の武器の使用）

第九十二条の五　第七十九条の二の規定による情報収集の職務に従事する自衛官は、当該職務を行うに際し、自己又は自己と共に当該職務に従事する隊員の生命又は身体の防護のためやむを得ない必要があると認める相当の理由がある場合には、その事態に応じ合理的に必要と判断される限度で武器を使用することができる。ただし、刑法第三十六条又は第三十七条に該当する場合のほか、人に危害を与えてはならない。

（海上における警備行動時の権限）

第九十三条　警察官職務執行法第七条の規定は、第八十二条の規定により行動を命ぜられた自衛隊の自衛官の職務の執行について準用する。

２　海上保安庁法第十六条、第十七条第一項及び第十八条の規定は、第八十二条の規定により行動を命ぜられた海上自衛隊の三等海曹以上の自衛官の職務の執行について準用する。

３　海上保安庁法第二十条第二項の規定は、第八十二条の規定により行動を命ぜられた海上自衛隊の自衛官の職務の執行について準用する。この場合において、同法第二十条第二項中「前項」とあるのは「第一項」と、「第十七条第一項」とあるのは「前項において準用する海上保安庁法第十七条第一項」と、「海上保安官又は海上保安官補の職務」とあるのは「第八十二条の規定により行動を命ぜられた自衛隊の自衛官の職務」と、「海上保安庁長官」とあるのは「防衛庁長官」と読み替えるものとする。

４　第八十九条第二項の規定は、第一項において準用する警察官職務執行法第七条の規定により自衛官が武器を使用する場合及び前項において準用する海上保安庁法第二十条第二項の規定により海上自衛隊の自衛官が武器を使用する場合について準用する。

（災害派遣時等の権限）

第九十四条　警察官職務執行法第四条並びに第六条第一項、第三項及び第四項の規定は、警察官がその場にいない場合に限り、第八十三条第二項、第八十三条の二又は第八十三条の三の規定により派遣を命ぜられた部隊等の自衛官の職務の執行について準用する。この場合において、同法第四条第二項中「公安委員会」とあるのは、「長官の指定する者」と読み替えるものとする。

２　海上保安庁法第十六条の規定は、第八十三条第二項、第八十三条の二又は第八十三条の三の規定により派遣を命ぜられた海上自衛隊の三等海曹以上の自衛官の職務の執行について準用する。

第九十四条の二　次に掲げる自衛官は、武力攻撃事態等における国民の保護のための措置に関する法律及びこれに基づく命令の定めるところにより、同法第二章第三節に規定する避難住民の誘導に関する措置、同法第四章第二節に規定する応急措置等及び同法第百五十五条に規定する交通の規制等に関する措置をとることができる。

一　第七十六条第一項の規定により出動を命ぜられた自衛隊の自

衛官のうち、第九十二条第一項の規定により公共の秩序の維持のため行う職務に従事する者
二　第七十七条の四第一項の規定により派遣を命ぜられた部隊等の自衛官
三　第七十八条第一項又は第八十一条第二項の規定により出動を命ぜられた自衛隊の自衛官（武力攻撃事態等における我が国の平和と独立並びに国及び国民の安全の確保に関する法律第九条第一項に規定する対処基本方針において、同条第二項第三号に定める事項として内閣総理大臣が当該出動を命ずる旨が記載されている場合の当該出動に係る自衛官に限る。）
2　次に掲げる自衛官は、武力攻撃事態等における国民の保護のための措置に関する法律及びこれに基づく命令の定めるところにより、同法第八章に規定する緊急対処事態に対処するための措置をとることができる。
一　第七十七条の四第二項の規定により派遣を命ぜられた部隊等の自衛官
二　第七十八条第一項又は第八十一条第二項の規定により出動を命ぜられた自衛隊の自衛官（武力攻撃事態等における我が国の平和と独立並びに国及び国民の安全の確保に関する法律第二十五条第一項に規定する緊急対処事態において、武力攻撃事態等における国民の保護のための措置に関する法律第百八十三条において準用する同法第十四条第一項に規定する武力攻撃に準ずる攻撃に対処するため当該出動を命ぜられた場合の当該出動に係る自衛官に限る。）
第九十四条の三　第八十三条第二項の規定により派遣を命ぜられた部隊等の自衛官は、災害対策基本法（昭和三十六年法律第二百二十三号）及びこれに基づく命令の定めるところにより、同法第五章第四節に規定する応急措置をとることができる。
2　原子力災害対策特別措置法第十五条第二項の規定による原子力緊急事態宣言があつた時から同条第四項の規定による原子力緊急事態解除宣言があるまでの間における前項の規定の適用については、同項中「災害対策基本法」とあるのは、「原子力災害対策特別措置法第二十八条第二項の規定により読み替えて適用される災害対策基本法」とする。
第九十四条の四　第八十三条の三の規定により派遣を命ぜられた部隊等の自衛官は、原子力災害対策特別措置法第二十八条第二項の規定により読み替えて適用される災害対策基本法及びこれに基づく命令の定めるところにより、同法第五章第四節に規定する応急措置をとることができる。
（防衛出動時における海上輸送の規制のための権限）
第九十四条の五　第七十六条第一項の規定による出動を命ぜられた海上自衛隊の自衛官は、武力攻撃事態における外国軍用品等の海上輸送の規制に関する法律（平成十六年法律第百十六号）の定めるところにより、同法の規定による権限を行使することができる。
（捕虜等の取扱いの権限）
第九十四条の六　自衛官は、武力攻撃事態における捕虜等の取扱いに関する法律の定めるところにより、同法の規定による権限を行使することができる。
（武器等の防護のための武器の使用）
第九十五条　自衛官は、自衛隊の武器、弾薬、火薬、船舶、航空機、車両、有線電気通信設備、無線設備又は液体燃料を職務上警護する

に当たり、人又は武器、弾薬、火薬、船舶、航空機、車両、有線電気通信設備、無線設備若しくは液体燃料を防護するため必要であると認める相当の理由がある場合には、その事態に応じ合理的に必要と判断される限度で武器を使用することができる。ただし、刑法第三十六条又は第三十七条に該当する場合のほか、人に危害を与えてはならない。

（自衛隊の施設の警護のための武器の使用）

第九十五条の二　自衛官は、本邦内にある自衛隊の施設であつて、自衛隊の武器、弾薬、火薬、船舶、航空機、車両、有線電気通信設備、無線設備若しくは液体燃料を保管し、収容し若しくは整備するための施設設備、営舎又は港湾若しくは飛行場に係る施設設備が所在するものを職務上警護するに当たり、当該職務を遂行するため又は自己若しくは他人を防護するため必要であると認める相当の理由がある場合には、当該施設内において、その事態に応じ合理的に必要と判断される限度で武器を使用することができる。ただし、刑法第三十六条又は第三十七条に該当する場合のほか、人に危害を与えてはならない。

（部内の秩序維持に専従する者の権限）

第九十六条　自衛官のうち、部内の秩序維持の職務に専従する者は、政令で定めるところにより、次の各号に掲げる犯罪については、政令で定めるものを除き、刑事訴訟法（昭和二十三年法律第百三十一号）の規定による司法警察職員として職務を行う。

一　自衛官並びに陸上幕僚監部、海上幕僚監部、航空幕僚監部及び部隊等に所属する自衛官以外の隊員並びに学生並びに訓練招集に応じている予備自衛官及び即応予備自衛官（以下本条中「隊員」という。）の犯した犯罪又は職務に従事中の隊員に対する犯罪その他隊員の職務に関し隊員以外の者の犯した犯罪

二　自衛隊の使用する船舶、庁舎、営舎その他の施設内における犯罪

三　自衛隊の所有し、又は使用する施設又は物に対する犯罪

2　前項の規定により司法警察職員として職務を行う自衛官のうち、三等陸曹、三等海曹又は三等空曹以上の者は司法警察員とし、その他の者は司法巡査とする。

3　警察官職務執行法第七条の規定は、第一項の自衛官の職務の執行について準用する。

（防衛秘密）

第九十六条の二　長官は、自衛隊についての別表第四に掲げる事項であつて、公になつていないもののうち、我が国の防衛上特に秘匿することが必要であるもの（日米相互防衛援助協定等に伴う秘密保護法（昭和二十九年法律第百六十六号）第一条第三項に規定する特別防衛秘密に該当するものを除く。）を防衛秘密として指定するものとする。

2　前項の規定による指定は、次の各号のいずれかに掲げる方法により行わなければならない。

一　政令で定めるところにより、前項に規定する事項を記録する文書、図画若しくは物件又は当該事項を化体する物件に標記を付すこと。

二　前項に規定する事項の性質上前号の規定によることが困難である場合において、政令で定めるところにより、当該事項が同項の規定の適用を受けることとなる旨を当該事項を取り扱う者に通知す

ること。

3　長官は、自衛隊の任務遂行上特段の必要がある場合に限り、国の行政機関の職員のうち防衛に関連する職務に従事する者又は防衛庁との契約に基づき防衛秘密に係る物件の製造若しくは役務の提供を業とする者に、政令で定めるところにより、防衛秘密の取扱いの業務を行わせることができる。

4　長官は、第一項及び第二項に定めるもののほか、政令で定めるところにより、第一項に規定する事項の保護上必要な措置を講ずるものとする。

第八章　雑則

（都道府県等が処理する事務）

第九十七条　都道府県知事及び市町村長は、政令で定めるところにより、自衛官の募集に関する事務の一部を行う。

2　長官は、警察庁及び都道府県警察に対し、自衛官の募集に関する事務の一部について協力を求めることができる。

3　第一項の規定により都道府県知事及び市町村長の行う事務並びに前項の規定により都道府県警察の行う協力に要する経費は、国庫の負担とする。

（学資金の貸与）

第九十八条　長官は、学校教育法（昭和二十二年法律第二十六号）に規定する大学（大学院を含む。）に在学する学生で、政令で定める学術を専攻し、修学後その専攻した学術を応用して自衛隊に勤務しようとする者に対し、選考により学資金を貸与することができる。

2　前項の貸与金の額は、政令で定める。

3　第一項の貸与金には、利息を附さない。

4　長官は、学資金の貸与を受けた者が次の各号の一に該当する場合には、政令で定めるところにより、その貸与金の全部又は一部の返還を免除することができる。

一　修学後政令で定める年数以上継続して隊員であつたとき。

二　修学後隊員であつた者が公務に因る災害のため心身に故障を生じ、第四十二条第二号の規定に該当して免職されたとき、又は同条第四号の規定に該当して免職されたとき。

三　死亡又は心身障害により貸与金の返還ができなくなつたとき。

5　前四項に定めるもののほか、学資金の貸与及び返還に関し必要な事項は、政令で定める。

（償還金）

第九十八条の二　防衛医科大学校卒業生は、当該教育訓練の修了の時以後はじめて離職したときは、当該教育訓練を修了した後九年以上の期間隊員として勤続していた場合を除き、当該教育訓練に要した職員給与費、研究費その他の経常的経費の学生一人当たりの額をこえない範囲内において、当該教育訓練の修了後の隊員としての勤続期間を考慮して政令で定める金額を国に償還しなければならない。ただし、次の各号の一に該当する場合は、この限りでない。

一　死亡により離職したとき。

二　公務による災害のため心身に故障を生じ、第四十二条第二号の規定に該当して免職されたとき、又は同条第四号の規定に該当して免職されたとき。

2　前項の規定による償還義務は、本人の死亡により消滅する。

3　長官は、心身障害により第一項の規定による償還ができなくなつた者に対しては、政令で定めるところにより、その償還すべき金額の全部又は一部の償還を免除することができる。
4　前三項に定めるもののほか、第一項の規定による償還に関し必要な事項は、政令で定める。
（機雷等の除去）
第九十九条　海上自衛隊は、長官の命を受け、海上における機雷その他の爆発性の危険物の除去及びこれらの処理を行うものとする。
（土木工事等の受託）
第百条　長官は、自衛隊の訓練の目的に適合する場合には、国、地方公共団体その他政令で定めるものの土木工事、通信工事その他政令で定める事業の施行の委託を受け、及びこれを実施することができる。
2　前項の事業の受託に関し必要な事項は、政令で定める。
（教育訓練の受託）
第百条の二　長官は、防衛庁本庁の内部部局若しくは防衛大学校、防衛医科大学校その他の文教研修施設、技術研究本部若しくは契約本部において隊員以外の者について教育訓練を実施することの委託を受けた場合（内部部局にあつては、防衛庁設置法第十条第六号に掲げる事務に係る教育訓練を実施することの委託を受けた場合に限る。）において相当と認めるとき、防衛庁設置法第二十八条の三に規定する機関若しくは自衛隊の学校において外国人について教育訓練を実施することの委託を受けた場合において相当と認めるとき、又は政令で定める技術者の教育訓練を実施することの委託を受けた場合において他に教育訓練の施設がないと認めるときは、自衛隊の任務遂行に支障を生じない限度において、当該委託を受け、及びこれを実施することができる。この場合における当該隊員以外の者の処遇については、教育訓練に必要な限度において、隊員に準じて政令で定める。
2　長官は、前項の場合においては、政令で定めるところにより、授業料を徴収することができる。
3　長官は、第一項の規定により教育訓練を受ける外国人に対し、その委託者が開発途上にある海外の地域の政府である場合において、特に必要があると認めるときは、同項後段の規定にかかわらず、政令で定めるところにより、当該教育訓練の履修を支援するための給付金を支給することができる。
4　隊員以外の者に対する教育訓練の委託の手続は、政令で定める。
（運動競技会に対する協力）
第百条の三　長官は、関係機関から依頼があつた場合には、自衛隊の任務遂行に支障を生じない限度において、国際的若しくは全国的規模又はこれらに準ずる規模で開催される政令で定める運動競技会の運営につき、政令で定めるところにより、役務の提供その他必要な協力を行なうことができる。
（南極地域観測に対する協力）
第百条の四　自衛隊は、長官の命を受け、国が行なう南極地域における科学的調査について、政令で定める輸送その他の協力を行う。
（国賓等の輸送）
第百条の五　長官は、国の機関から依頼があつた場合には、自衛隊の任務遂行に支障を生じない限度において、航空機による国賓、内閣総理大臣その他政令で定める者（次項において「国賓等」という。）の輸送を行うことができる。
2　自衛隊は、国賓等の輸送の用に主として供するための航空機を保有することができる。
（国際緊急援助活動等）
第百条の六　長官は、国際緊急援助隊の派遣に関する法律（昭和六十二年法律第九十三号）の定めるところにより、自衛隊の任務遂行に支障を生じない限度において、隊員又は部隊等に同法第三条第二項各号に掲げる活動を行わせることができる。
（国際平和協力業務の実施等）
第百条の七　長官は、国際連合平和維持活動等に対する協力に関する法律（平成四年法律第七十九号）の定めるところにより、自衛隊の任務遂行に支障を生じない限度において、部隊等に国際平和協力業務を行わせ、及び輸送の委託を受けてこれを実施することができる。
（在外邦人等の輸送）
第百条の八　長官は、外務大臣から外国における災害、騒乱その他の緊急事態に際して生命又は身体の保護を要する邦人の輸送の依頼があつた場合において、当該輸送の安全について外務大臣と協議し、これが確保されていると認めるときは、自衛隊の任務遂行に支障を生じない限度において、当該邦人の輸送を行うことができる。この場合において、長官は、外務大臣から当該緊急事態に際して生命又は身体の保護を要する外国人として同乗させることを依頼された者を同乗させることができる。
2　前項の輸送は、第百条の五第二項の規定により保有する航空機により行うものとする。ただし、当該輸送に際して使用する空港施設の状況、当該輸送の対象となる邦人の数その他の事情によりこれによることが困難であると認められるときは、次に掲げる航空機又は船舶により行うことができる。
一　輸送の用に主として供するための航空機（第百条の五第二項の規定により保有するものを除く。）
二　前項の輸送に適する船舶
三　前号に掲げる船舶に搭載された回転翼航空機で第一号に掲げる航空機以外のもの（当該船舶と陸地との間の輸送に用いる場合におけるものに限る。）
3　第一項に規定する外国において同項の輸送の職務に従事する自衛官は、当該輸送に用いる航空機若しくは船舶の所在する場所又はその保護の下に入つた当該輸送の対象である邦人若しくは外国人を当該航空機若しくは船舶まで誘導する経路においてその職務を行うに際し、自己若しくは自己と共に当該輸送の職務に従事する隊員又は当該邦人若しくは外国人の生命又は身体の防護のためやむを得ない必要があると認める相当の理由がある場合には、その事態に応じ合理的に必要と判断される限度で武器を使用することができる。ただし、刑法第三十六条又は第三十七条に該当する場合のほか、人に危害を与えてはならない。
（後方地域支援等）
第百条の九　内閣総理大臣又はその委任を受けた者は、周辺事態に際して我が国の平和及び安全を確保するための措置に関する法律（平成十一年法律第六十号）又は周辺事態に際して実施する船舶検査活動に関する法律（平成十二年法律第百四十五号）の定めるところにより、自衛隊の任務遂行に支障を生じない限度において、後方地域支援としての物品の提供を実施することができる。
2　長官は、周辺事態に際して我が国の平和及び安全を確保するための措置に関する法律又は周辺事態に際して実施する船舶検査活動に関する法律の定めるところにより、自衛隊の任務遂行に支障を生じない限度において、防衛庁本庁の機関及び部隊等に後方地域支援としての役務の提供を、部隊等に後方地域捜索救助活動又は船舶検査活動を行わせることができる。

（合衆国軍隊に対する物品又は役務の提供）
第百条の十　内閣総理大臣又はその委任を受けた者は、次に掲げる合衆国軍隊（アメリカ合衆国の軍隊をいう。以下次条までにおいて同じ。）から要請があつた場合には、自衛隊の任務遂行に支障を生じない限度において、当該合衆国軍隊に対し、自衛隊に属する物品の提供を実施することができる。
一　自衛隊との共同訓練を行う合衆国軍隊（周辺事態に際して我が国の平和及び安全を確保するための措置に関する法律第三条第一項第一号及び武力攻撃事態等におけるアメリカ合衆国の軍隊の行動に伴い我が国が実施する措置に関する法律第二条第四号に規定する合衆国軍隊を除く。第三号及び第四号において同じ。）
二　天災地変その他の災害に際して、政府の要請に基づき災害応急対策のための活動を行う合衆国軍隊であつて、第八十三条第二項又は第八十三条の三の規定により派遣された部隊等と共に現場に所在するもの
三　部隊等が第百条の八第一項に規定する外国における緊急事態に際して同項の邦人の輸送を行う場合において、当該部隊等と共に現場に所在して当該輸送と同種の活動を行う合衆国軍隊
四　前三号に掲げるもののほか、訓練、連絡調整その他の日常的な活動のため、航空機、船舶又は車両により本邦内にある自衛隊の施設に到着して一時的に滞在する合衆国軍隊
2　長官は、前項各号に掲げる合衆国軍隊から要請があつた場合には、自衛隊の任務遂行に支障を生じない限度において、防衛庁本庁の機関又は部隊等に、当該合衆国軍隊に対する役務の提供を行わせることができる。
3　前二項の規定による自衛隊に属する物品の提供及び防衛庁本庁の機関又は部隊等による役務の提供として行う業務は、次の各号に掲げる合衆国軍隊の区分に応じ、当該各号に定めるものとする。
一　第一項第一号及び第四号に掲げる合衆国軍隊　補給、輸送、修理若しくは整備、医療、通信、空港若しくは港湾に関する業務、基地に関する業務、宿泊、保管、施設の利用又は訓練に関する業務（これらの業務にそれぞれ附帯する業務を含む。）
二　第一項第二号及び第三号に掲げる合衆国軍隊　補給、輸送、修理若しくは整備、医療、通信、空港若しくは港湾に関する業務、基地に関する業務、宿泊、保管又は施設の利用（これらの業務にそれぞれ附帯する業務を含む。）
4　第一項に規定する物品の提供には、武器（弾薬を含む。）の提供は含まないものとする。

（合衆国軍隊に対する物品又は役務の提供に伴う手続）
第百条の十一　この法律又は他の法律の規定により、合衆国軍隊に対し、内閣総理大臣又はその委任を受けた者が自衛隊に属する物品の提供を実施する場合及び防衛庁本庁の機関又は部隊等が役務の提供を実施する場合における決済その他の手続については、法律に別

段の定めがある場合を除き、日本国の自衛隊とアメリカ合衆国軍隊との間における後方支援、物品又は役務の相互の提供に関する日本国政府とアメリカ合衆国政府との間の協定の定めるところによる。

（海上保安庁等との関係）

第百一条　自衛隊と海上保安庁、地方航空局、航空交通管制部、気象官署、国土地理院、旅客鉄道株式会社及び日本貨物鉄道株式会社に関する法律（昭和六十一年法律第八十八号）第一条第三項に規定する会社、東日本電信電話株式会社及び西日本電信電話株式会社（以下この条において「海上保安庁等」という。）は、相互に常に緊密な連絡を保たなければならない。

2　長官は、自衛隊の任務遂行上特に必要があると認める場合には、海上保安庁等に対し協力を求めることができる。この場合においては、海上保安庁等は、特別の事情のない限り、これに応じなければならない。

（自衛艦旗等）

第百二条　自衛艦その他の自衛隊の使用する船舶は、長官の定めるところにより、国旗及び第四条第一項の規定により交付された自衛艦旗その他の旗を掲げなければならない。

2　自衛隊の使用する航空機は、自衛隊の航空機であることを明らかに識別することができるような標識を付さなければならない。

3　自衛艦その他の自衛隊の使用する船舶又は自衛隊の使用する航空機以外の船舶又は航空機は、第一項に規定する旗若しくは前項に規定する標識又はこれらにまぎらわしい旗若しくは標識を掲げ、又は付してはならない。

4　自衛艦その他の自衛隊の使用する船舶の掲げる第四条第一項の規定により交付された自衛艦旗以外の旗及び自衛隊の使用する航空機の付する標識の制式は、長官が定め、官報で告示する。

（防衛出動時における物資の収用等）

第百三条　第七十六条第一項の規定により自衛隊が出動を命ぜられ、当該自衛隊の行動に係る地域において自衛隊の任務遂行上必要があると認められる場合には、都道府県知事は、長官又は政令で定める者の要請に基き、病院、診療所その他政令で定める施設（以下本条中「施設」という。）を管理し、土地、家屋若しくは物資（以下本条中「土地等」という。）を使用し、物資の生産、集荷、販売、配給、保管若しくは輸送を業とする者に対してその取り扱う物資の保管を命じ、又はこれらの物資を収用することができる。ただし、事態に照らし緊急を要すると認めるときは、長官又は政令で定める者は、都道府県知事に通知した上で、自らこれらの権限を行うことができる。

2　第七十六条第一項の規定により自衛隊が出動を命ぜられた場合においては、当該自衛隊の行動に係る地域以外の地域においても、都道府県知事は、長官又は政令で定める者の要請に基づき、自衛隊の任務遂行上特に必要があると認めるときは、内閣総理大臣が告示して定めた地域内に限り、施設の管理、土地等の使用若しくは物資の収用を行い、又は取扱物資の保管命令を発し、また、当該地域内にある医療、土木建築工事又は輸送を業とする者に対して、当該地域内においてこれらの者が現に従事している医療、土木建築工事又は輸送の業務と同種の業務で長官又は政令で定める者が指定したものに従事することを命ずることができる。

3　前二項の規定により土地を使用する場合において、当該土地の上にある立木その他土地に定着する物件（家屋を除く。以下「立木等」という。）が自衛隊の任務遂行の妨げとなると認められるときは、都道府県知事（第一項ただし書の場合にあつては、同項ただし書の長官又は政令で定める者。次項、第七項、第十三項及び第十四項において同じ。）は、第一項の規定の例により、当該立木等を移転することができる。この場合において、事態に照らし移転が著しく困難であると認めるときは、同項の規定の例により、当該立木等を処分することができる。

4　第一項の規定により家屋を使用する場合において、自衛隊の任務遂行上やむを得ない必要があると認められるときは、都道府県知事は、同項の規定の例により、その必要な限度において、当該家屋の形状を変更することができる。

5　第二項に規定する医療、土木建築工事又は輸送に従事する者の範囲は、政令で定める。

6　第一項本文又は第二項の規定による処分の対象となる施設、土地等又は物資を第七十六条第一項の規定により出動を命ぜられた自衛隊の用に供するため必要な事項は、都道府県知事と当該処分を要請した者とが協議して定める。

7　第一項から第四項までの規定による処分を行う場合には、都道府県知事は、政令で定めるところにより公用令書を交付して行わなければならない。ただし、土地の使用に際して公用令書を交付すべき相手方の所在が知れない場合その他の政令で定める場合にあつては、政令で定めるところにより事後に交付すれば足りる。

8　前項の公用令書には、次に掲げる事項を記載しなければならない。

一　公用令書の交付を受ける者の氏名（法人にあつては、名称）及び住所

二　当該処分の根拠となつたこの法律の規定

三　次に掲げる処分の区分に応じ、それぞれ次に定める事項

イ　施設の管理　管理する施設の所在する場所及び管理する期間

ロ　土地又は家屋の使用　使用する土地又は家屋の所在する場所及び使用する期間

ハ　物資の使用　使用する物資の種類、数量、所在する場所及び使用する期間

ニ　取扱物資の保管命令　保管すべき物資の種類、数量、保管すべき場所及び期間

ホ　物資の収用　収用する物資の種類、数量、所在する場所及び収用する期日

ヘ　業務従事命令　従事すべき業務、場所及び期間

ト　立木等の移転又は処分　移転し、又は処分する立木等の種類、数量及び所在する場所

チ　家屋の形状の変更　家屋の所在する場所及び変更の内容

四　当該処分を行う理由

9　前二項に定めるもののほか、公用令書の様式その他公用令書について必要な事項は、政令で定める。

10　都道府県（第一項ただし書の場合にあつては、国）は、第一項から第四項までの規定による処分（第二項の規定による業務従事命令を除く。）が行われたときは、当該処分により通常生ずべき損失を補償しなければならない。

11　都道府県は、第二項の規定による業務従事命令により業務に

従事した者に対して、政令で定める基準に従い、その実費を弁償しなければならない。

12　都道府県は、第二項の規定による業務従事命令により業務に従事した者がそのため死亡し、負傷し、若しくは疾病にかかり、又は障害の状態となつたときは、政令で定めるところにより、その者又はその者の遺族若しくは被扶養者がこれらの原因によつて受ける損害を補償しなければならない。

13　都道府県知事は、第一項又は第二項の規定により施設を管理し、土地等を使用し、取扱物資の保管を命じ、又は物資を収用するため必要があるときは、その職員に施設、土地、家屋若しくは物資の所在する場所又は取扱物資を保管させる場所に立ち入り、当該施設、土地、家屋又は物資の状況を検査させることができる。

14　都道府県知事は、第一項又は第二項の規定により取扱物資を保管させたときは、保管を命じた者に対し必要な報告を求め、又はその職員に当該物資を保管させてある場所に立ち入り、当該物資の保管の状況を検査させることができる。

15　前二項の規定により立入検査をする場合には、あらかじめその旨をその場所の管理者に通知しなければならない。

16　第十三項又は第十四項の規定により立入検査をする職員は、その身分を示す証明書を携帯し、関係者の請求があつたときは、これを提示しなければならない。

17　前各項に定めるもののほか、第一項から第四項までの規定による処分について必要な手続は、政令で定める。

18　第一項から第四項までの規定による処分については、行政不服審査法による不服申立てをすることができない。

19　第一項から第四項まで、第六項、第七項及び第十項から第十五項までの規定の実施に要する費用は、国庫の負担とする。

（展開予定地域内の土地の使用等）

第百三条の二　第七十七条の二の規定による措置を命ぜられた自衛隊の部隊等の任務遂行上必要があると認められるときは、都道府県知事は、展開予定地域内において、長官又は政令で定める者の要請に基づき、土地を使用することができる。

2　前項の規定により土地を使用する場合において、立木等が自衛隊の任務遂行の妨げとなると認められるときは、都道府県知事は、同項の規定の例により、当該立木等を移転することができる。この場合において、事態に照らし移転が著しく困難であると認めるときは、同項の規定の例により、当該立木等を処分することができる。

3　前条第七項から第十項まで及び第十七項から第十九項までの規定は前二項の規定により土地を使用し、又は立木等を移転し、若しくは処分する場合について、同条第六項、第十三項、第十五項及び第十六項の規定は第一項の規定により土地を使用する場合について準用する。この場合において、前条第六項中「第七十六条第一項の規定により出動を命ぜられた自衛隊」とあるのは、「第七十七条の二の規定による措置を命ぜられた自衛隊の部隊等」と読み替えるものとする。

4　第一項の規定により土地を使用している場合において、第七十六条第一項の規定により自衛隊が出動を命ぜられ、当該土地が前条第一項又は第二項の規定の適用を受ける地域に含まれることとなつたときは、前三項の規定により都道府県知事がした処分、手続その他の行為は、前条の規定によりした処分、手続その他の行為とみなす。

（電気通信設備の利用等）

第百四条　長官は、第七十六条第一項の規定により出動を命ぜられた自衛隊の任務遂行上必要があると認める場合には、緊急を要する通信を確保するため、総務大臣に対し、電気通信事業法（昭和五十九年法律第八十六号）第二条第五号に規定する電気通信事業者がその事業の用に供する電気通信設備を優先的に利用し、又は有線電気通信法（昭和二十八年法律第九十六号）第三条第四項第三号に掲げる者が設置する電気通信設備を使用することに関し必要な措置をとることを求めることができる。

２　総務大臣は、前項の要求があつたときは、その要求に沿うように適当な措置をとるものとする。

（以下百五条～百十七条まで略）

第九章　罰則

第百十八条　次の各号の一に該当する者は、一年以下の懲役又は三万円以下の罰金に処する。

一　第五十九条第一項又は第二項の規定に違反して秘密を漏らした者

二　第六十二条第一項の規定に違反した者

三　第六十二条第二項の規定に違反して営利を目的とする会社その他の団体の地位に就いた者

四　正当な理由がなくて自衛隊の保有する武器を使用した者

２　前項第一号に掲げる行為を企て、教唆し、又はそのほう助をした者は、同項の刑に処する。

第百十九条　次の各号のいずれかに該当する者は、三年以下の懲役又は禁錮に処する。

一　第六十一条第一項の規定に違反した者

二　第六十四条第一項の規定に違反して組合その他の団体を結成した者

三　第六十四条第二項の規定に違反した者

四　第七十条第一項の規定による防衛招集命令を受けた予備自衛官又は第七十五条の四第一項第一号若しくは第二号の規定による防衛招集命令若しくは治安招集命令を受けた即応予備自衛官で、正当な理由がなくて指定された日から三日を過ぎてなお指定された場所に出頭しないもの

五　第七十七条又は第七十九条第一項の規定による出動待機命令を受けた者で、正当な理由がなくて職務の場所を離れ七日を過ぎたもの又は職務の場所につくように命ぜられた日から正当な理由がなくて七日を過ぎてなお職務の場所につかないもの

六　第七十八条第一項又は第八十一条第二項に規定する治安出動命令を受けた者で、上官の職務上の命令に反抗し、又はこれに服従しないもの

七　上官の職務上の命令に対し多数共同して反抗した者

八　正当な権限がなくて又は上官の職務上の命令に違反して自衛隊の部隊を指揮した者

２　前項第二号若しくは第四号から第六号までに規定する行為の遂行を教唆し、若しくはそのほう助をした者又は同項第三号、第七号若しくは第八号に規定する行為の遂行を共謀し、教唆し、若しくはせん動した者は、それぞれ同項の刑に処する。

第百二十条　第七十八条第一項又は第八十一条第二項に規定する治安出動命令を受けた者で、次の各号の一に該当するものは、五年以下の懲役又は禁こに処する。
一　第六十四条第二項の規定に違反した者
二　正当な理由がなくて職務の場所を離れ三日を過ぎた者又は職務の場所につくように命ぜられた日から正当な理由がなくて三日を過ぎてなお職務の場所につかない者
三　上官の職務上の命令に対し多数共同して反抗した者
四　正当な権限がなくて又は上官の職務上の命令に違反して自衛隊の部隊を指揮した者
2　前項第二号に規定する行為の遂行を教唆し、若しくはそのほう助をした者又は同項第一号、第三号若しくは第四号に規定する行為の遂行を共謀し、教唆し、若しくはせん動した者は、それぞれ同項の刑に処する。
第百二十一条　自衛隊の所有し、又は使用する武器、弾薬、航空機その他の防衛の用に供する物を損壊し、又は傷害した者は、五年以下の懲役又は五万円以下の罰金に処する。
第百二十二条　防衛秘密を取り扱うことを業務とする者がその業務により知得した防衛秘密を漏らしたときは、五年以下の懲役に処する。防衛秘密を取り扱うことを業務としなくなつた後においても、同様とする。
2　前項の未遂罪は、罰する。
3　過失により、第一項の罪を犯した者は、一年以下の禁錮又は三万円以下の罰金に処する。
4　第一項に規定する行為の遂行を共謀し、教唆し、又は煽動した者は、三年以下の懲役に処する。
5　第二項の罪を犯した者又は前項の罪を犯した者のうち第一項に規定する行為の遂行を共謀したものが自首したときは、その刑を減軽し、又は免除する。
6　第一項から第四項までの罪は、刑法第三条の例に従う。
第百二十三条　第七十六条第一項の規定による防衛出動命令を受けた者で、次の各号の一に該当するものは、七年以下の懲役又は禁こに処する。
一　第六十四条第二項の規定に違反した者
二　正当な理由がなくて職務の場所を離れ三日を過ぎた者又は職務の場所につくように命ぜられた日から正当な理由がなくて三日を過ぎてなお職務の場所につかない者
三　上官の職務上の命令に反抗し、又はこれに服従しない者
四　正当な権限がなくて又は上官の職務上の命令に違反して自衛隊の部隊を指揮した者
五　警戒勤務中、正当な理由がなくて勤務の場所を離れ、又は睡眠し、若しくはめいていして職務を怠つた者
2　前項第二号若しくは第三号に規定する行為の遂行を教唆し、若しくはそのほう助をした者又は同項第一号若しくは第四号に規定する行為の遂行を共謀し、教唆し、若しくはせん動した者は、それぞれ同項の刑に処する。
第百二十四条　第百三条第十三項（第百三条の二第三項において準用する場合を含む。）又は第十四項の規定による立入検査を拒み、妨げ、若しくは忌避し、又は同項の規定による報告をせず、若しくは虚偽の報告をした者は、二十万円以下の罰金に処する。

第百二十五条　第百三条第一項又は第二項の規定による取扱物資の保管命令に違反して当該物資を隠匿し、毀棄し、又は搬出した者は、六月以下の懲役又は三十万円以下の罰金に処する。
第百二十六条　法人の代表者又は法人若しくは人の代理人、使用人その他の従業員が、その法人又は人の業務に関し前二条の違反行為をしたときは、行為者を罰するほか、その法人又は人に対しても、各本条の罰金刑を科する。

附則　別表第一（第十三条関係）　別表第二（第十九条関係）　別表第三（第二十一条関係）　別表第四（第九十六条の二関係）（省略）

国防の基本方針（昭和32年5月20日国防会議及び閣議決定）

国防の目的は、直接及び間接の侵略を未然に防止し、万一侵略が行われるときはこれを排除し、もって民主主義を基調とするわが国の独立と平和を守ることにある。この目的を達成するための基本方針を次のとおり定める。

（1）国際連合の活動を支持し、国際間の協調をはかり、世界平和の実現を期する。

（2）民生を安定し、愛国心を高揚し、国家の安全を保障するに必要な基盤を確立する。

（3）国力国情に応じ自衛のため必要な限度において、効率的な防衛力を漸進的に整備する。

（4）外部からの侵略に対しては、将来国際連合が有効にこれを阻止する機能を果し得るに至るまでは、米国との安全保障体制を基調としてこれに対処する。

平成17年度以降に係る防衛計画の大綱について（平成16年12月10日閣議決定）

平成17年度以降に係る防衛計画の大綱について別紙のとおり定める。

これに伴い、平成7年11月28日付け閣議決定「平成8年度以降に係る防衛計画の大綱について」は、平成16年度限りで廃止する。

平成17年度以降に係る防衛計画の大綱

Ⅰ　策定の趣旨

我が国を取り巻く新たな安全保障環境の下で、我が国の平和と安全及び国際社会の平和と安定を確保するために、今後の我が国の安全保障及び防衛力の在り方について、「弾道ミサイル防衛システムの整備等について（平成15年12月19日　安全保障会議及び閣議決定）」に基づき、ここに「平成17年度以降に係る防衛計画の大綱」として、新たな指針を示す。

Ⅱ　我が国を取り巻く安全保障環境

1　今日の安全保障環境については、米国の9・11テロにみられるとおり、従来のような国家間における軍事的対立を中心とした問題のみならず、国際テロ組織などの非国家主体が重大な脅威となっている。大量破壊兵器や弾道ミサイルの拡散の進展、国際テロ組織等の活動を含む新たな脅威や平和と安全に影響を与える多様な事態(以下「新たな脅威や多様な事態」という。)への対応は、国家間の相互依存関係の一層の進展やグローバル化を背景にして、今日の国際社会にとって差し迫った課題となっている。また、守るべき国家や国民を持たない国際テロ組織などに対しては、従来の抑止が有効に機能しにくいことに留意する必要がある。

一方、冷戦終結後10年以上が経過し、米ロ間において新たな信頼関係が構築されるなど、主要国間の相互協力・依存関係が一層進展している。こうした状況の下、安定した国際環境が各国の利益に適うことから、国際社会において安全保障上の問題に関する国際協調・協力が図られ、国連をはじめとする各種の国際的枠組み等を通じた幅広い努力が行われている。

この中で、唯一の超大国である米国は、テロとの闘いや大量破壊兵器の拡散防止等の課題に積極的に対処するなど、引き続き、世界の平和と安定に大きな役割を果たしている。

また、国際社会における軍事力の役割は多様化しており、武力紛争の抑止・対処に加え、紛争の予防から復興支援に至るまで多様な場面で積極的に活用されている。

2　我が国の周辺においては、近年さらに、国家間の相互依存が拡大・深化したことに伴い、二国間及び多国間の連携・協力関係の充実・強化が図られている。

他方、冷戦終結後、極東ロシアの軍事力は量的に大幅に削減されたが、この地域においては、依然として核戦力を含む大規模な軍事力が存在するとともに、多数の国が軍事力の近代化に力を注いできた。また、朝鮮半島や台湾海峡を巡る問題など不透明・不確実な要素が残されている。この中で、北朝鮮は大量破壊兵器や弾道ミサイルの開発、配備、拡散等を行うとともに、大規模な特殊部隊を保持している。北朝鮮のこのような軍事的な動きは、地域の安全保障における重大な不安定要因であるとともに、国際的な拡散防止の努力に対する深刻な課題となっている。また、この地域の安全保障に大きな影響力を有する中国は、核・ミサイル戦力や海・空軍力の近代化を推進するとともに、海洋における活動範囲の拡大などを図っており、このような動向には今後も注目していく必要がある。

このような中で、日米安全保障体制を基調とする日米両国間の緊密な協力関係は、我が国の安全及びアジア太平洋地域の平和と安定のために重要な役割を果たしている。

3　以上のような我が国を取り巻く安全保障環境を踏まえると、我が国に対する本格的な侵略事態生起の可能性は低下する一方、我が国としては地域の安全保障上の問題に加え、新たな脅威や多様な事態に対応することが求められている。

4　なお、我が国の安全保障を考えるに当たっては、奥行きに乏しく、長大な海岸線と多くの島嶼が存在しており、人口密度も高いうえ、都市部に産業・人口が集中し、沿岸部に重要施設を多数抱えるという安全保障上の脆弱性を持っていること、災害の発生しやすい自然的条件を抱えていること、さらに、我が国の繁栄と発展には、海上交通の安全確保等が不可欠であることといった我が国の置かれた諸条件を考慮する必要がある。

Ⅲ　我が国の安全保障の基本方針

１　基本方針

我が国の安全保障の第一の目標は、我が国に直接脅威が及ぶことを防止し、脅威が及んだ場合にはこれを排除するとともに、その被害を最小化することであり、第二の目標は、国際的な安全保障環境を改善し、我が国に脅威が及ばないようにすることである。

我が国は、国際の平和と安全の維持に係る国際連合の活動を支持し、諸外国との良好な協調関係を確立するなどの外交努力を推進するとともに、日米安全保障体制を基調とする米国との緊密な協力関係を一層充実させ、内政の安定により安全保障基盤の確立を図り、効率的な防衛力を整備するなど、我が国自身の努力、同盟国との協力及び国際社会との協力を統合的に組み合わせることにより、これらの目標を達成する。

また、我が国は、日本国憲法の下、専守防衛に徹し、他国に脅威を与えるような軍事大国とならないとの基本理念に従い、文民統制を確保するとともに、非核三原則を守りつつ、節度ある防衛力を自主的に整備するとの基本方針を引き続き堅持する。

核兵器の脅威に対しては、米国の核抑止力に依存する。同時に、核兵器のない世界を目指した現実的・漸進的な核軍縮・不拡散の取組において積極的な役割を果たすものとする。また、その他の大量破壊兵器やミサイル等の運搬手段に関する軍縮及び拡散防止のための国際的な取組にも積極的な役割を果たしていく。

２　我が国自身の努力

（1）基本的な考え方

安全保障政策において、根幹となるのは自らが行う努力であるとの認識の下、我が国として総力を挙げた取組により、我が国に直接脅威が及ぶことを防止すべく最大限努める。また、国際的な安全保障環境の改善による脅威の防止のため、我が国は国際社会や同盟国と連携して行動することを原則としつつ、外交活動等を主体的に実施する。

（2）国としての統合的な対応

一方、こうした努力にもかかわらず、我が国に脅威が及んだ場合には、安全保障会議等を活用して、政府として迅速・的確に意思決定を行い、関係機関が適切に連携し、政府が一体となって統合的に対応する。このため、平素から政府の意思決定を支える情報収集・分析能力の向上を図る。また、自衛隊、警察、海上保安庁等の関係機関は、適切な役割分担の下、一層の情報共有、訓練等を通じて緊密な連携を確保するとともに、全体としての能力向上に努める。さらに、各種災害への対応や警報の迅速な伝達をはじめとする国民保護のための各種体制を整備するとともに、国と地方公共団体が相互に緊密に連携し、万全の態勢を整える。

（3）我が国の防衛力

防衛力は、我が国に脅威が及んだ場合にこれを排除する国家の意思と能力を表す安全保障の最終的担保である。

我が国はこれまで、我が国に対する軍事的脅威に直接対抗するよりも、自らが力の空白となって我が国周辺地域の不安定要因とならないよう、独立国としての必要最小限の基盤的な防衛力を保有するという「基盤的防衛力構想」を基本的に踏襲した「平成8年度以降に係る防衛計画の大綱」（平成7年11月28日安全保障会議及び閣議決定）に従って防衛力の整備を進めてきたところであり、これにより日米安全保障体制と相まって、侵略の未然防止に寄与してきた。

今後の防衛力については、新たな安全保障環境の下、「基盤的防衛力構想」の有効な部分は継承しつつ、新たな脅威や多様な事態に実効的に対応し得るものとする必要がある。また、国際社会の平和と安定が我が国の平和と安全に密接に結びついているという認識の下、我が国の平和と安全をより確固たるものとすることを目的として、国際的な安全保障環境を改善するために国際社会が協力して行う活動（以下「国際平和協力活動」という。）に主体的かつ積極的に取り組み得るものとする必要がある。

このように防衛力の果たすべき役割が多様化している一方、少子化による若年人口の減少、格段に厳しさを増す財政事情等に配慮する必要がある。

このような観点から、今後の我が国の防衛力については、即応性、機動性、柔軟性及び多目的性を備え、軍事技術水準の動向を踏まえた高度の技術力と情報能力に支えられた、多機能で弾力的な実効性のあるものとする。その際、規模の拡大に依存することなくこれを実現するため、要員・装備・運用にわたる効率化・合理化を図り、限られた資源でより多くの成果を達成することが必要である。

3　日米安全保障体制

米国との安全保障体制は、我が国の安全確保にとって必要不可欠なものであり、また、米国の軍事的プレゼンスは、依然として不透明・不確実な要素が存在するアジア太平洋地域の平和と安定を維持するために不可欠である。

さらに、このような日米安全保障体制を基調とする日米両国間の緊密な協力関係は、テロや弾道ミサイル等の新たな脅威や多様な事態の予防や対応のための国際的取組を効果的に進める上でも重要な役割を果たしている。

こうした観点から、我が国としては、新たな安全保障環境とその下における戦略目標に関する日米の認識の共通性を高めつつ、日米の役割分担や在日米軍の兵力構成を含む軍事態勢等の安全保障全般に関する米国との戦略的な対話に主体的に取り組む。その際、米軍の抑止力を維持しつつ、在日米軍施設・区域に係る過重な負担軽減に留意する。

また、情報交換、周辺事態における協力を含む各種の運用協力、弾道ミサイル防衛における協力、装備・技術交流、在日米軍の駐留をより円滑・効果的にするための取組等の施策を積極的に推進することを通じ、日米安全保障体制を強化していく。

4　国際社会との協力

国際的な安全保障環境を改善し、我が国の安全と繁栄の確保に資するため、政府開発援助（ＯＤＡ）の戦略的な活用を含め外交活動を積極的に推進する。また、地域紛争、大量破壊兵器等の拡散や国際テロなど国際社会の平和と安定が脅かされるような状況は、我が国の平和と安全の確保に密接にかかわる問題であるとの認識の下、国際平和協力活動を外交と一体のものとして主体的・積極的に行っていく。

特に、中東から東アジアに至る地域は、従来から我が国と経済的結びつきが強い上、我が国への海上交通路ともなっており、資源・エネルギーの大半を海外に依存する我が国にとって、その安定は極めて重要である。このため、関係各国との間で共通の安全保障上の課題に対する各般の協力を推進し、この地域の安定化に努める。

21世紀の新たな諸課題に対して、国際社会が有効に対処するためには、普遍的かつ包括的な唯一の国際機関である国連の機構を実効性と信頼性を高める形で改革することが求められており、我が国としても積極的にこの問題に取り組んでいく。

アジア太平洋地域においては、ASEAN地域フォーラム（ARF）等の地域の安全保障に関する多国間の枠組みや、テロ対策や海賊対策といった共通の課題に対する多国間の努力も定着しつつあり、我が国としては、引き続き、こうした努力を推進し、米国との協力と相まって、この地域における安定した安全保障環境の構築に向け、適切な役割を果たすものとする。

Ⅳ　防衛力の在り方

1　防衛力の役割

今後の我が国の防衛力については、上記の認識の下、以下のとおり、それぞれの分野において、実効的にその役割を果たし得るものとし、このために必要な自衛隊の体制を効率的な形で保持するものとする。

（1）新たな脅威や多様な事態への実効的な対応

事態の特性に応じた即応性や高い機動性を備えた部隊等をその特性や我が国の地理的特性に応じて編成・配置することにより、新たな脅威や多様な事態に実効的に対応する。事態が発生した場合には、迅速かつ適切に行動し、警察等の関係機関との間では状況と役割分担に応じて円滑かつ緊密に協力し、事態に対する切れ目のない対応に努める。

新たな脅威や多様な事態のうち、主なものに関する対応と自衛隊の体制の考え方は以下のとおり。

ア　弾道ミサイル攻撃への対応

弾道ミサイル攻撃に対しては、弾道ミサイル防衛システムの整備を含む必要な体制を確立することにより、実効的に対応する。我が国に対する核兵器の脅威については、米国の核抑止力と相まって、このような取組により適切に対応する。

イ　ゲリラや特殊部隊による攻撃等への対応

ゲリラや特殊部隊による攻撃等に対しては、部隊の即応性、機動性を一層高め、状況に応じて柔軟に対応するものとし、事態に実効的に対応し得る能力を備えた体制を保持する。

ウ　島嶼部に対する侵略への対応

島嶼部に対する侵略に対しては、部隊を機動的に輸送・展開し、迅速に対応するものとし、実効的な対処能力を備えた体制を保持する。

エ　周辺海空域の警戒監視及び領空侵犯対処や武装工作船等への対応

周辺海空域において、常時継続的な警戒監視を行うものとし、艦艇や航空機等による体制を保持する。また、領空侵犯に対して即時適切な措置を講ずるものとし、戦闘機部隊の体制を保持する。さらに、護衛艦部隊等を適切に保持することにより、周辺海域における武装工作船、領海内で潜没航行する外国潜水艦等に適切に対処する。

オ　大規模・特殊災害等への対応

大規模・特殊災害等人命又は財産の保護を必要とする各種の事態に対しては、国内のどの地域においても災害救援を実施し得る部隊や専門能力を備えた体制を保持する。

（2）本格的な侵略事態への備え

見通し得る将来において、我が国に対する本格的な侵略事態生起の可能性は低下していると判断されるため、従来のような、いわゆる冷戦型の対機甲戦、対潜戦、対航空侵攻を重視した整備構想を転換し、本格的な侵略事態に備えた装備・要員について抜本的な見直しを行い、縮減を図る。同時に、防衛力の本来の役割が本格的な侵略事態への対処であり、また、その整備が短期間になし得ないものであることにかんがみ、周辺諸国の動向に配意するとともに、技術革新の成果を取り入れ、最も基盤的な部分を確保する。

（3）国際的な安全保障環境の改善のための主体的・積極的な取組

国際平和協力活動に適切に取り組むため、教育訓練体制、所要の部隊の待機態勢、輸送能力等を整備し、迅速に部隊を派遣し、継続的に活動するための各種基盤を確立するとともに、自衛隊の任務における同活動の適切な位置付けを含め所要の体制を整える。

また、平素から、各種の二国間・多国間訓練を含む安全保障対話・防衛交流の推進や国連を含む国際機関等が行う軍備管理・軍縮分野の諸活動への協力など、国際社会の平和と安定に資する活動を積極的に推進する。

2　防衛力の基本的な事項

上記のような役割を果たす防衛力を実現するための基本となる事項は以下のとおり。

（1）統合運用の強化

各自衛隊を一体的に運用し、自衛隊の任務を迅速かつ効果的に遂行するため、自衛隊は統合運用を基本とし、そのための体制を強化する。このため、統合運用に必要な中央組織を整備するとともに、教育訓練、情報通信などの各分野において統合運用基盤を確立する。その際、統合運用の強化に併せて、既存の組織等を見直し、効率化を図る。

（2）情報機能の強化

新たな脅威や多様な事態への実効的な対応をはじめとして、各種事態において防衛力を効果的に運用するためには、各種事態の兆候を早期に察知するとともに、迅速・的確な情報収集・分析・共有等が不可欠である。このため、安全保障環境や技術動向等を踏まえた多様な情報収集能力や総合的な分析・評価能力等の強化を図るとともに、当該能力を支える情報本部をはじめとする情報部門の体制を充実することにより、高度な情報能力を構築する。

（3）科学技術の発展への対応

情報通信技術をはじめとする科学技術の進歩による各種の技術革新の成果を防衛力に的確に反映させる。特に、内外の優れた情報通信技術に対応し、統合運用の推進などに不可欠となる確実な指揮命令と迅速な情報共有を進めるとともに、運用及び体制の効率化を図るため、サイバー攻撃にも対処し得る高度な指揮通信システムや情報通信ネットワークを構築する。

（4）人的資源の効果的な活用

隊員の高い士気及び厳正な規律の保持のため、各種の施策を推進するとともに、自衛隊の任務の多様化・国際化、装備の高度化等に対応し得るよう、質の高い人材の確保・育成を図り、必要な教育訓練を実施する。また、安全保障問題に関する研究・教育を推進するとともに、その人的基盤を強化する。
上記の役割を果たすための防衛力の具体的な体制は別表のとおりとする。

V　**留意事項**

1　Ⅳで述べた防衛力の整備、維持及び運用に際しては、次の諸点に留意してこれを行うものとする。

（1）格段に厳しさを増す財政事情を勘案し、一層の効率化、合理化を図り、経費を抑制するとともに、国の他の諸施策との調和を図りつつ防衛力全体として円滑に十全な機能を果たし得るようにする。

（2）装備品等の取得に当たっては、その調達価格を含むライフサイクルコストの抑制に向けた取組を推進するとともに、研究開発について、産学官の優れた技術の積極的導入や重点的な資源配分、適時適切な研究開発プロジェクトの見直し等により、その効果的かつ効率的な実施を図る。また、我が国の安全保障上不可欠な中核技術分野を中心に、真に必要な防衛生産・技術基盤の確立に努める。

（3）関係地方公共団体との緊密な協力の下、防衛施設の効率的な維持及び整備を推進するため、当該施設の周辺地域とのより一層の調和を図るための諸施策を実施する。

2　この大綱に定める防衛力の在り方は、おおむね10年後までを念頭においたものであるが、5年後又は情勢に重要な変化が生じた場合には、その時点における安全保障環境、技術水準の動向等を勘案し検討を行い、必要な修正を行う。

別表

今後の防衛力を多機能で弾力的な実効性のあるものとするとの趣旨にかんがみ、以下の具体的な体制をもって、Ⅳに示す多様な役割を果たすものとする。

陸上自衛隊
　編成定数　15万5千人
　　常備自衛官定員　14万8千人
　　即応予備自衛官員数　7千人
　基幹部隊
　　平時地域配備する部隊　8個師団
　　　　　　　　　　　　　6個旅団
　　機動運用部隊　1個機甲師団
　　　　　　　　　中央即応集団
　　地対空誘導弾部隊　8個高射特科群
　主要装備
　　戦車　約600両
　　主要特科装備　約600門／両

海上自衛隊
　基幹部隊
　　護衛艦部隊（機動運用）　4個護衛隊群（8個隊）
　　護衛艦部隊（地域配備）　5個隊
　　潜水艦部隊　4個隊
　　掃海部隊　1個掃海隊群

哨戒機部隊　9個隊
主要装備
護衛艦　47隻
潜水艦　16隻
作戦用航空機　約150機

航空自衛隊
基幹部隊
航空警戒管制部隊　8個警戒群
20個警戒隊
1個警戒航空隊（2個飛行隊）
戦闘機部隊　12個飛行隊
航空偵察部隊　1個飛行隊
航空輸送部隊　3個飛行隊
空中給油・輸送部隊　1個飛行隊
地対空誘導弾部隊　6個高射群
主要装備
作戦用航空機　約350機
うち戦闘機　約260機

弾道ミサイル防衛にも使用し得る主要装備・基幹部隊
イージス・システム搭載護衛艦　4隻
航空警戒管制部隊　7個警戒群
4個警戒隊
地対空誘導弾部隊　3個高射群

注：「弾道ミサイル防衛にも使用し得る主要装備・基幹部隊」は海上自衛隊の主要装備又は航空自衛隊の基幹部隊の内数。

脚注は、以下の文献・資料を参考にしたり、一部引用したりしました。感謝申し上げます。

各年版「日本の防衛　防衛白書」（防衛庁編）／「安全保障と防衛力に関する懇談会」への提出資料／『防衛問題の基礎知識』（防衛問題研究会編著、日本加除出版）／『防衛年鑑２００４』（防衛年鑑刊行会編）／『現代安全保障用語事典』（佐島直子編、信山社）／『ソ連海軍事典』（ノーマン・ポルマー編著、原書房）／『防衛用語辞典』（真邊正行編著、国書刊行会）／『国防用語辞典』（防衛学会編著、朝雲新聞社）／『世界の潜水艦ハンドブック』（海人社）／『自衛隊装備年鑑』（朝雲新聞社）／『在日米軍』（梅林宏道著、岩波書店）

本書は朝日新聞に9回に分けて連載された「自衛隊50年」（２００４年1月1日～12月22日）と『論座』9月号「『日米共同統合作戦計画』の全容判明」に加筆のうえ再構成したものです。

自衛隊《じえいたい》 知《し》られざる変容《へんよう》

2005年5月30日　第1刷発行

著　者　朝日新聞「自衛隊50年」取材班
発行者　五十嵐文生
発行所　朝日新聞社
〒104－8011　東京都中央区築地5－3－2
電話　03－3545－0131（代表）
編集・書籍編集部　販売・出版販売部
振替　00190－0－155414
印刷所　共同印刷

ISBN4-02-250028-X
※定価はカバーに表示してあります